EVOLUCIONÁRIOS

Carter Phipps

EVOLUCIONÁRIOS

Revelando o potencial espiritual e cultural de uma das maiores ideias da ciência

Tradução
MÁRIO MOLINA

Título original: *Evolutionaries — Unlocking the Spiritual and Cultural Potential of Science's Greatest Idea.*

Publicado mediante acordo com HarperCollins Publishers.

Texto de acordo com as novas regras ortográficas da língua portuguesa.

1ª edição 2014.

Editor: Adilson Silva Ramachandra
Editora de texto: Denise de C. Rocha Delela
Coordenação editorial: Roseli de S. Ferraz
Preparação de originais: Olga Sérvulo
Produção editorial: Indiara Faria Kayo
Editoração eletrônica: Fama Editora
Revisão: Claudete Agua de Melo e Yociko Oikawa

Dados Internacionais de Catalogação na Publicação (CIP)
(Câmara Brasileira do Livro, SP, Brasil)

Phipps, Carter
Evolucionários : revelando o potencial espiritual e cultural de uma das maiores ideias da ciência / Carter Phipps ; tradução Mário Molina. — 1. ed. — São Paulo : Cultrix, 2014.

Título original: Evolutionaries : unlocking the spiritual and cultural potential of science's greatest idea.
ISBN 978-85-316-1281-7
1. Autoconsciência 2. Criação 3. Espiritualidade 4. Evolução (Biologia) 5. Evolução - Aspectos religiosos 6. Evolução — Filosofia I. Título.

14-06252 CDD-215

Índices para catálogo sistemático:
1. Criação e evolução : Religião e ciência 215

Direitos de tradução para o Brasil adquiridos com exclusividade pela EDITORA PENSAMENTO-CULTRIX LTDA., que se reserva a propriedade literária desta tradução.
Rua Dr. Mário Vicente, 368 — 04270-000 — São Paulo, SP
Fone: (11) 2066-9000 — Fax: (11) 2066-9008
http://www.editoracultrix.com.br
E-mail: atendimento@editoracultrix.com.br
Foi feito o depósito legal.

Aos grandes pioneiros da ciência, da filosofia e
da espiritualidade evolucionárias, cuja visão,
dedicação, perseverança e fé
abriram novos caminhos para todos nós.

Estamos em movimento!
— *Pierre Teilhard de Chardin,* O Futuro do Homem

SUMÁRIO

Introdução 11

Parte I: Reexaminando a Evolução

Prólogo: Uma visão evolucionária 19

1 Evolução: Uma nova visão de mundo 23

2 Quebrando o encanto da solidez 36

3 O que é um evolucionário? 45

Parte II: Reinterpretando a Ciência

4 Cooperação: Um cosmos sociável 63

5 Direcionalidade: A estrada para algum lugar 83

6 Novidade: O problema de Deus 110

7 Transumanismo: Uma pista de decolagem exponencial 132

Parte III: Recontextualizando a Cultura

8 O universo interno 159

9 Evolução da consciência: A verdadeira história 182

10 Dinâmica da espiral: A invisível armação de andaimes da cultura 208

11 Uma visão integral 228

Parte IV: Reimaginando o Espírito

12 Espiritualidade evolucionária: Uma nova orientação 255

13 Evolução consciente: Nosso momento de escolha 274
14 A evolução da iluminação 302
15 Um Deus evoluindo 321
16 Peregrinos do futuro 344

Agradecimentos 351
Notas 353

INTRODUÇÃO

"Você acredita na Bíblia ou acredita na evolução?" A pergunta chegou num murmúrio urgente, circulou pelas minhas aulas de ciência na 8ª série sob o disfarce culpado de uma brincadeira vulgar. Eu tinha 13 anos e já compreendia que havia dois tipos de pessoas na minha pequena cidade na orla do Cinturão da Bíblia:* os que acreditavam e os que não acreditavam.

Não estou falando de Deus — todo mundo acreditava em Deus. Estou falando da evolução.

Eu não fazia muita ideia, naquela tenra idade, que estava me defrontando com um dos dilemas existenciais mais profundos e duradouros de minha época e cultura. Algumas décadas mais tarde, no admirável mundo novo do século XXI, a pergunta murmurada, longe de ser uma relíquia fora de moda, é estampada nas capas das revistas mais alinhadas com o pensamento dominante: "Deus *vs.* Darwin", "Ciência *vs.* Espírito", "O Complô para Liquidar a Evolução...". De fato a evolução, nos dias de hoje, em vez de ser apenas um termo científico designando uma explicação biológica para a origem da vida, tornou-se quase um pseudônimo para as endêmicas guerras culturais que fervilham sob a superfície da sociedade americana e, vez por outra, se inflamam em confrontos bastante nítidos que, temporariamente, absorvem a atenção de nossos meios de comunicação de massa. Somos, então, informados de que o debate sobre evolução é uma batalha entre campos irremediavelmente opostos — entre os que olham para o mundo natural e veem a obra de uma inteligência divina e os que olham para o mundo e veem

* "Cinturão da Bíblia" é o nome dado a uma extensa região do sudeste dos Estados Unidos onde a influência das igrejas protestantes é muito forte. (N.T.)

apenas processos impessoais e manifestações sem sentido da matéria. De fato, a julgar apenas pelas manchetes, teríamos de concluir que vivemos num mundo onde Deus e a evolução são mutuamente excludentes.

Mas, como minha Oklahoma natal, os Estados Unidos não são assim tão simples. Se os especialistas em pesquisa devem ser levados a sério, 91% dos americanos acreditam em Deus. E 50% aceitam a teoria científica da evolução. Só precisamos fazer as contas para ver que a imagem em preto e branco de uma nação polarizada, que faz livros e revistas sumirem das prateleiras, está ocultando, no mínimo, algumas gradações de cinza. De fato, como descobri em minha extensa pesquisa durante a última década, ela oculta um espectro inteiro de cores.

Pessoalmente, eu sempre soube exatamente onde estava nas batalhas sobre a evolução. Tornei-me um amante do conhecimento, da ciência, e Carl Sagan foi o herói da minha infância. Embora tivesse apenas 12 anos quando *Cosmos*, a série da PBS* sobre ciência e espaço assinada por Sagan, foi ao ar, vi cada episódio como se estivesse diante de uma revelação religiosa. Depois da série, li na tranquilidade do meu quarto o livro do mesmo nome, da primeira à última linha, deixando a mente cruzar o universo, imaginando mundos novos e novas formas de matéria e vida. Fiquei extasiado com a força dos buracos negros, humilhado pelo tamanho dos quasares e inspirado pela ideia de que, um dia, os humanos pudessem viajar pelas estrelas.

Enquanto os anos passavam, mantive essa paixão e consideração básicas pelo conhecimento da ciência, em contínuo desenvolvimento. Certamente havia em minha cidade natal os que viam uma meia verdade ateia, perversa, nas declarações de Darwin e de seus descendentes intelectuais, mas para mim, meus amigos e minha família, a evolução — como toda a ciência — era apenas outro fato da vida, fascinante e isento de controvérsias.

Meu relacionamento com a religião, contudo, sempre foi mais complexo. Criado numa família intelectualmente arrojada, nunca me considerei uma pessoa religiosa. Sim, ia à igreja quase todos os domingos, — nossa família era presbiteriana. Mas a igreja era, simplesmente, uma parte respeitada e reverenciada do tecido social de múltiplos estratos da vida numa pequena cidade, não algo a ser levado demasiado a sério, e certamente nada que nos tornasse fanáticos. Era

* Rede pública de TV nos Estados Unidos. (N.T.)

melhor deixar essas coisas para os batistas ou o pessoal exageradamente religioso da Igreja de Cristo. Nos últimos anos da adolescência, porém, minha perspectiva tinha começado a mudar. O destino parecia incutir lentamente no meu jovem coração uma paixão por encontrar um sentido mais profundo para a vida, e um anseio por realização espiritual começou a brotar em minha consciência. No final do meu curso universitário, a espiritualidade e, mais especificamente, a filosofia e a meditação orientais haviam se tornado um ponto focal na minha vida. Finalmente, aos 22 anos de idade, em 1990, apenas duas semanas depois de obter minha graduação precoce na Universidade de Oklahoma, deixei para trás o mundo que conhecia — o diploma com distinção, os irmãos da confraria, os planos de fazer a faculdade de direito — e tomei um avião com destino ao Oriente, para me dedicar à busca da sabedoria, da verdade e do conhecimento espiritual.

Uma década mais tarde, encontrei-me numa posição singular — editor de uma das mais influentes e progressistas revistas espirituais e filosóficas da América, *EnlightenNext* (a antiga *What Is Enlightenment?*).* E minha velha paixão pela ciência começou a desempenhar um papel-chave na minha nova carreira. De fato, a relação entre ciência e espírito tornou-se uma das mais importantes áreas de investigação para uma revista dedicada a formular uma visão de mundo espiritual e filosófica pós-tradicional, adequada a uma era racional. No curso de meu trabalho para a *EnlightenNext*, tive o privilégio de conhecer e entrevistar alguns dos mais notáveis líderes espirituais e mais brilhantes pioneiros científicos atuais. Tive a chance de observar como se colocavam diante de muitas das questões mais importantes com que se defronta a cultura humana. E aprendi que a evolução não é apenas uma linha traçada na areia entre ciência e fé. É também, fiquei surpreso ao descobrir, uma ponte que as conecta.

A jornada que levou à elaboração deste livro foi o que o escritor Steven Johnson chama de "um palpite lento" — uma epifania gradual que se desenvolveu em torno de uma série de importantes percepções e contatos. Entrevistando inúmeros indivíduos que abriam novos caminhos na ciência, na espiritualidade, na filosofia, na psicologia e mesmo na religião tradicional, reparei que estava emergindo um tema comum — evolução. Eles eram informados e inspirados pela

* *What Is Enlightenment?*, isto é, "O que é Iluminação?". *EnlightenNext* tem o sentido de "iluminar logo", "iluminar sem demora". (N.T.)

revelação de nessas histórias biológica e cósmica feita pela ciência e, em certos casos, defendiam explicitamente a noção de evolução como um novo caminho para encontrar um sentido para a vida no século XXI. Nas mãos de alguns, essa inspiração evolucionária inclinava-se para o secularismo e o humanismo; nas mãos de outros, inclinava-se para o panteísmo ou mesmo o teísmo. Mas todos compartilhavam um contexto evolucionário comum para interpretar suas esferas de atuação. Estávamos testemunhando, finalmente concluí, o nascimento de uma visão de mundo espiritual e filosófica autenticamente nova. Essa nova visão de mundo se relacionava bem com a ciência, e suas questões de objetivo e sentido humanos eram integralmente formuladas no contexto de um cosmos evolucionário. Ela veio emergindo lentamente na cultura durante os últimos dois séculos, mas tomou força nas últimas duas décadas.

Certamente, ainda é pequeno o espaço mental cultural para o surgimento de formas evolutivamente inspiradas, de sentido e objetivo, na corrente hegemônica da América. Vamos ser honestos: Deus *vs.* Darwin tem grande ressonância na mídia. Mas um número cada vez maior de pessoas inteligentes está começando a questionar essa dicotomia simplista. De fato, muito antes de entender plenamente que papel crítico a evolução desempenharia no desenvolvimento de uma visão de mundo adequada para atender às demandas de um novo século, eu sabia que a opção que a mídia popular com tanta frequência apresenta — acredite em Deus ou acredite na evolução; siga o ateísmo ou se deixe enrolar pela história do projeto inteligente — é uma falsa opção. Não se trata, realmente, de uma opção entre o impulso espiritual e o impulso científico, mas entre duas visões de mundo: uma que acredita no primado final da matéria e outra que acredita no primado final de um deus antigo. E eu, por exemplo, não acredito em nenhuma das duas.

Então, juntamente com meus colegas editores da *EnlightenNext*, lancei-me ao trabalho de pesquisa que finalmente levou a este livro. Minha intenção inicial, que resultou num artigo de fundo, era revelar o que chamei "o *verdadeiro* debate sobre a evolução" — mapear as perspectivas científicas, filosóficas e metafísicas que estão nos fazendo redefinir a natureza do processo evolucionário e repensar nossas conclusões sobre de onde viemos, quem somos e para onde podemos estar indo. Ao investigar os bastidores da polarização das manchetes, descobri um mundo extraordinário onde ideias convencionais sobre ciência e religião estão sendo postas de cabeça para baixo, e no qual cientistas, filósofos e teólogos estão negociando, de formas sempre surpreendentes, o que Plutarco descreveu como o "difícil trajeto entre o precipício do ateísmo e o pântano da superstição".

Talvez nenhuma entidade individual tenha feito mais, nas últimas décadas, para apresentar as ideias e pensamentos que constituem a moldura básica de uma nova visão de mundo inspirada na evolução do que a revista *EnlightenNext*. Embora relativamente pequena, durante seus quase vinte anos de história, a revista desempenhou um papel catalisador ao apresentar as pessoas e as perspectivas associadas a uma compreensão evolucionária do mundo. Como editor-executivo, tive a oportunidade única de desempenhar vários papéis neste movimento — jornalista, crítico, testemunha e também participante criativo. Minha posição me deu a oportunidade de fazer contato com muitos dos cientistas, pensadores religiosos, filósofos, idealistas espiritualistas, psicólogos, pesquisadores e teóricos notáveis que estão encabeçando essa nova perspectiva. Os conteúdos deste livro devem muito a esses muitos milhares de horas de conversa, diálogo e discussão iluminadores. Acredito firmemente na ideia de que a inovação e a criatividade são tanto função do tipo certo de relacionamento quanto de um tipo particular de visão individual. Com relação a isso, tive a bênção de participar de uma rede de amigos, colegas e colaboradores extremamente estimulante.

A evolução é uma daquelas ideias-guia que são capazes de rastrear de forma muito especial as correntes de nosso espírito de época cultural, simplesmente porque suas raízes penetram bem fundo no modo como entendemos a realidade. Não é exagero dizer que nosso modo de pensar a evolução afeta profundamente nosso modo de pensar a vida, o universo e tudo mais. Por isso ela é uma pilastra crucial no trabalho para formar uma nova visão de mundo, que possa atender às demandas do século XXI. Não estou sozinho nesta convicção. Este livro reúne um ecossistema diversificado, mas interconectado, de teóricos, pesquisadores, professores e filósofos que estão, cada um à sua maneira, contribuindo para esse projeto cultural decisivo. À medida que os contornos dessa visão de mundo evolucionária forem se tornando claros, tenho certeza de que nos ajudarão a encontrar respostas novas e criativas para os muitos desafios da vida neste mundo complexo e em rápida transformação que herdamos. O modo como pensamos a evolução é fundamental para o tipo de visão que nutrimos acerca de nosso futuro coletivo.

Forma nossa compreensão de quem somos hoje, como chegamos aqui e qual é nosso papel na criação do mundo de amanhã. Diante dos desafios sem precedentes de um mundo globalizante, ameaçado em termos ambientais, culturalmente dissonante, nada poderia ser mais crucial. Paradoxalmente, o debate sobre nossas origens é também um referendo cultural sobre nosso futuro.

PARTE I
REEXAMINANDO A EVOLUÇÃO

Prólogo
UMA VISÃO EVOLUCIONÁRIA

Em 24 de novembro de 1859, um biólogo inglês pouco conhecido publicou, discretamente, um livro apresentando uma teoria científica significativamente nova, sugerindo que um processo que denominou "seleção natural" poderia explicar como os seres humanos tinham evoluído de outras espécies. O título logo se tornaria conhecido no mundo inteiro: *A Origem das Espécies.* A primeira edição se esgotou em poucos dias, todos os 1.170 exemplares, e o resto, como se costuma dizer, é história...

Cem anos depois, em 1959, esse evento tinha se tornado motivo de celebração. Uma série de importantes pioneiros evolucionários se reuniu na Universidade de Chicago para comemorar o centenário da publicação do primeiro livro de Charles Darwin. Passaram vários dias de outono no belo *campus* arborizado, prestando homenagem ao seu gênio singular e refletindo sobre o sentido da evolução. A conferência interdisciplinar, repleta de estrelas, contou com palestras de especialistas nos campos da biologia, paleontologia, antropologia e até mesmo psicologia. Os melhores e mais brilhantes compareceram, incluindo o lendário biólogo evolucionista Ernst Mayr e o geneticista Theodore Dobzhansky, cada qual compartilhando sua sabedoria com o público ali reunido. Até mesmo o neto de Darwin estava presente.

Talvez, no entanto, o convidado mais famoso fosse o neto de outro grande evolucionista, o biólogo inglês Thomas Henry Huxley, um dos primeiros defensores da teoria revolucionária de Darwin. Julian Huxley, seu descendente, era um cientista brilhante, um humanista e intelectual de renome mundial. Quando subiu à tribuna para se dirigir ao público internacional, as expectativas cresceram bastante. Lá estava um homem que trabalhara para convencer o mundo de que a seleção natural de Darwin era uma força propulsora de mudança evolucionária. O público também conheceria Huxley por seus ideais humanitários, que tinham ajudado a inspirar o grande movimento humanista, a alternativa intelectual do século XX à fé religiosa. Alguns poderiam estar a par do interesse de Huxley pelas implicações existenciais da teoria evolucionária, uma paixão que o levara a cunhar a frase: "Nós somos a evolução tornada consciente de si mesma". Talvez alguns o conhecessem como o pensador ferozmente independente que havia enfrentado a indignação dos colegas de mentalidade secular ao escrever a introdução ao polêmico livro sobre religião e evolução, *O Fenômeno Humano*,* do padre católico e paleontólogo, que falecera recentemente, Pierre Teilhard de Chardin. O que Huxley ofereceria ao seu público nesse importante aniversário, quando algumas das melhores cabeças da época tinham a atenção voltada para seu púlpito?

A palestra de Huxley foi chamada "A Visão Evolucionária" e ele a proferiu com uma paixão quase religiosa, recordaram os presentes. Sugeriu que a religião, como a conhecíamos, estava morrendo, que as fés "centradas no sobrenatural" estavam destinadas a declinar, a se desligarem da existência como espécies não adaptativas num ambiente hostil. "O homem evolucionário não pode mais se refugiar de sua solidão nos braços de uma figura paterna divinizada que ele próprio criou", Huxley afirmou, "nem fugir da responsabilidade de tomar decisões abrigando-se sob o guarda-chuva da Autoridade Divina, nem absolver-se da difícil tarefa de enfrentar seus problemas presentes e planejar o futuro confiando na vontade de uma Providência onisciente, mas infelizmente insondável". As palavras de Huxley foram fortes, ditas com a convicção de alguém que tinha trabalhado a vida inteira para libertar o espírito humano de sistemas de crença inadequados ao mundo moderno. Mas, antes de proclamar integralmente a morte da religião, ele acrescentou uma fala notável. "Finalmente", concluiu, "a visão evolucionária está nos

---

* Publicado pela Editora Cultrix, São Paulo, 1988.

permitindo discernir, embora não completamente, os traços da nova religião que [...] surgirá para atender às necessidades da próxima era."

Para Huxley, a evolução não era meramente um último prego no caixão da crença religiosa tradicional. Ela representava muito mais que a vitória de uma teoria científica sobre as forças históricas da superstição e da ignorância. O triunfo da evolução também nos dirigia para o futuro — para uma síntese pós-tradicional, que surgiria de nossa nova compreensão de quem somos e de onde viemos.

No outono de 2009, assisti a outra conferência na Universidade de Chicago, realizada exatamente cinquenta anos depois do primeiro encontro e 150 anos depois da publicação de *A Origem das Espécies*. Como o evento precedente, este também reuniu alguns dos mais brilhantes luminares da teoria evolucionária e eu estava curioso para ver o que os descendentes intelectuais de Huxley, Mayr e Dobzhansky poderiam ter a dizer sobre a "visão evolucionária" após cinquenta anos de estrada.

Achei a conferência fascinante, as palestras e discussões sobre as últimas descobertas da ciência evolucionária admiravelmente informativas. Também a religião foi um dos principais assuntos do dia. Os cientistas evolucionários de hoje estão verdadeiramente obcecados pelas lutas que travam contra o criacionismo e o projeto inteligente; estão profundamente irritados com a resistência às ideias de Darwin e às descobertas da biologia, que ainda caracteriza tantas comunidades religiosas atuais. Como alguém que foi criado no Cinturão da Bíblia, onde essas controvérsias campeiam sem controle, compreendi e compartilhei suas preocupações. Mas, e quanto à visão de Julian Huxley? Quanto à sua observação de que um rico e novo tipo de conhecimento evolucionário poderia mudar nossa visão de mundo, nosso senso de individualidade e o lugar da humanidade no esquema das coisas?

Pouco houve a relatar de Chicago a esse respeito. Ouvindo as diferentes abordagens apresentadas naquelas salas veneráveis, temos a marcha atual da nova ciência, a resistência atual da velha religião e, praticamente, não se avança mais que isso. Vez por outra, admite-se, houve cabeças se inclinando em aprovação à tentativa heroica de reconciliar evolução e fé, mas não havia ninguém de prontidão para a emergência de uma nova espiritualidade inspirada pela evolução. Ninguém estava falando sobre o modo como as ideias evolucionárias podiam transformar a cultura e o pensamento humano no novo século. De fato, parecia que absolutamente ninguém estava dando muita atenção à visão que Huxley havia apresentado naquele dia de novembro em 1959.

Mas o fato de não estarem dando atenção não significa que não valha realmente a pena ficar alerta. Na verdade, hoje a visão evolucionária de Huxley é mais culturalmente relevante que nunca. Está viva, pelo mundo afora, nos corações e mentes de milhares de indivíduos que estão experimentando novas perspectivas culturais, novas epifanias filosóficas, novos ideais espirituais, novas visões religiosas — todos girando em torno da ideia de evolução. Lamentavelmente, esses pioneiros culturais não foram convidados para a conferência de 2009 em Chicago. Para encontrá-los, temos de nos mover para fora dos muros convencionais da academia e ultrapassar as antigas estruturas da religião tradicional. Temos de viajar para as voláteis fronteiras da cultura, para os limites entre convenção e controvérsia, onde os próximos grandes avanços culturais estão lutando para nascer. Este livro é sobre a busca dessa visão evolucionária e de um novo tipo de visão de mundo baseada nela.

Capítulo 1

EVOLUÇÃO: UMA NOVA VISÃO DE MUNDO

O fato mais extraordinário acerca da percepção pública da evolução não é que 50% não acreditem nela, mas que quase 100% não a tenham associado a algo de importância em suas vidas. A razão pela qual acreditamos tão firmemente nas ciências físicas não se deve ao fato de elas serem mais bem documentadas que a evolução, mas de serem tão essenciais à nossa vida diária. Não podemos construir pontes, dirigir carros ou pilotar aviões sem elas. Em minha opinião, a teoria evolucionária se mostrará não menos essencial para o nosso bem-estar e um dia vamos nos perguntar como conseguimos viver na ignorância por tanto tempo.

— *David Sloan Wilson,* Evolution for Everyone

A evolução é um fato. Em vista da controvérsia, aparentemente interminável, que cerca a ciência biológica e todas as suas muitas descobertas com relação às origens da vida, é importante ser claro desde o início. Neste livro, não há controvérsia. Eu diria que acredito na evolução, mas não acho que a crença tenha alguma coisa a ver com isso. Não dizemos que acreditamos que o mundo é redondo — sabemos que é. A evolução não é uma questão de fé; é uma questão de evidências, trabalho árduo e ciência avançada. Qualquer outra conclusão ultrapassa os limites da credibilidade e retarda o avanço do conhecimento. A evolução é simplesmente verdade.

Agora que declarei minha posição de forma clara e inequívoca, deixe-me complicar o assunto. Também acho que a descoberta da evolução é o maior acontecimento cultural, filosófico e espiritual das últimas centenas de anos. Penso que, de um modo geral, sua influência está destinada, a longo prazo, a ser vista lado a lado com alguns dos mais significativos pontos de definição de nossa cultura: o nascimento do monoteísmo, o iluminismo europeu, a revolução industrial.

Está espantado porque usei a palavra "espiritual"? Muitos, sem dúvida, estarão. A teoria da evolução não tem sido há muito tempo a *inimiga* número um do espírito, na maioria dos círculos religiosos? Não é a evolução a resposta do ateu à fé religiosa, o "relojoeiro cego" que aos poucos foi moldando a vida a partir da matéria inanimada, sem qualquer ajuda divina? A revolução da seleção natural e da mutação randômica de Darwin, quebrando paradigmas, não põe Deus de lado com uma imponente percepção das atividades da Mãe Natureza?

Sim, essa é com certeza a história frequentemente contada — a história que causa consternação nas salas de aula do Kansas, inflama as paixões de cristãos do "cinturão da ferrugem"* ao Cinturão da Bíblia, e irrita os muçulmanos de Bagdá a Birmingham. Mas pense no seguinte: a evolução nunca foi meramente uma ideia científica. Aliás, não foi sequer uma ideia de Darwin. De fato, bem antes de Darwin ficar fascinado com os pintassilgos de Galápagos, a noção de evolução já estava em ação na cultura do século XIX, subvertendo silenciosamente categorias estabelecidas de pensamento e alterando a religião, a filosofia e a ciência de forma imprevista e notável.

Por favor, não me compreenda mal: tenho o maior respeito pela contribuição pioneira de Darwin. Ele foi o fósforo decisivo que converteu as centelhas de uma ideia subversiva numa explosão que engolfou o mundo inteiro. Quando perguntaram ao historiador Will Durant, já no final de sua vida, se Marx não podia ser considerado a pessoa que teve maior influência sobre o século XX, ele tomou a liberdade de discordar. Darwin, ele respondeu, foi ainda mais influente que Marx. A teoria da evolução foi um dos impulsos primordiais para o solapamento da fé religiosa e, assim, o legado de Darwin se destacou ao fomentar no seu século ideias de uma cultura mais secular.

* O "cinturão da ferrugem" (*rust belt* em inglês) é a área de industrialização mais antiga dos Estados Unidos, situada em volta dos Grandes Lagos e nas proximidades dos montes Apalaches. (N. T.)

Concordo com a avaliação de Durant do papel transformador de Darwin. Mas penso que ele deixou escapar um ponto importante. Num sentido mais amplo, tanto Darwin quanto Marx foram impelidos pela mesma ideia fundamental — evolução! Para o melhor ou para o pior, a evolução foi o contexto de trabalho da vida deles. Marx foi um estudioso de um dos primeiros grandes filósofos evolucionários, Hegel. E embora Darwin, meticuloso coletor de dados, estivesse concentrado na biologia, e Marx na teoria política e história econômica, ambos se nutriram prodigamente da mesma percepção filosófica — que as categorias dadas da vida como ela existe hoje não são estáticas, fixas ou imutáveis, não são o "modo como as coisas são", mas antes um retrato momentâneo num processo de desenvolvimento em curso. Ambos viram através da ilusão de permanência criada pela aparente solidez dos objetos de suas respectivas obras — para Darwin, o mundo vivo; para Marx, as estruturas econômicas e os processos históricos — e compreenderam que eles são parte de um processo subjacente mais profundo de evolução no tempo. Não pretendo endossar a malconcebida natureza do materialismo histórico de Marx e suas trágicas consequências humanas. O que afirmo é, simplesmente, que a revolução da evolução pode acabar se provando maior do que até agora perceberam muitos de nossos pensadores mais capazes.

A ideia de evolução, a noção básica de processo, mudança e desenvolvimento no tempo, está afetando muito mais do que a biologia. Está afetando tudo, de nossas percepções sobre política, economia, psicologia e ecologia à nossa compreensão dos constituintes mais fundamentais da realidade. Está ajudando a dar origem a novas filosofias e, como vou argumentar, é a fonte de um novo tipo de revelação espiritual. Os indivíduos apresentados neste livro foram todos inspirados por Darwin e pelas sólidas percepções trazidas pelos avanços do século passado em biologia, genética e paleontologia (alguns, inclusive, contribuíram para isso). Mas estão também ultrapassando essas louváveis realizações para descobrir novos panoramas. Estão forjando um modo rico, inusitado, de compreender o desenvolvimento de tudo, das complexas galerias da psique humana às regiões mais distantes do universo. São instigados a descobrir as estruturas profundamente ocultas nos interiores do genoma e também as estruturas profundamente ocultas nos interiores da cultura. A evolução, nestas páginas, diz certamente respeito aos pássaros e às abelhas, mas também diz respeito à cultura, à consciência e ao cosmos. Nessa jornada evolucionária, as percepções da ciência evolucionária vão sempre se aplicar, mas terão de compartilhar o holofote com pensadores pioneiros e teorias de uma surpreendente diversidade de campos.

Acredito que nossa compreensão emergente da evolução, em todas as suas muitas formas, tamanhos e dimensões, é tão fundamental que seria difícil superestimar sua importância. Tomada em conjunto, ela vai constituir o princípio organizador de uma nova visão de mundo, singularmente adequada ao século XXI e além dele. Os contornos dessa visão de mundo ainda estão sendo formados — estimulados por novas percepções e avanços no desenvolvimento da ciência, da psicologia, sociologia, tecnologia, filosofia e teologia. Este livro é sobre essa nova visão de mundo e as pessoas que estão conscientemente envolvidas em sua criação. Trabalhando a partir de vários contextos e disciplinas extremamente diferentes, esses indivíduos são unidos não pelo credo ou sistema de crenças, mas por uma visão evolucionária amplamente compartilhada e uma preocupação com nosso futuro coletivo. São cientistas e futuristas, sociólogos e psicólogos, padres e políticos, filósofos e teólogos. Não compartilham um título comum. Eu os chamo de "evolucionários".

O CONTEXTO É TUDO

O grande geneticista Theodore Dobzhansky certa vez declarou: "Nada faz sentido em biologia, a não ser à luz da evolução". De fato, antes da descoberta da evolução, a biologia era em grande parte apenas um meio de classificar espécies. A evolução foi a ideia unificadora que a colocou no mapa acadêmico como uma ciência coerente, legítima, e ela se transformou no contexto para grande parte de nossa compreensão das formas e traços de vida. A percepção de Dobzhansky, tenho certeza, é aplicável a uma esfera muito mais ampla que a biologia. Sem dúvida, *nada na cultura humana faz sentido a não ser à luz da evolução.* Este livro defenderá a ideia de que nossa emergente compreensão da evolução é tão transformadora que, por fim, todas as áreas importantes da vida humana cairão sob seu feitiço revelador. Ela mudará o modo como pensamos sobre a vida, a cultura, a consciência, inclusive sobre o próprio ato de pensar — e mudará para melhor. De fato, já está fazendo isso.

Entre os primeiros a reconhecer a dimensão e a importância do pensamento evolucionário estava o padre jesuíta e paleontólogo francês Pierre Teilhard de Chardin. "A evolução é uma teoria, um sistema ou uma hipótese?", ele escreveu no início do século XX. "É muito mais: é uma condição geral à qual todas as teorias, todas as hipóteses, todos os sistemas devem se curvar e à qual devem daqui por diante satisfazer se forem viáveis e verdadeiros. A evolução é uma luz que ilumina todos os fatos, uma curva que todas as linhas têm de seguir."

Se essa citação parece sucumbir a uma espécie de triunfalismo, deixe-me tentar amenizar o registro observando que estamos ainda na fase inicial da construção de uma visão de mundo coerente, que incorpore, numa perspectiva evolucionária, as percepções transformadoras. As pessoas e ideias representadas neste livro não captam nada em sua forma final. Como estudiosos num novo campo de pesquisa, os evolucionários receberam muito material com que trabalhar dos pensadores que forjaram, nos últimos dois séculos, o caminho por onde é possível avançar. As coisas, no entanto, não progrediram o suficiente para que as ideias ficassem definidas, os meios de pensar estabelecidos, ou consensos surgissem. Estamos em algum ponto entre as visões iniciais do que é possível e as verdades culturais estabelecidas, aceitas. Estamos ainda na fase "conquista do Oeste" do desenvolvimento, entre os primeiros pioneiros explorando terras virgens e colonos querendo se estabelecer e construir uma vida nova num território protegido. Quando as muitas verdades, percepções, perspectivas culturais e atitudes que constituem essa nova visão de mundo finalmente se integrarem à corrente principal da ciência, elas terão efeitos cada vez maiores sobre todos os aspectos da cultura humana.

"Uma filosofia desse tipo não será feita num dia", escreveu o filósofo evolucionário pioneiro e ganhador do prêmio Nobel Henri Bergson, em seu livro clássico de 1907, *A Evolução Criadora*. "Ao contrário dos sistemas filosóficos propriamente ditos, cada um dos quais fruto do trabalho individual de um homem de gênio e que brotava como um todo, para ser aceito ou abandonado, ela [essa nova filosofia] só será construída pelo esforço coletivo e gradual de muitos pensadores, de muitos observadores também, competindo, corrigindo e aperfeiçoando uns aos outros."

TUDO QUE VOCÊ ACHA QUE SABE SOBRE EVOLUÇÃO PODE ESTAR ERRADO (OU INCOMPLETO)

Quando falava sobre evolução, Darwin pretendia dizer *descendência com modificação*, a ideia de que todos os organismos são descendentes de um ancestral comum. Sua teoria da seleção natural era uma teoria sobre os mecanismos dessa modificação. Com o correr do tempo, com a descoberta da genética como agente da hereditariedade, a teoria de Darwin se transformou no neodarwinismo, ou no que é, às vezes, chamado de "síntese moderna" — a ideia de que a evolução é guiada por uma combinação de seleção natural e mutação randômica. A proposição básica é que a mutação randômica no nível do gene produz formas e traços novos num organismo. Aqueles poucos traços que são adaptativos aumentam a "adequação" de um organismo, permitindo que sobreviva melhor e transmita seus genes, transferindo assim esses mesmos traços para a geração seguinte. As mutações que não facilitam a adaptação ou não trazem vantagens, por outro lado, desaparecerão naturalmente, pois o desaparecimento gradual desses organismos será mais provável, diminuindo a possibilidade de que transmitam seus genes à geração seguinte. A combinação, portanto, de mutação randômica e seleção diferencial tornou-se um vigoroso e inseparável dueto científico, desempenhando um papel central no campo recente da biologia evolucionária. Esse novo consenso científico começou a influenciar a percepção pública e, finalmente, o termo "evolução" e a ideia científica de seleção natural e mutação randômica tornaram-se quase sinônimos.

Dentro da comunidade científica, no entanto, essa combinação íntima é mais mito que realidade. Raramente a ciência é tão resolvida. Na verdade, em décadas recentes, ideias novas e interessantes têm conseguido tomar a frente e levantado questões importantes sobre nossa compreensão da história da vida. O respeitado cientista e teórico da complexidade Stuart Kauffman, em seu livro *Reinventing the Sacred* [Reinventando o Sagrado], escreveu recentemente: "Há uma certa dúvida [...] sobre o poder e suficiência da seleção natural como motor exclusivo da evolução". Suas novas ideias evolucionárias, juntamente com as da falecida bióloga Lynn Margulis e outros, ampliaram a ciência da evolução de modo significativo, e vou explorar mais a obra deles na Parte I deste livro. Além disso, a nova ciência da epigenética está revelando que o genoma humano é muito mais maleável, criativo e adaptativo do que jamais imaginamos. Por exemplo, a ideia de "transferência horizontal de genes" entre bactérias — um processo em que os organismos compartilham partes de material genético com outros organismos ao seu redor — ganhou recentemente algum espaço entre cientistas. A síntese neodarwinista continua sendo básica, mas a história científica de nosso universo em evolução está se desenrolando muito mais depressa que a capacidade do público para digerir inteiramente as mudanças.

Contudo, a visão evolucionária de mundo que imagino não é construída apenas pela ciência. E por isso pretendo efetuar uma pesquisa mais ampla sobre a influência do pensamento evolucionário em todos os aspectos da cultura. Lembro de novo, este livro é, em primeiro lugar e antes de mais nada, sobre a evolução como uma ideia vigorosa e importante, não exatamente sobre a evolução como ciência. A diferença é crucial. A evolução como ideia transcende a perspectiva mais limitada, centrada nos genes, que passou a dominar o discurso público. À medida que o livro avança, investigo coisas como a evolução da tecnologia, a evolução da cooperação, a evolução da consciência, a evolução das visões de mundo, a evolução da informação, a evolução dos valores e a evolução da espiritualidade e da religião. Acredito que são meios legítimos e importantes de falar sobre evolução e de fato cruciais, se quisermos compreender adequadamente nossa vida e nosso mundo. Mas isso não significa que serão, primeiro e antes de mais nada, abordagens científicas ou que estarão sempre em harmonia com a biologia atual. Essas ideias estão estendendo e ampliando os próprios limites de nossa compreensão desse importante conceito.

Antes de continuarmos, quero reconhecer que existem os que temem que a evolução seja usada como um contexto através do qual se possa interpretar a vida humana e a cultura. A oposição mais comum é a expressa por comunidades religiosas que simplesmente associam o pensamento evolucionário ao ateísmo e ao materialismo. Já me referi a essas preocupações e continuarei a fazê-lo nas páginas que se seguem. A outra objeção comum diz respeito à reputação. Como um garoto de colégio que fica com má reputação por andar com a turma errada, a evolução é rejeitada pela dubiedade de suas associações históricas. Infelizmente, é verdade que a evolução foi usada no passado como argumento para justificar as mais desacreditadas filosofias sociais, como o darwinismo social no século XIX e o movimento de eugenia no início do século XX. Alguns podem se exasperar por eu já ter identificado Marx como alguém inspirado pela evolução. Afinal, veja os horrores históricos provocados pelo marxismo! Outros conseguem traçar uma linha direta do pensamento evolucionário de Hegel e Darwin ao fascismo de Hitler. Especulações evolucionárias fora dos laboratórios de ciência são perigosas, eles nos diriam, levando a noções enganadoras como "algumas culturas são superiores a outras" ou "há uma direção inevitável na história humana". Junte essas duas conclusões, deixe solto o pensamento, e temos a placa de Petri perfeita para todo tipo de abuso fascista e totalitário. Certamente, podemos ver abundante evidência disso no século XX.

Nas mãos erradas, todas as ideias poderosas têm potencial para abuso — quanto mais poderosas, mais perigosas podem ser. A evolução é sem dúvida uma ideia potente, mas espero mostrar que muitos dos problemas e abusos mencionados acima são tão inerentes ao pensamento evolucionário quanto o fanatismo seria inerente ao pensamento religioso ou o niilismo ao pensamento científico. Os malogros acima são malogros da imaturidade — as dores do crescimento, lamentáveis e frequentemente censuráveis, de uma cultura chegando a um acordo com uma ideia tão explosiva quanto a evolução.

Apesar dessas preocupações, a promessa inerente a uma visão de mundo evolucionária é realmente provocadora. Sob certos aspectos, essa promessa é óbvia e inevitável; sob outros, é sutil e dificilmente reconhecida. É óbvia no sentido de que novas percepções da ciência da evolução vão inevitavelmente ajudar a revolucionar a tecnologia de um modo que mal conseguimos prever. À medida que a ciência investiga com mais profundidade os mistérios dos últimos 14 bilhões de anos, e começa a compreender mais claramente de que modo a natureza faz seu trabalho, as tecnologias que daí resultam sem dúvida vão mudar as regras do jogo.

Contudo, este não é realmente um livro sobre o progresso da ciência e da tecnologia; é um livro sobre o progresso do sentido. E, hoje, boa parte do sentido das coisas humanas vem do modo como interpretamos a ciência, das conclusões que tiramos acerca do universo cientificamente revelado. Portanto, parte do que estarei investigando é como nossa interpretação da ciência evolucionária está se desenvolvendo de um modo que terá um efeito importante sobre o sentido que daremos às coisas nas décadas e séculos à frente.

Avanços em nossa compreensão da evolução cultural também prometem percepções recompensadoras. Embora alguns não consigam se convencer de que ideias evolucionárias possam ser de fato aplicadas num âmbito cultural, novos pesquisadores, cientistas sociais e filósofos estão trabalhando para desconstruir a própria natureza da cultura humana e a relação entre desenvolvimento individual e social. Estão procurando os princípios e padrões que informam a trajetória da evolução cultural. Esses dados podem permitir uma compreensão mais sofisticada de como e por que as sociedades progridem (ou regridem) no longo cortejo da história. Imagine, por um momento, se fôssemos capazes de identificar alguns dos pontos-chave de influência que facilitam e incentivam um desenvolvimento cultural positivo. Num mundo em que múltiplas civilizações parecem estar num momento de grande transformação, a compreensão de tais princípios seria certamente uma grande dádiva para a saúde geral de nossa aldeia global cada vez menor.

Na ponta mais sutil do espectro, está o potencial de uma visão de mundo evolucionária, para servir como nova cosmologia, que proporciona um autêntico ponto de encontro entre ciência e espírito. A evolução, nesse contexto, tem a capacidade única de ser uma fonte de realização espiritual, de autêntico sentido e objetivo, renovando nossa fé nas possibilidades do futuro e nos inspirando a alcançar esses potenciais mais elevados, individual e coletivamente. Essa é, talvez, a promessa mais profunda de uma visão de mundo evolucionária, com implicações de tão longo alcance quanto a própria aspiração humana.

EVOLUÇÃO: UMA VISÃO MAIS AMPLA

Hoje, nosso mundo pós-moderno está inquieto, desconfiado de grandes ideias, mas faminto por sentido — buscando uma nova forma de ver as coisas, que possa nos guiar pelas águas turbulentas de um novo milênio. A evolução é o mais recente competidor a pisar nesse vácuo cultural. E até mesmo alguns pensadores da corrente hegemônica estão começando a notar. "Embora nós, pós-modernos, afirmemos detestar as narrativas que querem explicar tudo", escreve o colunista do *New York Times* David Brooks, "uma grande narrativa, bastante nova, tem se aproximado sorrateiramente de nós e está agora à nossa volta. Um dia a Bíblia moldou toda a conversa, depois Marx, depois Freud, mas hoje Darwin está por toda parte." Brooks sem dúvida tem razão quando assinala a tremenda influência que ideias evolucionárias estão tendo em nossa cultura, mais de 150 anos depois de Darwin publicar *A Origem das Espécies*. Até mesmo quando ligo a televisão para assistir aos jogos finais da NBA, vejo o último comercial do Gatorade: "Se você quer uma revolução, a única solução é: evolua". Eu me pergunto se Darwin ficaria feliz ou confuso se estivesse vivo para ouvir essas palavras acompanhando imagens de grandes atletas conquistando vitórias, suando, comemorando e se reidratando.

Não devemos esquecer que Brooks está se referindo a uma perspectiva evolucionária, que é definida, basicamente, por tentativas de aplicar ideias darwinistas a ciências sociais e estudos culturais. De fato, é como se toda semana fosse lançado um livro com um estudioso aplicando o pensamento evolucionário a algum novo campo de estudo. Por que temos sentimentos religiosos? Por que *lady* Macbeth ansiava tanto pelo poder? O impulso de ir à guerra desenvolve-se no nosso DNA? Por que gostamos de tecnologias modernas? Tais questões são examinadas investigando-se como as origens dessas atitudes e propensões podem ser buscadas nas condições de vida em nosso passado evolucionário.

Por exemplo, segundo essa perspectiva, podemos analisar o que o sexo, o amor, o casamento têm de melhor e pior, e todos os extras culturais que os acompanham, segundo o modo como desempenharam seu papel no drama evolucionário de nossos ancestrais. Ficamos com ciúmes porque a infidelidade ameaça nossa necessidade de transmitir nossos genes à próxima geração. As mulheres são atraídas por homens poderosos porque certa vez, na tundra, a sobrevivência delas dependeu de se associarem, juntamente com os filhos, a um forte provedor e protetor. Os homens debatem-se com a monogamia porque estão geneticamente predispostos a disseminar seu sêmen por toda parte. E por aí vai. Segundo esse modo de pensar, tendemos a nos entregar a alimentos gordurosos, açucarados e salgados porque o desejo de consumi-los serviu melhor, milhares de anos atrás, a nossas necessidades de sobrevivência e reprodução. Nós nos unimos a grupos fechados porque os laços estreitos de tais relacionamentos teriam proporcionado vantagens para a sobrevivência de nossos antepassados da Idade da Pedra. E a última afirmação popular é que os humanos têm uma predileção evolucionária pela religiosidade. A fé pode ser parte de nossa programação genética e cultural, continua esse argumento, porque crenças e rituais compartilhados facilitam a criação de grupos sociais extremamente leais, que nos ajudaram a sobreviver às fundas e flechas no tempo dos Flintstones.

Essa pesquisa é certamente iluminadora, e boa parte dela digna de crédito. Infelizmente, defensores de campos novos e empolgantes às vezes vão longe demais e a psicologia evolucionária, como essa abordagem é frequentemente chamada, não constitui exceção. Assim como o campo da psicologia freudiana, em seu auge, tendia a explicar tudo sob o Sol em termos do complexo edipiano e das experiências infantis, de repente está em voga explicar todo o comportamento humano apelando para processos darwinistas. Nas expressões mais extremas dessa tendência, a evolução passou a representar, ao que parece, o verdadeiro ponto de referência de todas as motivações humanas — como se a origem da religião, da moralidade, do altruísmo, do amor, da maldade, do casamento, da infidelidade, da música, da poesia, e assim por diante, pudesse ser buscada unicamente na hábil atividade de genes egoístas. Embora existam, certamente, versões mais nuançadas dessa história, ela tem, lamentavelmente, levado muita gente a adotar uma atitude de desconfiança com relação ao pensamento evolucionário, sob a alegação de que ele carrega consigo um reducionismo perigoso que restringe, em vez de expandir, nossa compreensão da vida humana e da cultura.

O problema aqui, no entanto, não é a evolução; é uma específica e estreita definição do termo. Se vamos usar a evolução como um contexto no qual poderemos examinar a natureza e a cultura humanas, acho melhor expandirmos o modo como encaramos esta importante ideia. A evolução, como ideia, transcende a biologia. Faz mais sentido se encarada como um amplo conjunto de princípios e padrões, que gera novidade, mudança e desenvolvimento no decorrer do tempo. De certa forma, este livro é uma investigação desses princípios e padrões, assim como um exame do modo como eles estão iluminando e transformando diferentes campos da iniciativa humana. Usar exclusivamente mecanismos darwinistas como lente interpretativa para compreender a evolução da consciência (psicologia) e da cultura (sociologia), pode ser perspicaz e interessante. Mas, mais cedo ou mais tarde, vamos perceber que há muito mais a ser visto no grande quadro, como se usássemos uma lente de aumento para contemplar a *Mona Lisa*.

Não obstante, a semente está plantada e o impulso para uma aceitação evolucionária mais ampla da vida está aumentando à medida que novas gerações de pensadores encaram a história física, biológica e cultural da evolução como uma nova metanarrativa. E é fácil compreender por quê. A evolução está no centro de uma investigação sobre quem e o que somos como espécie. Falando de maneira simples, é a história de nossa origem. A evolução nos diz de onde viemos; explica as raízes históricas e o contexto de nossa própria existência. Histórias de origem ou mitos de criação têm constituído a base de visões de mundo culturais e de religiões através da história. São uma das expressões mais universais de nossa busca de sentido. Em lendas tribais africanas, encontramos serpentes celestes cujo enroscar forma colinas e vales, faz nascer estrelas e planetas, e gigantes brancos que vomitam o Sol, a Lua, as estrelas e todas as coisas vivas. O antigo *Tao-te King* da China descreve o "vazio sem nome" que deu origem à existência, dividido em *yin* e *yang*, e tornou-se a Mãe das Dez Mil Coisas. A mitologia nórdica nos diz que fogo e gelo se encontraram num "abismo sem fundo" e deram origem à vida. Nessas e em inúmeras outras narrativas, que vão do bizarro ao profundo, os mitos de criação da humanidade tentam responder ao que o estudioso Robert Godwin explica, poeticamente, como "as questões perenes que confundiram os seres humanos desde que eles se tornaram capazes de experimentar o quebra-cabeça: como passamos a existir, qual é o sentido de existir e há alguma forma de escapar do que parece ser uma fatia absurdamente breve de existência, entre duas escuras placas de eternidade?".

Investigando de onde viemos, do que somos feitos e os fatores que nos moldaram, que nos deram forma, o pensamento evolucionário tem muito a dizer sobre o que nos torna humanos, sobre que potenciais e possibilidades animam não apenas nossos cérebros e biologia, mas também nossa consciência e capacidades criativas. Somos mecanismos irracionais, criados acidentalmente por um processo material sem sentido? Somos filhos especiais de Deus, criados à sua imagem para uma estada temporária em seu jardim terrestre? Ou somos outra coisa? Essa "outra coisa" ainda está indefinida, mas é o que estarei investigando nas páginas que se seguem. Existe uma diversidade significativa entre as visões emergentes que estarei apresentando, mas isso é em si mesmo um daqueles princípios de como a evolução trabalha — na natureza, na cultura e mesmo no desenvolvimento do conhecimento. Como esclarece o cosmólogo Brian Swimme: "Você tem uma explosão de formas animais no nascimento de uma espécie — uma explosão de *diversidade*, essa incrível explosão caótica de possibilidades — e depois o universo mais ou menos peneira os moldes mais exóticos e lhes atribui formas que são mais duradouras. A diversidade é um grande meio pelo qual o universo explora seu futuro". Quando investigo as perspectivas evolucionárias que estão disputando a predominância nessa nova visão de mundo, espero estar contribuindo para essa exploração [...] do futuro do universo e de nosso próprio futuro.

Capítulo 2

QUEBRANDO O ENCANTO DA SOLIDEZ

Ao deitar as mãos sobre a arca sagrada da permanência absoluta, ao tratar das formas que tinham sido consideradas exemplos de firmeza e perfeição, como coisas que surgiam e acabavam, A Origem das Espécies *introduziu um modo de pensar que, em última análise, estava destinado a transformar a lógica do conhecimento e, daí, o tratamento da moralidade, da política e da religião.*

— *John Dewey,* The Influence of Darwin on Philosophy

"Visão de mundo" é uma expressão popular nos dias de hoje e isso se explica. Ela vem do alemão *Weltanschauung* e é usada, num jargão comum, para indicar a ótica que empregamos para interpretar o mundo à nossa volta. No mundo pós-moderno, passamos a reconhecer como essas óticas interpretativas são importantes para moldar nossas perspectivas e as perspectivas de outros. Parte disso é um resultado natural da globalização e de nossa proximidade crescente de povos e culturas que veem o mundo sob uma ótica radicalmente diferente. "Por que eles nos odeiam?", perguntou o presidente Bush na semana que se seguiu ao 11 de Setembro — uma pergunta que ecoou em numerosas capas de revistas, manchetes de jornais por todo o país e na boca de americanos atônitos que até então nunca tinham pensado em coisas como uma visão de mundo. Os Estados Unidos foram forçados a aceitar o fato de que existem outras pessoas que veem o mundo através de uma lente completamente diferente — uma lente tão diferente que, aquilo que para nós era impensável, tornou-se para eles horrivelmente necessário. Mesmo dentro de nosso diversificado país, está se tornando cada vez mais claro que as diferenças entre nós não são apenas superficiais, de filiações políticas ou religiosas. Há diferenças mais fundamentais em como interpretamos e vivenciamos o mundo à nossa volta e dentro de nós.

Podemos pensar que temos simplesmente uma percepção direta do mundo, mas de fato, cada percepção é filtrada por nossa perspectiva particular, como fica claro nos momentos em que somos confrontados com alguém cuja perspectiva é radicalmente diferente da nossa. Como diz o filósofo Ken Wilber: "O que nossa consciência nos entrega é posto em contextos culturais e em muitos outros tipos de contextos, que provocam uma interpretação e uma construção de nossas percepções antes mesmo que elas atinjam a consciência. Assim, o que chamamos de real, ou o que imaginamos como dado, é na realidade *construído* — é parte de uma visão de mundo".

Há na realidade um lugar onde se estudam coisas amorfas como visões de mundo: o Centro Leo Apostel, um instituto de pesquisa filiado à Universidade Livre de Bruxelas. Eles definem uma visão de mundo da seguinte maneira:

> Uma visão de mundo é um sistema de coordenadas ou um quadro de referência em que tudo que nos é oferecido por nossas diversas experiências pode ser colocado. É um sistema simbólico de representação que nos permite integrar tudo o que sabemos, sobre o mundo e nós mesmos, num quadro global, um quadro que ilumina a realidade como ela nos é apresentada dentro de determinada cultura.

Uma visão de mundo não é exatamente um valor; é o próprio conglomerado de conclusões sobre o mundo que determinará que tipo de valores sustentamos. Não é apenas uma coleção de pensamentos ou ideias; são as próprias estruturas da psique que ajudarão a determinar que tipo de pensamentos ou ideias teremos. Visões de mundo são como uma construção invisível de andaimes em nossa consciência, conclusões profundas sobre a natureza da vida, que ajudam a moldar como nos relacionamos praticamente com tudo à nossa volta. Como o estudioso cristão N. T. Wright explica, as visões de mundo "são como as fundações de uma casa: vitais, mas invisíveis. São aquilo *através* do qual, não *para* o qual, uma sociedade, ou um indivíduo, normalmente olha".

Não escolhemos visões de mundo do modo como escolhemos um conjunto de roupas ou decidimos sobre nossas preferências musicais. Visões de mundo são construídas sobre a arquitetura cognitiva e psicológica do *self* e são fortemente influenciadas pela cultura em que vivemos. Não são simplesmente sabores que vamos escolhendo com cuidado no bufê cultural, acréscimos conscientes a nossas personalidades — uma dose de conservadorismo aqui, uma ajuda da religião ali, um bocado de liberalismo mais adiante. Não, visões de mundo estão atadas ao próprio desenvolvimento do *self* no contexto de uma dada cultura. Não as possuímos; na maior parte das vezes, elas nos possuem. São estruturas profundas que determinam o próprio modo como criamos significados nas faculdades exclusivas de nossa consciência.

Poderíamos dizer que as visões de mundo nos ajudam a tirar um sentido da experiência de estarmos vivos; elas são, em outras palavras, epistemológicas. São também ontológicas, significando que informam o modo como compreendemos a natureza fundamental do próprio ser. Mas, antes que você comece a pensar que visões de mundo são ideias abstratas, deixe-me dissuadi-lo dessa noção. Crescendo numa cidade pequena na orla do Cinturão da Bíblia, a pessoa aprende desde cedo que visões de mundo são assustadoramente práticas. Para um adolescente, elas determinam coisas cruciais como quem pode dançar em festas, quem acha que tudo bem o sexo antes do casamento e quem acha que ambas as coisas são um ato de possessão satânica. Elas informam quem vai para nossa igreja ou se alguém vai a alguma igreja. Respondem a questões relativas à raça e à sexualidade. Ajudam a estabelecer como a pessoa encara a ética e a moral. Traçam as possibilidades inerentes à masculinidade e à feminilidade. Liberam e constrangem, dão confiança e são causa de dúvida. São, poderíamos dizer, as verdadeiras placas tectônicas de nossa cultura global, e seus movimentos determinam em grande parte a direção e o desenvolvimento de nossa sociedade no decorrer do tempo.

UMA PROPOSIÇÃO PRIMÁRIA

Então por onde começamos para definir uma nova visão de mundo evolucionária quando seus contornos ainda estão sem forma? Podemos começar perguntando: em que essa visão de mundo está baseada? De fato, no centro de qualquer visão de mundo está uma convicção ou um conjunto de convicções crucial sobre a natureza do que é real, verdadeiro e importante. Assim, embora visões de mundo possam muito bem ser complexas abominações psicossociais, de uma maneira paradoxal também são simples. Não estou querendo dizer que sejam simplistas, mas que estão construídas sobre fundações simples, convicções profundas que estabelecem os parâmetros e definem os termos em que construímos o *self* e a cultura. Uma visão de mundo pode se expressar através dos indivíduos em centenas de milhares de modos, mas cada uma dessas expressões trará consigo a marca dessas convicções fundadoras.

O filósofo William H. Halverson sugere que, "no centro de cada visão de mundo está o que poderia ser chamado de 'proposição primária' dessa visão de mundo, uma proposição que é considerada *a* verdade fundamental sobre a realidade e serve de critério para determinar que outras proposições podem ou não ser incluídas como candidatas para a crença". Por exemplo, podemos dizer que a proposição primária de uma visão de mundo científica modernista é que o universo é objetivamente compreensível pelo emprego de investigação racional e metodologia científica — uma convicção que informa suas interpretações de cada dimensão da vida, da religião à arte e à economia.

Acredito que a proposição primária de uma visão de mundo evolucionária está mais bem captada num trecho de Teilhard de Chardin. É tirada dos primeiros parágrafos de sua clássica coleção de ensaios, *The Future of Man* [O Futuro do Homem], e resume não apenas a distinção básica que se encontra no centro de uma visão de mundo evolucionária, mas também o espírito essencial dela:

> O conflito inicia-se no dia em que um homem, deduzindo do que estava aparente, percebeu que as forças da natureza não mais estavam inalteravelmente fixadas em suas órbitas que as próprias estrelas, e que seu sereno arranjo à nossa volta representava o fluxo de uma maré gigante — nesse dia, uma primeira voz alardeou, gritando para a Humanidade que cochilava pacificamente na jangada Terra: "Estamos em movimento! Estamos avançando!"...
>
> É um agradável e dramático espetáculo, o da Humanidade profundamente dividida em dois campos irremediavelmente opostos — um olhando para o horizonte e proclamando com toda a sua fé recém-descoberta: "Estamos

em movimento", e o outro, sem mudar de posição, repetindo obstinadamente: "Nada muda. Não estamos em movimento, absolutamente".

Estamos em movimento. Continuo voltando a essa percepção fundamental e avaliando o quanto ela é realmente profunda. As coisas que achamos que são fixas, estáticas, imutáveis e permanentes estão de fato *em movimento*. Em inúmeras áreas do conhecimento humano, estamos descobrindo que a realidade é parte de um vasto processo de mudança e desenvolvimento. Como geólogos descobrindo placas tectônicas pela primeira vez, estamos começando a prestar atenção neste mundo extremamente sólido, aparentemente permanente, que parece tão estável sob os pés e a intuir uma verdade radical: nada é o que parece. *Estamos em movimento.* Estamos *indo para algum lugar.* É uma descoberta que vem aos poucos, mas irrevogavelmente, despontando em nossa consciência. Ela nos diz que nossas pressuposições fundamentais, nossos instintos mais elementares acerca da vida e do universo estão errados. Por mais sólido que pareça o chão em que estamos pisando, ele próprio está em movimento. Não estamos apenas sendo; estamos nos *transformando.* Isso é parte do poder revelador de uma visão de mundo evolucionária. Ela é uma ontologia do vir a ser. Não apenas existimos *neste* universo; somos apanhados em seu movimento para a frente, somos inerentes à sua intenção de avanço, definidos por seu impulso para a frente no tempo.

Muitas das percepções cruciais a que as pessoas chegaram com relação à evolução reduzem-se, no essencial, a essa proposição simples. Mas, mesmo para os que dentre nós aceitam e valorizam o princípio básico da evolução, não acho que a extensão de sua influência tenha penetrado muito profundamente em nossa percepção consciente.

Vários de meus amigos californianos descreveram a experiência profundamente desconcertante de estar num terremoto, descobrindo de repente, pela primeira vez, que o chão estava se movendo sob seus pés. Nada é capaz de prepará-lo para esse momento, me disseram. Psicologicamente, é difícil aceitá-lo, pois algo que considerávamos inquestionavelmente sólido — a terra sob nossos pés — está *em movimento*. Aquilo que considerávamos absolutamente fixo e estacionário não é, absolutamente, estável. E esse deslocamento sísmico pode criar tremendas ondas de choque, não apenas na paisagem ao redor, mas no tecido da personalidade humana, porque passamos uma vida inteira confiando, inquestionavelmente, nessa sólida fundação.

Em certo sentido, há um terremoto acontecendo bem agora na cultura humana e ele vem ocorrendo nos últimos duzentos anos. Fomos cativados pelo encanto da solidez, a falácia da firmeza, a ilusão da imobilidade, a aparência de inércia, mas a revolução da evolução está começando a quebrar o encanto. Estamos percebendo que, de fato, não pisamos em chão firme. Mas nem estamos simplesmente à deriva num universo sem sentido. *Estamos em movimento.* Somos participantes e parcela de um vasto processo de transformação. As próprias estruturas que compõem nossa consciência e cultura não são as mesmas de mil anos atrás, e, daqui a mil anos, serão substancialmente diferentes de como são hoje.

Vemos essa percepção em muitos campos de estudo. O mais óbvio, talvez, seja a biologia. Há apenas algumas centenas de anos nos relacionávamos com as espécies biológicas como se elas fossem mais ou menos permanentes. As espécies não mudavam; não evoluíam; não eram extintas — era como víamos a biosfera. Mas o trabalho de Darwin demonstrou, além de qualquer sombra de dúvida, que não há nada de fixo ou estático em todo o mundo biológico. A vida não está apenas sendo; está se transformando.

O mesmo é verdade num nível cosmológico. Os físicos costumavam pensar que existíamos no que chamavam de cosmos em "estado estacionário" — sem começo, nem fim. De repente, quase da noite para o dia, nosso quadro se alterou. O universo teve um começo. E parece que um dia terá fim. Não estamos vagando sem rumo num imenso mar cósmico, mas parecemos ser parte de um vasto processo de desenvolvimento, cujos parâmetros mal estamos começando a compreender.

Revelações semelhantes estão despontando em nossa compreensão da cultura humana. Sabemos agora que as estruturas e sistemas socioeconômicos da sociedade não são fixos, concedidos por Deus ou resultado de verdades imutáveis, eternas, sobre a natureza humana. São estruturas adaptativas que mudam e evoluem com o passar do tempo. Podemos olhar para trás, começar a sondar as extraordinárias transições que ocorreram na cultura humana nas últimas centenas de milhares de anos e ver que a ilusão de existir um "modo como são os seres humanos", sólido, imutável, estático, é questionada como nunca.

Essa percepção também se derramou sobre a psicologia. No século XIX, James Mark Baldwin, que foi um pioneiro na teoria evolucionária, começou a mostrar que mesmo as categorias de nossa psicologia não são fixas. Ele reparou que as crianças estão realmente atravessando estágios de desenvolvimento na jornada para a maturidade. Isso foi uma ideia radical na época: até as estruturas de nossa psique passavam por mudanças cruciais no curso de nossas vidas. Hoje, estamos compreendendo que não só as crianças mudam e se desenvolvem, mas os adultos também podem fazê-lo. Há pouco ou nada definitivo ou fixo acerca da psicologia adulta.

Ou pense na neurociência. Antigamente, achávamos que o cérebro era estático, fixo e relativamente inalterável; agora, estamos descobrindo que é mais plástico e maleável do que jamais imaginamos. "Neuroplasticidade" é uma palavra que está na boca de muita gente nos dias de hoje, e por boa razão. O encanto da solidez está se quebrando na neurociência e estamos compreendendo que, mesmo a matéria cinzenta, tão inerente ao nosso senso de individualidade, nada tem de permanente. Está se desenvolvendo em função de muitos fatores, e nossas próprias escolhas não são os menos importantes deles. Numa disciplina atrás da outra, a inércia está perdendo a batalha para o movimento, o processo, a mudança e a contingência.

Além disso, não é apenas o mundo *lá fora* que está em movimento; é também o mundo *aqui dentro*. Não são apenas os objetos que você vê que estão se movendo e evoluindo; é também o sujeito, a própria faculdade perceptiva. A parte de você que vê, ouve, interpreta e responde também não é estática ou sólida; ao contrário é fluida, mutável, está envolvida num processo de desenvolvimento, não está separada dessa característica fundamental de nosso cosmos em evolução.

Trata-se de percepções que vão ao centro do que significa ser humano. Afetam nosso mundo interior, nossos valores, crenças e convicções mais profundos. Das fundações do eu aos limites do cosmos, estamos começando a reconhecer que somos parte desse processo e, sem dúvida, inseparáveis dele. *Também estamos em movimento.* De fato, alguns poderiam dizer que somos o próprio movimento. Em muitos sentidos, essa percepção fundamental está emergindo por toda parte. Uma de minhas metáforas preferidas para essa mudança de perspectiva vem de Henri Bergson:

A vida em geral é mobilidade; manifestações particulares de vida aceitam essa mobilidade com relutância e constantemente se atrasam. A vida está sempre indo à frente; elas querem ficar marcando passo. A evolução em geral iria de bom grado numa linha reta; cada evolução especial é uma espécie de círculo. Como redemoinhos de poeira levantados pelo vento que passa, os vivos giram em torno de si mesmos, levados pela grande explosão da vida. São, portanto, relativamente estáveis e imitam tão bem a imobilidade que tratamos cada um deles como uma *coisa*, não como um *progresso*, esquecendo que a permanência mesma de suas formas é apenas o contorno de um movimento. Às vezes, contudo, numa visão fugidia, o sopro invisível que os sustenta é materializado diante de nossos olhos [...] permitindo-nos um vislumbre do fato de que o ser vivo é sobretudo um ponto de passagem e que a essência da vida está no movimento pelo qual a vida é transmitida.

Gosto muito dessa metáfora porque sou de Oklahoma e me lembro de ver, nos dias secos, quentes, dos verões de minha infância, o que chamávamos de "demônios da poeira" se erguendo de campos recentemente arados. Eram tornados de poeira, às vezes pequenos e fugidios, às vezes com dezenas de metros de altura e imponentes, trazidos pelas grandes rajadas do vento de Oklahoma, tempestades caóticas correndo pelas planícies numa condenada e desesperada busca de permanência. Naquelas "visões fugidias" que Bergson descreveu, podemos ver às vezes, por um momento, que mesmo as formas mais aparentemente sólidas no mundo à nossa volta — nosso ambiente, nossas instituições culturais, nossos corpos, nossas mentes — são de fato como essa poeira, mantidas no lugar apenas pela força da invisível corrente de evolução que nos transporta. Não são permanentes. São antes movimento que matéria. *A própria permanência de suas formas é apenas o contorno de um movimento.*

Alfred North Whitehead, o grande evolucionário inglês e filósofo do processo, também abordou esse ponto quando sugeriu que a realidade é constituída não de fragmentos de matéria, mas de "ocasiões" momentâneas de experiência que caem uma dentro da outra e fluem uma para a outra, criando a sensação de realidade e tempo, assim como moléculas de hidrogênio e oxigênio em cascata criam a realidade de um rio. Ele chamou nosso fracasso em reconhecer esse movimento, nossa tendência a transformar fluxo em fixidez, de "falácia da falsa concretude".

Hoje, essa falácia está aos poucos desmoronando. O encanto da solidez está se quebrando. Mas ainda não absorvemos as implicações. "A permanência se foi", escreve o estudioso Craig Eisendrath, "mas deixou um mundo concebido como processo, contingência e possibilidade. Quanto mais o compreendemos, mais maravilhoso ele se torna. É um mundo que podemos ajudar a criar, ou a perder, por nossas próprias ações." Quando começamos a incorporar esse novo modo de pensar e a perceber conscientemente o mundo, isso afeta profundamente não só como vemos o cosmos, mas também como vemos nossa própria vida. Ao contrário de um terremoto físico, que deixa a pessoa se sentindo fora de controle, quebrar o encanto da solidez, embora desconcertante, acaba sendo bastante liberador. Não mais vítimas de circunstâncias imutáveis, capturados num universo pré-dado, encontramo-nos soltos num vasto processo sem um fim definido — um processo que é maleável, mutável, sujeito à incerteza e ao acaso talvez, mas também, de um modo limitado embora não insignificante, sensível a nossas opções e ações.

Os homens e mulheres pioneiros que chamei de "evolucionários" expressam a proposição primária dessa nova visão de mundo em diversas vozes. Mas o que compartilham é o reconhecimento fundamental e a aceitação de sua verdade. Evolucionários são os que despertaram, olharam em torno e perceberam: *Estamos em movimento*. E, em vez de voltar a enterrar as cabeças nas areias de uma aparente inércia, estão prontos para pegar os remos e ajudar a pilotar a jangada, imaginada por Teilhard, para um futuro mais positivo.

À medida que a névoa da fixidez se levanta, vamos descobrindo que somos muito mais que observadores e testemunhas do grandioso drama da vida se desenrolando. Somos atores que têm influência, recém-conscientes das imensas marés que estão moldando o mundo por dentro e por fora, acabando de nos tornar cientes de nossa própria liberdade — e de nossa imensa responsabilidade.

Capítulo 3
O QUE É UM EVOLUCIONÁRIO?

É como se o homem tivesse sido, de repente, nomeado diretor-executivo do maior de todos os negócios, o negócio da evolução — nomeado sem lhe perguntarem se queria o cargo e sem o devido aviso e preparação. O fato é que ele não pode recusar o trabalho. Independentemente de querê-lo ou não, de estar ou não consciente do que faz, está na verdade determinando a direção futura da evolução nesta terra. É seu destino inevitável e, quanto mais cedo percebe isso e começa a acreditar nisso, melhor para todos os envolvidos...

— *Julian Huxley, "Transhumanism"*

"Se quer conversar comigo", dizem que comentou o filósofo francês Voltaire, "defina seus termos." A sabedoria de Voltaire se aplica em dobro quando se introduz o que é essencialmente um termo novo, como "evolucionário", num discurso. E, assim, eu gostaria de aproveitar este capítulo para explicar e me estender sobre o que pretendo dizer com esse termo, que está começando a ser usado por um número cada vez maior de pessoas em nossa cultura atual. Talvez a palavra mais próxima de "evolucionário" no jargão de hoje seja o termo "evolucionista", uma palavra habitualmente associada à teoria evolucionária em círculos acadêmicos. "Evolucionista" é definido nos dicionários como uma pessoa que é "adepta da teoria da evolução". Como sugerido por essa definição, é um termo que tem sido tradicionalmente associado a quem acredita firmemente na teoria científica da evolução e é por ela influenciado. É um termo frequentemente posto em contraste com "criacionista", "fundamentalista bíblico" ou com diferentes dissidências darwinistas que proliferam nas margens reacionárias da modernidade.

Sem dúvida, há muita superposição entre evolucionários e evolucionistas. Mas como sugeri no Capítulo 1, pretendo que "evolucionário" signifique mais que isso. Evolucionário faz um jogo com a palavra "revolucionário", e pretendo que transmita algo da natureza revolucionária da ideia de evolução. Evolucionários *são* revolucionários, com todo o compromisso pessoal e filosófico que a palavra implica. Não são apenas espectadores curiosos do processo evolucionário, crentes passivos nas ciências estabelecidas da evolução, embora todos certamente apreciem suas abordagens. São ativistas e defensores comprometidos — frequentemente apaixonados — da importância da evolução num nível cultural. São agentes positivos de mudança que subscrevem a mal avaliada verdade de que a evolução, compreendida de modo abrangente, *envolve* o indivíduo. Na verdade, um evolucionário é alguém que internalizou a evolução, que a valoriza não apenas intelectualmente, mas também visceralmente. Os evolucionários reconhecem os vastos processos em que estamos inseridos, mas também a necessidade urgente que tem nossa cultura de evoluir e cada um de nós de desempenhar um papel positivo nesse resultado.

Com isso em mente, eu gostaria de esboçar três características fundamentais que são comuns aos evolucionários. Não é exatamente uma lista exaustiva, mas espero que consiga captar o espírito essencial dessa denominação. Em primeiro lugar, evolucionários são generalistas interdisciplinares. Em segundo lugar, os evolucionários estão desenvolvendo a capacidade de identificar as vastas escalas de tempo de nossa história evolutiva. Terceiro, os evolucionários encarnam um novo espírito de otimismo. Vou investigar cada uma dessas características e seu significado nas páginas que se seguem.

EM DEFESA DO GENERALISTA

Este não é um mundo construído para generalistas. É um mundo construído para especialistas. O que é valorizado intelectualmente é o conhecimento da especialidade — perícia na mecânica das células eucarióticas, na química dos buracos negros ou nos ciclos de vida de colônias de formigas. Mesmo dentro de disciplinas específicas, o toque de tambor da especialização tem precedência sobre sistemas mais amplos de conhecimento. Não é suficiente ser um físico; somos um físico de partículas, um teórico do *loop* quântico, ou um teórico das cordas. Não é suficiente ser historiador; a pessoa é perita em costumes sociais da Renascença, ou na dinâmica política do sul da Ásia no século XVIII. Na realidade, o grau de especialização em nossa base coletiva de conhecimento é tão assombroso em sua profundidade e detalhe quanto assustador em sua crescente fragmentação.

"As pessoas mais preparadas no começo do século XXI consideram-se especialistas", escreve Craig Eisendrath. "Contudo, o que é necessário para a tarefa de compreender a evolução de nossa cultura e construir um novo paradigma cultural, é a capacidade que tem o generalista de olhar para as muitas dimensões da cultura e juntar ideias de fontes muito diversas."

Evolucionários são generalistas por essa mesma razão. Os leitores vão reparar que as noções fundamentais que povoam estas páginas são resultado de pensarmos como um generalista deve pensar — com uma apaixonada, mas ampla, curiosidade que se abre em leque pela cultura e vê conexões, padrões, transições e tendências onde outros veem apenas fatos isolados e detalhes. Um evolucionário deve ser capaz de observar os movimentos da natureza, da cultura e do cosmos como um todo, sem, contudo, negar a infinita riqueza de detalhes que nos cerca.

Quando lemos os livros escritos por muitos pensadores evolucionários de hoje, essa é a característica que imediatamente se destaca. Sejam quais forem seus campos de especialização, a maioria deles é de generalistas incrivelmente bem informados. Passam de um campo a outro com desenvoltura e às vezes com brilho. Não têm medo de se arriscar a ser alvo da cólera dos especialistas; pegam a pesquisa de um campo e aplicam a outro. São intérpretes por excelência — sintetizadores, identificadores de padrões com inclinação holística. Escavam a incrível base de conhecimentos de hoje em busca de novas descobertas, e ajudam a dar sentido à enorme confusão que a revolução da informação engendrou. Ao fazê-lo, desempenham uma grande função. Ajudam a esclarecer nosso lugar no esquema das coisas.

Naturalmente, há momentos em que tal modo de pensar pode dar muito errado — por exemplo, quando pessoas bem-intencionadas, mas mal informadas, pegam conceitos difíceis de um campo complexo, como a física quântica, e tiram conclusões excessivamente rápidas sobre como eles se aplicam à espiritualidade e à vida. As livrarias estão cheias dessas malconcebidas crianças-problemas da relação ciência-e-espírito. E não se trata apenas da espiritualidade. O colunista Paul Krugman, do *New York Times*, usou o termo "biobalbucio" para descrever uma igualmente equivocada aplicação de princípios biológicos a sistemas econômicos. Além do mais, mesmo se nosso pensamento é claro e nossas intenções genuínas, é sempre difícil satisfazer os critérios dos especialistas, evitando pisar no pé dos outros em campos que não constituem nossa área primária de competência. Tenho certeza de que eu e muitos dos que são apresentados nestas páginas estaremos sujeitos a críticas desse tipo. Mas isso não deve nos impedir de avaliar a importância dessa função esquecida.

Em décadas recentes, tem havido um sentimento crescente de que o papel crucial que um generalista desempenha na sociedade está sendo esquecido, com perigosas consequências para nossa cultura. Em diferentes disciplinas, os peritos vêm fazendo advertências de que nossa base de conhecimentos tem privilegiado a profundidade e o detalhe, sobre o alcance e o contexto. Como Eisendrath assinala, um resultado da crescente fragmentação do conhecimento é que não sobrou ninguém "para falar da cultura como um todo".

Quem é, então, responsável por essa assustadora fecundidade da fragmentação? Bodes expiatórios não faltam, mas o indivíduo mais frequentemente citado é um filósofo de 600 anos de idade — René Descartes. Verdade seja dita, Descartes é culpado apenas de articular um importante avanço que caracterizou as mudanças que ocorriam em seu período de tempo. Foi Descartes quem anunciou a ruptura radical entre sujeito e objeto que, desde então, o mundo vem se esforçando para aceitar. Ele colocou o *self* pensante, racional, o eu *subjetivo*, numa posição nitidamente separada do restante do universo — o mundo *objetivo*. *Penso, logo existo* é sua célebre declaração — *cogito ergo sum*. Foi a fundação da revolução cartesiana. Nessa singularíssima declaração, os seres humanos anunciavam uma extirpação de sua consciência do encaixe primordial no mundo natural. E não apenas no mundo natural. Nossa consciência estava também se libertando de sua imersão na vida social do grupo ou coletivo, um processo que o filósofo canadense Charles Taylor chamou de "a grande erradicação". Na declaração de Descartes, poderíamos dizer que o eu moderno encontrou sua libertação e autonomia. Obviamente, a declaração em si não catalisou essa mudança, mas as palavras e a subsequente filosofia de Descartes ajudaram a criar um novo e poderoso meio de pensar que viabilizou as mudanças que estavam ocorrendo na consciência e na cultura da época. O "eu" estava se livrando do "isto" e do "nós". Os seres humanos podiam começar a ver *objetivamente* como nunca antes, permitindo-nos encarar a natureza com novos olhos, como um objeto externo de curiosidade e fascínio, vista com a postura sem paixão do observador isolado.

O resultado foi uma revolução cultural que levou ao iluminismo europeu. Dessa grande separação do homem da natureza vieram o mundo moderno e todas as suas muitas maravilhas, a primeira e mais importante das quais era o indivíduo moderno, doravante autônomo e livre para se definir em seus (dele ou dela) próprios termos.

Em certo sentido, podemos dizer que Descartes rachou o mundo em dois, dividindo-o metafisicamente até o centro, e as reverberações são ainda hoje sentidas. Na verdade, foi como se essa fratura, uma vez iniciada, tivesse um ímpeto próprio, e na esteira desse grande corte viessem mil fraturas menores. Sistemas inteiros de conhecimento começaram a se separar uns dos outros, encontrando sua própria liberdade e relevância, libertados por fim dos constrangimentos unificadores de uma visão de mundo religiosa outrora dominante. Nossas religiões, com seus antiquados sistemas de crença e valores, não podiam mais dar sentido ou conter o mundo multidimensional, diversificado, que estava rompendo as fronteiras de um edifício intelectual pré-moderno. Ciência e filosofia desprendiam-se da religião, fraturando-se em seus próprios domínios distintos, que permitiam que se desenvolvessem livres das superstições da igreja medieval.

Com esse desenvolvimento, o reino da religião como o grande unificador e dominador da cultura estava, nós agradecíamos, acabado. Novos campos de estudo começaram a surgir quando o espírito humano foi liberado para investigar, como nunca até então, o mundo natural. Como partículas instáveis incapazes de se manter unidas, as ciências subdividiram-se e subdividiram-se na massa de especializações compartimentalizadas que hoje atordoam candidatos desatentos à universidade.

E, assim, a tarefa em nossa época se transformou. Ganhamos todo o poder da especialização, reconhecemos a necessidade do reducionismo, praticamos a arte de cortar e retalhar a realidade em pedaços reveladores cada vez menores, mas agora temos de estabelecer um novo curso. Temos muita informação, mas pouco contexto. Temos muito conhecimento, mas de alguma forma nos falta uma moldura mais ampla para entendê-lo. Somos ricos em dados e pobres em significado. Levo no máximo dez segundos no Google para encontrar a taxa de mortalidade infantil no Chade em 2003 e, no entanto, ao que parece, não temos pistas sobre como e por que algumas culturas evoluem para caminhos sadios e outras mergulham na anarquia. Mapeamos a esplêndida complexidade do genoma humano e, no entanto, ficamos sem ação vendo garotos perambularem por nossas ruas como marginais e drogados, elementos descartáveis, não desenvolvidos, da mais rica cultura da história. Podemos estar à beira de descobrir os próprios segredos da vida e da longevidade e, no entanto, milhões de pessoas ficaram a tal ponto desiludidas de nossa capacidade de influenciar positivamente a evolução da cultura que concluíram que o único modo de avançar é a Terra sofrer quase um apocalipse ou, como alguns acreditam, passar por um milagroso despertar global. Os evolucionários sentem que o mundo está fragmentado e que devemos assumir nosso papel de dar ímpeto ao processo de reintegração.

A evolução, por sua própria natureza, nos ajuda a integrar nosso pensamento. Ela transcende as estruturas elegantes de disciplinas planejadas no *campus* universitário e nos encoraja a erguer os olhos para padrões e tendências que rompem as fronteiras da compartimentalização. Ela nos impele a pensar de modo mais amplo sobre a vida, o tempo e a história, até finalmente nos encontrarmos fitando contextos tão fundamentais que podem romper temporariamente o domínio da incessante fascinação da mente por particularidades da experiência, e revelar, de forma completa, novas perspectivas acerca da existência. Talvez seja por isso que Hegel, um dos primeiros filósofos evolucionários, quando lhe perguntaram "o que é a verdade?", deu uma resposta ligeiramente insolente, mas não menos profunda: "Nada em particular".

Possivelmente, as ciências têm sido muito sensíveis a essa necessidade de um pensamento mais integrador. Por exemplo, o renomado Instituto Santa Fé foi aberto no final da década de 1980 para facilitar um novo tipo de diálogo interdisciplinar. Um dos primeiros associados do instituto, o prêmio Nobel de física Murray Gell-Mann, observou que, embora o processo de especialização fosse necessário e mesmo desejável...

> [Há] aqui também uma necessidade crescente de a especialização ser suplementada pela integração. O motivo é que nenhum sistema complexo, não linear, pode ser adequadamente descrito por uma divisão em subsistemas ou em diferentes aspectos definidos de antemão. Se esses subsistemas ou esses aspectos, todos em forte interação uns com os outros, são estudados separadamente, mesmo com grande cuidado, os resultados, quando reunidos, não proporcionam um quadro útil do conjunto. Nesse sentido, há profunda verdade no velho adágio: "O todo é mais que a soma de suas partes".

O estudo de sistemas complexos a que Gell-Mann está se referindo é geralmente chamado "teoria da complexidade", ou "ciência de sistemas". O fato é que os princípios que governam o comportamento de sistemas complexos transcendem qualquer disciplina particular. Os mesmos princípios que governam o funcionamento do mercado de ações poderiam também ajudar a lançar alguma luz sobre o comportamento de uma colmeia de abelhas, ou sobre os padrões de crescimento de uma megacidade. Esses princípios não podem ser contidos pelas esmeradas categorias criadas pelo homem, que separam o departamento de física do departamento de sociologia no fim do corredor. Eles têm aplicação geral. Os princípios evolucionários investigados neste livro são similares. Não podem ser confinados à biologia, à sociologia ou à teologia. Os especialistas se arriscam a um tipo de visão de túnel míope. Em geral, não conseguem ver princípios evolucionários interdisciplinares, muito menos aplicá-los.

Essa abordagem reverte predileções centenárias nas disciplinas científicas que afirmam que a verdade é mais bem descoberta quando se desmonta o todo em partes e essas partes, de novo, em suas respectivas partes, e assim por diante. Não há nada de inerentemente errado com esse tipo de abordagem científica. De fato, os frutos desse modo de pensar estão por toda parte à nossa volta — vão dos *smart phones*, cada vez mais sofisticados, aos avanços médicos que prolongam a vida. E, no entanto, passamos a reconhecer que a realidade tem muito mais do que pode ser captado por essa abordagem. "O reducionismo sozinho não é adequado", escreve Stuart Kauffman, "seja como meio de fazer ciência ou como meio de compreender a realidade." Inclusive, muitos dos supostos reducionistas mais convictos reconhecem que tal perspectiva, à qual se adere tão religiosamente, descarta segmentos inteiros da realidade. Entre a proliferação das partes, perdemos com muita facilidade o todo. Podemos conhecer a constituição física do quebra-cabeça e saber como cada uma das peças é formada, mas, até as reunirmos, não podemos ter verdadeira percepção do quadro real.

Dificilmente a ciência está sozinha em suas tentativas de ultrapassar a fragmentação e a especialização, rumo a uma abordagem mais unificada do conhecimento. A filosofia também tem conseguido dar saltos à frente, rumo a uma "realidade mais integral", principalmente por meio do trabalho de indivíduos como o filósofo Ken Wilber, cuja obra examinaremos no Capítulo 11. E também a religião tem um número cada vez maior de crentes que cultivam uma abordagem menos estanque das questões do espírito.

Mas, apesar dessas iniciativas e de muitas outras como elas, a integração ainda é uma estrada pouco percorrida. O generalista continua sendo uma espécie rara e o generalista evolucionário ainda mais. Poucos existem com capacidade ou inclinação para falar pela "cultura como um todo". Contudo, pouca dúvida há de que nosso futuro se encontra nessa direção. Como diz o escritor James N. Gardner, no que considero uma das descrições mais notáveis e inspiradoras, justamente, desse tipo de atitude integradora com relação ao conhecimento:

> Os domínios que se sobrepõem, da ciência, religião e filosofia, deviam ser encarados como florestas tropicais virtuais de ideias polinizando-se entre si — reservas preciosas de *memes* incessantemente fecundos, que são os ingredientes brutos da própria consciência em todas as suas diversas manifestações. A confusa interface ciência/religião/filosofia devia ser entesourada como uma cornucópia incrivelmente fértil de ideias criativas — uma tripla hélice cultural, continuamente coevolutiva, de ideias e crenças interagindo, hélice que é, de longe, o mais precioso de todos os tesouros multiformes produzidos por nossa história de evolução cultural na Terra.

Ser um generalista evolucionário é mais do que simplesmente ser um pluralista — alguém que abre espaço para múltiplas perspectivas e pontos de vista.

Há, de fato, evidência, vinda de uma variedade de fontes, de que o pensamento integrador, interdisciplinar, pode não ser apenas a mais recente e melhor ideia dos peritos, mas uma verdadeira função mental superior, que representa um passo a mais na evolução da própria consciência. Em outras palavras, pode ser uma adaptação evolucionária aos desafios apresentados por nossa sociedade globalizante, cada vez mais complexa. Pelo menos, esse é o testemunho de indivíduos como Jean Gebser, filósofo alemão do século XX (cuja obra examinaremos no Capítulo 9). Ele estava convencido de que uma nova consciência estava despontando na vida humana, uma consciência que se distinguia da consciência "mental/racional" que havia caracterizado a era moderna. Chamava essa nova consciência de "integral" e escreveu que ela se caracterizava pelo que chamou de qualidade "não perspectivista", isto é, que continha um meio de ver a realidade que transcendia a segmentação e fragmentação da visão de mundo mental/racional. "Nossa preocupação é com a integralidade e, em última análise, com o todo", ele escreveu.

Um indivíduo que Gebser apontou como exemplo dessa nova consciência integral foi o grande erudito-filósofo indiano do século XX, Sri Aurobindo. Em sua obra-prima, *A Vida Divina*, Aurobindo esboçou detalhadamente a ascensão gradual pela qual a cognição humana se move de um estágio da mente para o estágio seguinte, superior. O nível que chamou de "mente superior" foi descrito por ele como a capacidade de assimilar conhecimento percebendo-o intuitivamente como um todo integral, uma percepção repentina de múltiplas ideias apreendidas simultaneamente como verdade unificada. A melhor analogia que posso imaginar seria com uma orquestra. Experimentamos a grande música como um todo coerente, mas permanecemos conscientes das extraordinárias melodias e das harmonias esplendidamente complexas que contribuem, separadamente, para um singular desfrute.

Essas descrições também fazem lembrar outro ícone do início do século XX, James Joyce, que usou o termo "epifanias" em suas histórias para descrever o mesmo tipo de revelação. Os personagens de Joyce passariam pelo que ele chamava de uma "síntese súbita e simples" de percepção e compreensão, que continha as qualidades de totalidade e integridade. E, em nossa época, Ken Wilber preferiu o termo "visão lógica" para descrever a curiosa mistura de revelação visionária combinada com análise conceitual e lógica, que parece característica dessa nova capacidade mental, se bem que transmental, mencionada por cada uma dessas figuras.

Podemos ver, mesmo nesses breves exemplos, que para alguns teóricos a evolução não está apenas acontecendo no mundo externo. As faculdades que usamos para perceber o mundo são, elas próprias, envolvidas no processo evolucionário. Esses teóricos sugerem que as capacidades relativamente limitadas do *Homo sapiens sapiens* no século XXI não representam um estado final de desenvolvimento ou um quadro completado das possibilidades humanas, mas apenas um novo estágio num drama cósmico que nos levou da energia à matéria, à vida, à mente, e busca agora potenciais cada vez mais elevados. Eles sugerem que os imensos desafios de nosso mundo globalizante estão catalisando e fazendo brotar, na consciência humana, potenciais evolucionários que nos permitirão começar a dar um sentido mais profundo às imensas complexidades de nossa era esplendidamente diversa, mas dolorosamente fragmentada. Não, não estão ensinando isso em grupos escolares do Kansas ou faculdades criacionistas, nem é coisa comum em Harvard. Contudo, se devemos criar uma união mais perfeita de nosso mundo fragmentado nos dias que vêm pela frente, é uma perspectiva que vale a pena considerar.

PENSAMENTOS PROFUNDOS EM TEMPO PROFUNDO

Se há uma tendência complementar no pensamento evolucionário favorecendo o retorno dos generalistas, com sua abordagem integrada do conhecimento, essa tendência é o estímulo para que a realidade seja observada através da lente do que chamo *tempo evolucionário.* Isso não é diferente do modo como os biólogos evolucionários devem observar as espécies que estudam. Os biólogos compreendem que os intervalos de tempo que acompanham uma determinada espécie é pequeno demais para revelar a verdadeira extensão das mudanças evolucionárias que todas as espécies estão sofrendo. Exceto em casos raros, não podemos "ver a evolução" em nossa escala de tempo. Dramáticas e importantes mudanças evolucionárias acontecem fora de nosso quadro de referência e, portanto, devemos quebrar o encanto do "tempo local" sobre nossa consciência e voltar a atenção para intervalos muito mais longos, mais amplos, para visualizar a verdade da mudança e desenvolvimento evolucionários.

Após Darwin ter publicado *A Origem das Espécies*, em 1859, esse desafio de compreender as escalas de tempo foi um dos maiores obstáculos à aceitação de sua teoria da seleção natural. As pessoas simplesmente não conseguiam fazer a mente abarcar a soma de tempo requerida para fazer o processo funcionar. Elas tinham de conjecturar. O mesmo é verdade quando se pensa na mudança evolucionária em qualquer contexto. *Temos de pensar em tempo evolucionário.* Temos de pensar com esse tipo singular de contexto histórico.

Teilhard de Chardin sugeriu que a capacidade de enxergar profundamente no tempo é um potencial emergente da espécie. Estamos aprendendo a perceber a vastidão das épocas envolvidas na dinâmica evolucionária que forma nosso corpo e mesmo nossa mente. E Teilhard usou uma fascinante analogia: há um certo ponto no desenvolvimento da criança em que o menino ou a menina adquirem, pela primeira vez, uma percepção da profundidade. Até esse ponto, tudo no espaço perceptivo do bebê está organizado num plano achatado, mas, em determinado momento, o contexto visual se aprofunda e o objeto começa a se expandir em três dimensões. Teilhard comparou nosso reconhecimento emergente do tempo evolucionário neste momento da história a um bebê tendo pela primeira vez uma percepção da profundidade. Estamos, simplesmente, começando a apreender cognitivamente o contexto de tempo de nossa emergência evolucionária, começando a ver numa nova dimensão. Como o tempo tem sido chamado de quarta dimensão, talvez estejamos apenas começando a desenvolver a capacidade de "ver" em quatro dimensões.

"Assim como separamos no espaço, fixamos no tempo", escreveu Henri Bergson, dando eco precisamente a esse ponto. "O intelecto não é feito para pensar em *evolução.*" Na verdade, a evolução ainda não equipou nosso cérebro para pensar naturalmente de uma forma tal que sejamos capazes de perceber em profundidade o contexto histórico de nosso aparecimento. E, no entanto, miraculosamente, num relance, nós de fato vemos. Os antolhos do tempo local são removidos e apreendemos de repente a extraordinária verdade de que somos antigos — relacionados com a totalidade da vida e conectados à história do próprio cosmos. Não somos entidades observando, a distância, o fluxo do tempo em curso. Não, somos janelas para a própria história em profundidade, somos formações momentâneas de individualidade, compostas não só de matéria, mas de vastos e primitivos rios de tempo.

É quase como se uma nova forma de intuição espiritual estivesse despontando naqueles com visão interior para percebê-la. Os evolucionários relatam com frequência que esse panorama evolucionário interno do tempo, às vezes expresso vigorosamente na palavra escrita, num filme ou em outra mídia, pode também surgir repentinamente na consciência, de forma análoga ao lampejo de percepção característico de um despertar espiritual. De fato, quase todos os indivíduos que entrevistei para o livro tiveram esse despertar evolucionário, embora ele tenha assumido formas diferentes. Sob muitos aspectos, isso é semelhante ao que consideramos experiência espiritual ou mística. Mas, embora a experiência possa estar cheia de grande sentido e significado espiritual, o conteúdo está menos concentrado no espírito ou em Deus, num sentido tradicional, e mais na evolução, no processo e na mudança. Despertando para um sentimento de vivenciar o passado e o futuro como algo muito mais vasto do que jamais imaginamos, a pessoa se sente conectada com a natureza em desenvolvimento, em processo, em desdobramento de sua consciência, da cultura, da vida e mesmo do próprio cosmos. O encanto da solidez é profundamente quebrado nos recessos da psique e uma nova visão de um mundo em evolução vem à tona, uma epifania não só de unidade e identidade, mas de movimento e temporalidade.

O RETORNO DO OTIMISMO

Há vários anos, comecei a reparar que quase todos os evolucionários que encontrava, todos eles indivíduos que estavam inspirados pela possibilidade de usar a evolução como contexto para a compreensão da vida e da cultura, tinham uma terceira qualidade em comum, que fazia com que se destacassem de seu meio cultural. Além de serem generalistas interdisciplinares e serem capazes de pensar considerando o tempo evolucionário, também demonstravam uma profunda fé no futuro e um compromisso com ele. Irradiavam um vigoroso otimismo, um otimismo que se destacava ainda mais por ser tão contrário à sufocante disposição de ânimo do momento. Na verdade, *os evolucionários são profundamente otimistas.*

Não estou falando de um otimismo ingênuo, um otimismo forçado, um otimismo superficial ou mesmo um otimismo esperançoso, mas de uma confiança informada pelo conhecimento de que a evolução está em ação nos processos da consciência e da cultura, e que podemos colocar nossas próprias mãos nas alavancas desses processos e conseguir um impacto positivo. É uma corrente sutil mas vigorosa de convicção, que ergue as velas da psique e a impele para a frente, para o futuro. Os evolucionários não só acreditam que o futuro pode ser melhor do que o passado; de alguma forma, sabem disso — como um grande líder sabe que pode fazer uma diferença; como um grande atleta sabe que pode competir e vencer.

Eu sugeriria que o sabor incomparável desse otimismo evolucionário não pode ser atribuído a uma mera sensação, inspiração ou crença pessoal. É muito mais profundo que isso. Os evolucionários demonstram uma confiança que é diferente da arrogância e espalhafato que fluem do ego pessoal. Carregam consigo uma convicção que ultrapassa qualquer qualidade encontrada apenas no interior das fronteiras da personalidade. E eles transmitem essa confiança a outros. Tendemos a transmitir a outros, num nível fundamental, como nos sentimos acerca da vida. Quando se passa algum tempo com um grande místico ou santo, há um atributo da personalidade dele que é reconhecível, independentemente da tradição particular do indivíduo ou de seu sistema de crença — o atributo de tranquilidade, de paz profunda e de transcendência que experimentamos na companhia daqueles cuja fonte de confiança se encontra num nível muito mais profundo que a psique individual. O mesmo se aplica ao otimismo evolucionário. Ele surge de uma percepção direta da possibilidade de desenvolvimento evolucionário e nos conecta com energias e impulsos que não são pessoais nem culturais, energias que alguns sentem estar conectadas a forças criativas em ação no universo que evolui. É como se a essência do processo — sua criatividade, dinamismo e movimento para a frente — ganhasse vida na personalidade dos que adotaram uma visão de mundo evolucionária.

É importante notar aqui que o otimismo evolucionário de que estou falando não se equipara à convicção num inevitável resultado positivo, ou à crença numa "mudança" milagrosa que esteja prestes a acontecer. Vemos com muita frequência esse tipo de pensamento em círculos espirituais, mas não religiosos — seja a Convergência Harmônica, seja a reunião em torno de uma profecia maia ou de algum tipo de "mudança na Terra" que pavimentará o caminho para o futuro. Tais ideias são frequentemente sustentadas por indivíduos com a melhor das intenções, que voltam os olhos para um mundo de mudança climática, terrorismo, corrupção, superpopulação e desastre financeiro, onde bilhões vivem na pobreza, e concluem que as coisas não estão absolutamente ficando melhor. Ou, se estão, não estão melhorando com a devida rapidez. E eles então rezam, meditam, esperam [...] por algum acontecimento; por uma mudança de consciência; uma convergência, emergência ou ressurgimento imanentes de amor, luz, paz e compaixão, para nos salvar da escuridão e da ignorância que se apossaram de nossa alma coletiva. E, com demasiada frequência, invocam o termo "evolução" para descrever essa mudança na consciência.

Tal pensamento nada tem a ver com evolução como eu a compreendo. De fato, eu sugeriria que não é uma fé na evolução que leva a pessoa a adotar essas esperanças ingênuas ou exageradas, mas, de fato, uma falta de fé. É uma avaliação insuficiente do poder da evolução e uma incapacidade de compreender como ela funciona, num nível cultural, que faz com que alguns comecem a se voltar para forças supra-históricas que surgiriam para salvar a situação. Quando começamos a analisar as verdadeiras dimensões do vasto processo evolucionário de que somos parte, nosso otimismo passa a se apoiar na lenta, mas demonstrável, realidade do verdadeiro desenvolvimento.

Quando eu era garoto, via os grandes jogadores de tênis da minha época, Björn Borg e John McEnroe, disputarem os títulos do Grand Slam. E imaginava como seria conseguir jogar como eles e competir num nível tão elevado. Essa visão, que mantive na mente, foi importante para meu desenvolvimento como jogador. Mas, em última análise, o mais inspirador e revigorante era me sentir realmente adquirindo novas qualificações, por mais longe que elas pudessem estar daquelas de meus heróis; era ver a realidade do meu desenvolvimento pessoal e passar a confiar no fato de que poderia me transformar num jogador melhor graças aos meus esforços. Uma experiência dessas quebra temporariamente o encanto da solidez, pelo menos com relação a nossas aptidões pessoais. Quando removemos a ilusão de imobilidade, é como se rompêssemos uma represa em nossa consciência. Começamos a ver o mundo à nossa volta de uma nova maneira, a experimentar novas e liberadoras possibilidades, a ver mais diretamente aquele impulso fundamental que é parte do processo da natureza humana e da cultura humana. Começamos a ver como podemos realmente *optar* por nos desenvolver e amadurecer, individual e coletivamente — na quadra de tênis ou em áreas muito mais importantes da sociedade humana. *Essa* é a fonte do otimismo evolucionário.

Não há nada de errado com grandes visões de possibilidades. Precisamos delas, desde que não sejam loucas e irrealistas. Elas nos inspiram, nos proporcionam direção e foco. Mas o que verdadeiramente nos ergue e revigora é participar de um desenvolvimento real e, ao fazê-lo, constatar como esse desenvolvimento está conectado ao fluxo histórico mais amplo da evolução desde o começo da cultura humana. Quando nossos olhos se abrem para a realidade da evolução e podemos olhar para trás e ver não apenas milhares e milhares de anos de sobrevivência e resistência, mas séculos e séculos de progresso duramente conquistado, paramos de esperar por milagres. Adotamos uma visão profundamente otimista do futuro, que nos capacita a aceitar a tarefa desafiadora, mas, em última análise, muito mais gratificante, de contribuir para um processo que transcende nossas próprias vidas e que, miraculosamente, podemos afetar com nossas ações.

Na realidade, o otimismo de pés no chão e a positividade, que iluminam o coração e a mente dos evolucionários, não deixam de servir como testemunho em nossa cultura cínica, faminta de significado. Espero que você reconheça isso nas páginas a seguir e, quem sabe, comece a senti-lo enquanto circularmos por diferentes disciplinas e sondarmos as profundezas do tempo cultural e cósmico. É uma convicção não apenas do fato da evolução, mas da integridade do processo evolucionário, apesar do sofrimento, conflito e caos que ele inevitavelmente acarreta. No coração desses evolucionários, o futuro já é brilhante.

PARTE II
REINTERPRETANDO A CIÊNCIA

Capítulo 4

COOPERAÇÃO: UM COSMOS SOCIÁVEL

Comunidades ecológicas não são simplesmente arenas de gladiadores dominadas por uma competição mortal; são redes de interações complexas, de interesses independentes, que requerem ajustamento mútuo e acomodação com relação aos outros que nelas coabitam e à dinâmica do ecossistema local. A necessidade de competição é apenas uma metade de uma dualidade, cuja outra metade inclui muitas oportunidades de cooperação mutuamente benéfica.

— *Peter A. Corning,* The Synergism Hypothesis

Sempre gostei de ver Steve Nash jogar basquete. E não porque ele seja o mais alto, o melhor arremessador, o de drible mais rápido ou o mais eficiente para pegar o rebote. Não, Nash, um canadense relativamente pequeno, discreto, é uma delícia de se ver justamente porque não é o espécime perfeito de um jogador de basquete. Numa marcação homem a homem, perderia todas as vezes para Kobe Bryant, LeBron James ou Dwyane Wade. Mas há uma razão pela qual o Phoenix Suns, de Nash, está sempre na disputa. O basquete é um esporte de equipe. A vantagem vai para o coletivo que se desenvolve, não para o indivíduo que se esforça. E o incrível dom de Nash — sua vantagem adaptativa, poderíamos dizer — é a capacidade que ele tem de transformar os mais diversos indivíduos da equipe numa unidade coesa, transformando cinco jogadores capazes numa espécie de superorganismo de basquete, que pode realizar coisas com que cinco indivíduos jamais sonhariam. Foi isso que o fez ganhar, dois anos seguidos, o prêmio de Melhor Jogador da NBA. E isso nos leva, surpreendentemente, ao trabalho da bióloga Lynn Margulis.

Em 1967, Margulis, uma jovem e desconhecida bióloga que por acaso se casou com um jovem astrofísico chamado Carl Sagan, publicou um artigo que seria um marco divisório. Sustentou que, milhões de anos atrás, organismos unicelulares começaram a trabalhar em conjunto, o que resultou no desenvolvimento de uma forma de vida inteiramente nova — o eucarioto (a primeira célula com núcleo) —, que se tornou a base de toda a vida avançada no planeta. O trabalho de Margulis sobre essa nova teoria, que ela chamou de "simbiogênese", foi um divisor de águas no desenvolvimento da biologia evolucionária, ajudando a alterar não só o debate científico, mas, também, o debate cultural em torno da evolução, fazendo-o passar de um foco na *competição* para uma nova avaliação da *cooperação*. Ela ajudou a mostrar como a cooperação entre os organismos — nesse caso, bactérias — podia ser um propulsor fundamental do processo evolucionário. Hoje, essa noção essencial está sendo usada para compreender tudo, da antiga dinâmica tribal à marcha em curso da globalização econômica. Assim como Sagan nos ajudou a ver como uma melhor compreensão de nossa herança cósmica podia lançar luz sobre o significado da vida e cultura humanas, Margulis nos ajudou a reconhecer que há uma infinidade de fatos novos a serem descobertos no "microcosmo", como ela apelidou o mundo do infinitesimalmente pequeno. De fato, ela repreendeu a comunidade científica por uma concentração estreita nos animais, organismos que, em última análise, tiveram um aparecimento muito mais recente na longa história da evolução.

"Os animais são muito tardios na cena evolucionária e nos dão pouca visão concreta da criatividade das fontes principais de evolução", escreve Margulis. "É como se escrevêssemos um livro em quatro volumes supostamente sobre a história do mundo, mas começando no ano 1800, em Fort Dearborn, com a fundação de Chicago. Poderíamos estar inteiramente certos sobre a transformação, no século XIX, de Fort Dearborn numa florescente metrópole à margem do lago, mas isso dificilmente seria uma história do mundo."

O trabalho inovador sobre a simbiogênese exemplifica a clássica história de uma estrangeira desconhecida lutando contra a ordem estabelecida no mundo científico para ter um trabalho aceito. Em 1967, Margulis publicou seu trabalho original numa monografia intitulada "Sobre a Origem das Células Mitósicas [Eucarióticas]". Não parece exatamente uma leitura leve de verão, mas, no mundo de lâminas de laboratórios e microscópios, essa monografia, ao reconstruir as origens da vida multicelular no planeta, foi, como o livro subsequente de Margulis, leitura obrigatória. Ela sustentou que um dos avanços mais cruciais no passado da evolução, a formação da célula nucleada, essencial a todas as formas de vida superiores (mais ou menos o equivalente biológico da descoberta da roda), foi tornada possível pela *cooperação* de bactérias primitivas:

> Meu maior interesse é como diferentes bactérias formam consórcios que, sob pressões ecológicas, associam-se e passam por tamanha mudança metabólica e genética que suas comunidades, rigorosamente integradas, acabam levando a individualidades num nível mais complexo de organização. Ilustra isso a origem das células nucleadas (protoctista, animal, fúngica e vegetal) das bactérias.

Esse trabalho fundamental não foi exatamente adotado pelos poderes científicos constituídos. Essa, não esqueça, é a mesma comunidade científica que certa vez descreveu as primeiras eras da história da Terra como "três bilhões de anos de não acontecimentos". Estavam fascinados pelas moscas-das-frutas e procuravam fósseis de milhões de anos atrás; estavam menos interessados na relevância evolucionária de protistas e procariotas de bilhões de anos atrás. Após a rejeição por quinze revistas científicas, Margulis, finalmente, conseguiu publicar a monografia e, pouco a pouco, sua ideia "radical" conquistou o pensamento científico dominante. Mas o processo deixou-a amarga acerca do consenso evolucionário reinante, mais concentrado na competição entre genes egoístas que na cooperação entre organismos simbióticos. De natureza franca e provocadora, ela um dia se referiu aos evolucionistas neodarwinistas da corrente dominante como "uma seita religiosa sem grande importância do século XX".

Comecei a me interessar pelo trabalho de Margulis por meio do trabalho de outra bióloga evolucionária — Elisabet Sahtouris, que se autodefine como "biofilósofa". Conheci Sahtouris numa mesa-redonda sobre ciência e espírito, durante o Fórum sobre a Condição do Mundo, em 2000, na cidade de Nova York. Ela imediatamente se destacou como alguém que possuía uma habilidade incomum para a comunicação interdisciplinar. Podia se tornar eloquente sobre a dinâmica evolucionária do mundo microbiano sem recorrer a uma linguagem abertamente técnica e captar as sutilezas da ciência de um modo que as tornava extremamente relevantes para preocupações contemporâneas. Sim, a monografia de 1966 de Margulis pode ter sido o arauto de um grande avanço científico, mas "Sobre a Origem das Células Mitósicas [Eucarióticas]" não chega exatamente a fazer o coração disparar — pelo menos, não fora da lista de assinantes do *Journal of Theoretical Biology*. Quando Sahtouris tomou a iniciativa de descrever a criação das primeiras células eucarióticas, o resultado foi consideravelmente mais, digamos, atraente. Como ela explicou:

> As minúsculas arqueobactérias, com seus estilos de vida e tecnologias especializados, criaram então o acontecimento mais espetacular que ocorreu na evolução da Terra desde que elas surgiram pela primeira vez da crosta mineral do planeta. A célula nucleada — uma forma de vida inteiramente nova, cerca de mil vezes maior que uma bactéria individual — formou-se, visto que as bactérias adotaram divisões de trabalho e doaram parte de seus genomas singulares para o novo núcleo da célula. Assim, a célula nucleada — o único tipo de célula, além da bacteriana, a evoluir sobre a Terra — representa uma unidade superior que as bactérias alcançaram quando, após eras de tensão e hostilidades, se envolveram em negociações bem-sucedidas e evolução cooperativa. Esse processo — pelo qual a tensão e as hostilidades entre indivíduos levam a negociações e, por fim, à cooperação como unidade maior — é o processo evolucionário básico de todas as formas de vida em nosso planeta, como eu as vejo.

Nas mãos de Sahtouris, a evolução bacteriana tinha muito mais do que relevância científica; tinha esperteza dramática. Temos aqui tensão e negociação, novas tecnologias e velhas hostilidades. Temos, inclusive, "estilos de vida" bacterianos, seja lá o que possam ser. Temos, em suma, as características essenciais de uma história — e uma boa história como vamos ver —, um verdadeiro triunfo-sobre-a-tragédia de dimensões épicas. Sahtouris tem, de certa forma, a habilidade de impregnar as atividades do mundo microbiano de um tipo de relevância contemporânea, ajudando a nos dar uma nova visão de nossos primeiros ancestrais e dos bilhões de anos em que as bactérias governaram o planeta. Ela escreve:

Antes da nossa nova onda de conhecimento sobre nossos ancestrais unicelulares — bactérias e protistas, ou células nucleadas —, o grosso da evolução era uma pré-história tão escura quanto os três milhões de anos de existência humana antes do que chamamos Idade da Pedra. Agora, realmente, de repente, estamos tirando o véu de um micromundo antigo (e moderno) surpreendentemente cosmopolita. Descobrir os estilos de vida urbanos das bactérias, com todas as suas tecnologias — de arranha-céus a bússola e motor elétrico, de dispositivos de energia solar ao poliéster e mesmo a uma rede mundial de troca de informações —, é uma jornada assombrosa.

A analogia entre os mundos bacteriano e humano só vai até aqui, mas é justo dizer que os cientistas são continuamente surpreendidos ao ver como as colônias bacterianas estão provando ser sofisticadas e complexas. Sua inteligência coletiva, significando a capacidade inerente de transformar ação conjunta em comportamento inteligente, é algo realmente incrível. Por exemplo, os pesquisadores estão descobrindo, para consternação de nosso sistema de saúde, como as bactérias podem ser resistentes a antibióticos, já que estão continuamente evoluindo, melhorando e reinventando seu material genético. E cada uma das descrições que Sahtouris faz de "tecnologias" (motor elétrico, energia solar, poliéster, etc.), embora destinada a ser antes evocativa que tecnicamente precisa, não deixa de estar baseada em capacidades e funções reais dentro das comunidades dos biofilmes bacterianos.* Elas continuam a impressionar e surpreender pesquisadores que, inevitavelmente, subestimam as capacidades contidas no microcosmo.

O que torna esse mundo microscópico tão interessante para nossa investigação da evolução é que, por mais improvável que possa parecer, há uma relação entre a dinâmica em jogo no mundo sem regras da globalização no século XXI e a dinâmica em jogo na sopa pré-biótica da Terra há bilhões de anos. Esse é um dos aspectos mais interessantes de uma visão de mundo evolucionária — ele permite que nos movamos entre os múltiplos níveis e escalas do processo da vida e vejamos os mesmos princípios. E um desses princípios é este: as vantagens da evolução não vão para o mais rápido ou o mais esperto, mas para os que conseguem encontrar o melhor relacionamento entre individualidade criativa e sociabilidade coopera-

---

* Os biofilmes são agregados complexos de bactérias. (N. T.)

tiva. Entre essas bactérias antigas se encontrava, poderíamos dizer, o Steve Nash das bactérias. E, como veremos, em algum ponto do caminho, esse Mais Valoroso Protista e outros como ele ajudaram a transformar uma coleção de bactérias em competição, numa comunidade mais complexa de criatividade e cooperação. Poderíamos chamar isso de "o doce ponto da evolução", esse lugar perfeitamente mediano entre competição e cooperação, que escapa ao interesse cego por um lado e ao pensamento massificado, sem criatividade, por outro. É a tensão criativa entre a expressão de individualidade e as necessidades do coletivo, como as bactérias nossas ancestrais sabiam, em algum profundo nível arquetípico, há quase dois bilhões de anos. Como observou o cientista israelense Eshel Ben-Jacob: "A beleza estética destas [colônias bacterianas] é evidência admirável de uma cooperação em curso que capacita [...] as bactérias a realizar um equilíbrio adequado de individualidade e sociabilidade enquanto batalham pela sobrevivência".

Ciclo da Evolução: da Competição à Cooperação

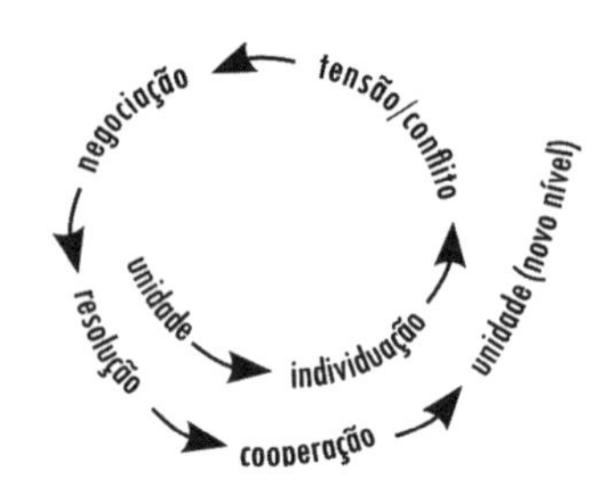

ESTRESSE E A BACTÉRIA INDIVIDUAL

Há alguns anos, num evento na Filadélfia, Elisabet Sahtouris rapidamente me envolvera ao expor sua compreensão da complexa dinâmica dos sistemas vivos. O processo evolucionário atravessa um ciclo de sete estágios, ela explicou, começando com a unidade e depois circulando através de uma série de estágios mostrados no gráfico acima.

A evolução, nesse modelo, vai da *unidade* à extraordinária *diversidade* (individualidade), que leva então a uma competição por recursos. Essa competição inevitavelmente cria novos *conflitos*, o período de conflito precede um período de *negociação* e, finalmente, leva a uma *resolução* dos problemas de recursos, o que, por sua vez, nos faz recuar ao longo do ciclo para um ponto de *cooperação* e *unidade*. O diagrama de Sahtouris é menos um círculo que uma espiral ascendente, de modo que o novo caráter e a qualidade da unidade que é descoberta após a circulação por todos esses estágios de desenvolvimento têm uma complexidade maior, níveis mais elevados de cooperação e diferenciação e, portanto, em última análise, maior consciência.

Esse ciclo evolucionário se esgotou dramaticamente numa das grandes crises ambientais a dominar a biosfera em seus primeiros poucos bilhões de anos de existência. À medida que as bactérias se *diferenciavam* sob as várias pressões de seleção da época, inúmeras espécies diferentes, com diferentes funções, cruzavam os mares pré-bióticos. Hoje os cientistas tentam voltar a esse momento primordial e imaginam como uma espécie, na busca por comida, pode ter se associado a algo chamado "gradiente de glicose" — uma fronteira entre uma área mais rica em nutrientes e uma menos densa em nutrientes. Aqui, ao longo dessas fronteiras férteis na sopa ancestral, havia alimento em abundância. Pense nisso como as bactérias passando a morar no equivalente pré-biótico de uma cidade de fronteira, um antigo *hub*, por onde era provável que passassem viajantes de todo tipo (sob a forma de recursos alimentares e fluxos de energia). E é aqui que nos deparamos com outro princípio de evolução que esteve ativo nas formas de vida mais primitivas, mas que se aplica tanto à era pós-moderna quanto à proterozoica. *A evolução acontece nas margens.* A evolução acontece nas bordas, nas fronteiras, nas zonas intermediárias.

Isso é verdade, estejamos falando de natureza ou de cultura. Foi o caso de antigos gradientes de glicose, que ajudaram a estimular a criação de células eucarióticas, assim como do lodo primordial entre terra e mar, onde os cientistas sugerem que a vida surgiu pela primeira vez. É um princípio que pode ser visto na fronteira entre Terra e espaço, onde a biosfera passou a existir, assim como nas margens do Império Romano, onde o cristianismo fincou raízes e floresceu. É por isso que as empresas de tecnologia inteligente desenvolvem *skunk works* — pequenos grupos de pessoas comprometidas, criativas, que desenvolvem inovações nas margens de suas próprias instituições, livres das estruturas inibidoras, mais conservadoras, da vida empresarial normal. A evolução acontece nas margens. Não pense nisso como uma lei absoluta, mas como um princípio orientador que se mostra, muitas e muitas vezes, surpreendentemente verdadeiro. Meu exemplo preferido é o da Nova Orleans do século XIX. Foi lá, na fronteira entre três ou quatro culturas, que inovações na música deram origem aos primórdios do *jazz*.

Vamos voltar aos primeiros tempos da Terra, quando gradientes de glicose forneceram um ponto de encontro para bactérias unicelulares se associarem e se misturarem, trabalharem juntas, trocarem ideias e, até mesmo, participarem de um pouco de sexo experimental — permutando genes e energia. Em algum ponto do caminho, surgiu uma inovação na comunidade bacteriana, uma forma primitiva de fotossíntese, quando bactérias laboriosas desenvolveram um meio de ganhar energia pela exposição à luz ultravioleta. Mas isso se mostraria problemático, visto que o principal produto eliminado em tal atividade, a excreção dessas criaturas fotossintéticas, era o oxigênio. Na verdade, o trabalho de Margulis sugere um *conflito* mortal travado entre várias bactérias, uma luta de vida-ou--morte provocada pelo que o escritor Howard Bloom chama de primeiro "holocausto tóxico-poluente" na atmosfera da Terra. Era parecido com uma antiga versão de mudança climática. A excreção de oxigênio das bactérias fotossintéticas pode parecer uma atividade benevolente para nós, criaturas modernas, amantes do oxigênio, mas não para o restante do reino bacteriano. A teoria é que acabaram se acumulando quantidades tão grandes, que uma camada inteiramente nova de oxigênio se formou ao redor da Terra, criando na atmosfera a composição química rica em oxigênio que pode sustentar a vida hoje, mas que era mortal para as antigas bactérias. O resultado foi a fome, porque as bactérias foram privadas do acesso indispensável, mantenedor da vida, à energia e aos alimentos. A barbárie correu solta, especulam os cientistas, e desenrolou-se uma guerra civil bactérias--contra-bactérias, por causa de alimento e recursos. Mas, quando a grande fome se aprofundou, começaram a emergir novas e importantes adaptações, que alterariam o conflito e fariam nossos ancestrais unicelulares avançar no ciclo evolucionário. De fato, essa situação os levaria a formar as primeiras células eucarióticas, as células inovadoras que se tornaram a base crucial de formas de vida mais complexas. Margulis descreve os acontecimentos da seguinte maneira:

> Como apareceu a célula eucariótica? Provavelmente, no início, foi uma invasão de predadores. Pode ter começado quando um tipo de bactéria que se contorcia invadiu outra — procurando comida, é claro. Mas certas invasões evoluíram para

armistícios; associações antes brutais tornaram-se benignas. Ao nadar, supostas invasoras bacterianas passavam a residir dentro de indolentes hospedeiros e essa união de forças criava um novo todo que era, com efeito, muito maior que a soma de suas partes: desenvolviam-se nadadoras mais rápidas, capazes de deslocar um grande número de genes. Algumas dessas recém-chegadas eram singularmente competentes na luta evolucionária. Associações bacterianas adicionais eram acrescentadas, à medida que a célula moderna se desenvolvia.

Temos aqui os dois estágios seguintes de nosso ciclo, *negociação* e *cooperação*, levando finalmente à emergência do último estágio. A nova *unidade*, nesse caso, estava representada pelas células eucarióticas originais — pequenas municipalidades de bactérias ativas, que eram mil vezes maiores que suas antepassadas unicelulares. Agressivos conflitos bacterianos de outrora transformavam-se em cooperadoras associações de trabalho quando os organismos passavam a residir nessas novas células — bactérias independentes agora funcionando em parcerias microbianas, aumentando o acesso à energia e aos recursos. Nós as chamamos de mitocôndrias. E, assim, esse circuito particular do ciclo evolucionário estava completo e estava criado um novo grupo social, que transformaria para sempre a vida no planeta. Sahtouris gosta de se estender sobre o tema, observando que a trajetória da evolução avança de criaturas unicelulares (bactérias) para células multicriaturadas (células eucarióticas) e daí para "criaturas multicelulares" (humanos), que logo podem formar novas células multicriaturadas (cooperativas globais?). De fato, com o advento da globalização e a necessidade sempre crescente de agrupar-se em níveis mais elevados de organização numa escala planetária, parece que estamos repetindo esse ciclo, trabalhando para formar uma nova, "multicriaturada" célula global.

Sahtouris gosta de traçar uma analogia entre o "Grande Evento de Oxigenação", como ele é chamado em alguns livros didáticos de ciência, e nossa atual crise climática global. Fiquei, no entanto, mais impressionado com outro ponto que ela levanta. Classifique-o como mais um importante princípio de evolução aprendido pelo estudo das menores criaturas da natureza, embora seja igualmente aplicável às maiores: *o estresse cria evolução.* Certamente, o surgimento de células eucarióticas é a Prova A. Afinal, foi a pressão ecológica da calamidade atmosférica que produziu o tipo de novidade necessária para esse avanço na evolução da vida.

"Algumas das maiores catástrofes na história da vida em nosso planeta", Sahtouris concluiu, "geraram a maior criatividade."

Como queria me certificar de suas palavras, aproximei-me dela após a palestra para me apresentar. Depois de uma troca de gentilezas, perguntei-lhe diretamente: "Realmente acha que o estresse cria evolução?". Ela me olhou com uma surpreendente intensidade e exclamou: "O estresse é a única coisa que cria evolução". Sim, ela estava falando sobre sistemas vivos em biologia, mas minha mente estava numa classe diferente de sistema vivo — os seres humanos. O estresse, o desafio e a adversidade realmente criam evolução, não apenas em bactérias unicelulares, mas, potencialmente, na consciência das criaturas complexas, multicelulares, que têm atualmente o controle deste belo planeta azul que nós (e bilhões e bilhões de criaturas menores) chamamos de lar.

GENES EGOÍSTAS OU MEIOS SOCIAIS?

Para avaliar como o trabalho de Margulis e outros têm sido importantes para apresentar a teoria evolucionária sob uma nova luz, precisamos voltar atrás e dar uma olhada no modo como a evolução tem sido descrita na cultura em geral. Quando as ideias evolucionárias passaram a se infiltrar nas ciências no século XIX, as pessoas começaram, com base no estágio em que a teoria evolucionária se encontrava na época, a tirar todo tipo de conclusões sobre a natureza humana. Ainda hoje o fazem. Até certo ponto, isso é natural e inevitável, mas também perigoso. Na verdade, em minha própria pesquisa, tenho frequentemente me espantado ao ver que certas teorias da natureza humana tendem a seguir, muito de perto, as linhas gerais da ciência. Contudo, há uma distinção importante entre ter a filosofia de vida de alguém *informada* pela ciência e tê-la *determinada* pela ciência. Uma visão de mundo evolucionária adota as descobertas da ciência, mas também dá à iniciativa humana e ao livre-arbítrio seu devido valor. Se a biologia evolucionária diz que minha natureza, biologicamente falando, é belicosa e competitiva, posso aceitar essa verdade e deixá-la informar apropriadamente meu pensamento sem, sob nenhuma forma, aceitar isso como a última palavra na complexa história de nosso caráter humano. E quando a ciência evolui, como deve inevitavelmente fazer, e, veja só, revela que minha natureza, biologicamente falando, está cheia de cooperação e altruísmo, posso deixar que isso, por sua vez, informe meu pensamento sem deixar, absolutamente, que determine minha visão de mundo. Em outras palavras, a ciência é uma história de final aberto e seria melhor que quaisquer conclusões que tirássemos baseados nela fossem experimentais, provisórias e também de final aberto.

Pois é, a vida real nem sempre é tão simples. Quando Jane Goodall, a famosa estudiosa dos primatas, estava trabalhando com chimpanzés na África, pensou inicialmente que esses primatas, que compartilham pelo menos 95% de seus genes com humanos, eram pacíficos e cooperativos. A sociedade de chimpanzés parecia estar livre do comportamento belicoso tão comum na sociedade humana. Mas as aparências enganam. Goodall finalmente constatou que estava equivocada, que a agressão organizada é parte muito importante do tecido social nas sociedades de chimpanzés. Quando começou a relatar suas descobertas, encontrou muita resistência dos colegas na comunidade científica. Foi, inclusive, incentivada a suprimir seus dados. A preocupação não era com a ciência, mas com as consequências sociais de uma tal descoberta. Era uma verdade politicamente incorreta. A revelação de que os chimpanzés são belicosos não seria um golpe em nossos esforços de transcender a guerra? Para alguns, a resposta era claramente sim, porque para eles as predileções dos chimpanzés pareciam representar uma verdade básica acerca de nossas predisposições genéticas. E estavam dispostos a sacrificar uma evidência científica duramente conquistada para dar suporte à sua pauta social. Naturalmente, se vivemos dentro de uma visão de mundo reducionista, que nos diz que o comportamento humano é inteiramente guiado por nossa constituição genética, e que somos destituídos de livre-arbítrio e do poder de influenciar nosso próprio futuro, a descoberta de Goodall, de que nossos primos genéticos mais próximos não são amáveis pacifistas, pode de fato ser motivo de desespero. Mas tal conclusão não é intrinsecamente científica.

"Um pequeno saber é coisa perigosa", dizia a célebre observação do poeta Alexander Pope. Faríamos bem em dar atenção às suas palavras, quando se trata de aplicar as novidades científicas do momento às complexidades da natureza humana. Isso era especialmente verdadeiro no século XIX e início do XX, quando intelectuais por toda a Europa e continente americano começaram a usar o entusiasmo em torno de Darwin e da teoria evolucionária para imaginar como a evolução poderia ser aplicada à economia, às relações sociais e a uma série de outras questões. Havia, então, as pretensões, hoje desacreditadas, do movimento eugenista (um termo cunhado pelo sobrinho de Darwin), que promovia a ideia de reprodução seletiva e esterilização para obter uma raça humana mais inteligente. Defensores da eugenia se preocupavam com a possibilidade de os pobres estarem praticando exogamia com os ricos e que a civilização humana pudesse ser levada a um desastre evolucionário em que os genes inferiores das classes mais baixas, mal-adaptadas e sem inteligência, de alguma forma superassem os genes nitidamente superiores das classes mais altas. Imagine um mundo em que o direito de conceber os filhos dependesse de um índice de QI ou do nível de renda da pessoa, como se pudéssemos criar humanos superiores como criamos cavalos de corrida mais velozes.

Mesmo uma leitura apressada da eugenia deveria ver nela a Ideia Mais Sujeita a Abusos do século XX. Mas esse perigo não foi percebido por uma geração de antigos geneticistas ocidentais que deu um suporte profissional à noção. Clamavam pela "direção consciente da evolução humana", uma expressão que ouvimos agora em contextos de tipo muito diferente. A expressão "darwinismo social" tem sido usada para se referir, exatamente, a esse tipo de aplicação, geralmente mal-orientada, de princípios darwinistas de sobrevivência e adaptação às realidades econômicas e sociais da vida. Em alguns quadrantes, tornou-se uma justificativa para a desigualdade — se eu sou rico e você é pobre, trata-se apenas da sobrevivência do mais apto — e ajudou a contribuir para atitudes e políticas sociais regressivas.

Embora nossa avaliação das complexidades envolvidas no uso da ciência evolucionária como instrumento de política social tenha certamente melhorado nos últimos anos, a evolução em si ainda tem má reputação. Conserva a fama de promover uma versão salve-se quem puder do mundo, que encoraja implicitamente o aspecto "com as garras de fora" de nossa herança natural. "Desde a origem da biologia evolucionária", escreve a bióloga de Stanford, Joan Roughgarden, em seu recente livro *The Genial Gene: Deconstructing Darwinian Selfishness* [O Gene Cordial: Desconstruindo o Egoísmo Darwinista], "o darwinismo tem sido sinônimo de competição e egoísmo". Se essa reputação é merecida ou não, é assunto para algum debate, mas Richard Dawkins, o famoso biólogo de Oxford, certamente não facilitou as coisas com sua ênfase no "gene egoísta" como característica definidora da natureza humana. "Somos mecanismos de sobrevivência", Dawkins declara entusiasticamente. "Máquinas-robôs, cegamente programadas para preservar as moléculas egoístas conhecidas como genes." Com declarações como essa, não é preciso ser um gênio ou um geneticista para entender o que está errado com a concepção popular de evolução biológica. Não é a ciência; é o marketing.

Somos, então, competitivos e egoístas ou cooperativos e sociáveis? Certamente, muito tem sido conquistado na biologia evolucionária pela compreensão do caráter competitivo, geneticamente orientado, de nossa natureza biológica. E a teoria de Dawkins do gene egoísta é, sem dúvida, como o filósofo Michael Ruse recentemente a descreveu, uma das brilhantes metáforas do século passado. Além disso, ninguém devia acreditar por um só momento que nossa emergente compreensão da cooperação tenha suavizado de alguma forma as bordas rudes da natureza, transformando mamíferos numa equipe de jogadores amantes da paz. Minha gata engraçadinha e fofa pode ter uma relação profundamente simbiótica com sua família humana, mas tem uma relação sanguinária com a população local de camundongos e esquilos, e uma relação febrilmente competitiva com todos os outros gatos da quadra. A natureza ainda é, como Ken Wilber gosta de dizer, um grande restaurante, com tudo comendo tudo, e existe muita evidência de que nossa herança biológica está cheia de agentes competitivos procurando satisfazer seus próprios fins egoístas. Mas, na visão de Margulis, Sahtouris, Roughgarden e outros, tem sido dada ênfase exagerada às motivações egoístas do comportamento humano. Essa nova onda de ciência contempla o processo evolucionário de uma ponta à outra e vê exemplos maravilhosos, um atrás do outro, de cooperação e sociabilidade a serviço da evolução. Sua missão é libertar a evolução da nódoa da metáfora do gene egoísta e da confusão que daí resulta sobre o que significa ser um ser humano. Pondo a ênfase na "seleção social", o foco evolucionário se desloca para a sobrevivência não apenas dos indivíduos mais aptos, mas dos mais eficientes arranjos sociais. A vantagem evolucionária vai para os mais capazes de realizar um bom trabalho de equipe e mais dispostos a se envolver no tipo de cooperação que transforma um coletivo de indivíduos em algo mais que a soma de suas partes. A íntima relação histórica entre evolução e individualismo egoísta está sendo desacoplada, rompendo um casamento infeliz que sempre foi mais aparência que substância. A evolução está se desenrolando e também a história que contamos a nós mesmos sobre a vida e o que nos torna humanos.

Vale a pena observar que essa nova história de cooperação transcende o reino da biologia. Ela pode ser vista em ação nos próprios movimentos da matéria no caldeirão primordial da evolução cósmica. Segundo o teórico evolucionário Howard Bloom, a sociabilidade estava embutida na formação original da própria vida porque o carbono — a molécula miraculosa em que toda a vida está baseada — é especialmente estruturado para ser capaz de "ficar" com outros elementos promíscuos na tabela periódica.

Assim, não importa para onde você olhe neste vasto universo, das bactérias mais inferiores ao menor quark ou ao mais desenvolvido hominídeo, a cooperação e sociabilidade parecem ser parte do quadro. Mais uma vez, isso não significa que a competição esteja extinta ou que se viva num reino de contos de fadas. Basta perguntar a Jane Goodall. Animais ainda matam e o sangue ainda corre. Os humanos, aliás, também ainda praticam muita matança. Não temos de procurar muito para encontrar lembretes de que o egoísmo está de fato inscrito em nossos genes. Em algum lugar, no entanto, no meio desse quadro, há uma inequívoca mudança em nossa compreensão da evolução da vida e da ordem cósmica. Estamos apenas começando a constatar que o modo como o ser humano é impelido para a amizade, para o contato e a camaradagem, para a forte solidariedade e o verdadeiro companheirismo, para trabalhar em conjunto de forma cada vez mais intensa, tem um precedente evolucionário real e demonstrável nos movimentos da matéria e na organização da própria vida. Sem dúvida, a ciência está evoluindo. Nossa visão da natureza humana tem ainda de fazer algum esforço para se emparelhar com ela.

HUMANOS, HIERARQUIA E OUTROS PROBLEMAS QUE AFLIGEM A CIÊNCIA DO GENE PÓS-EGOÍSTA

No sucesso cinematográfico *Homens de preto*, de 1997, os personagens desempenhados pelos atores Will Smith e Tommy Lee Jones capturam um fugitivo interestelar nas ruas de Nova York. Esse mau-caráter alienígena está tentando roubar "a galáxia no cinturão de Órion" de uma raça alienígena rival. Num maravilhoso efeito de Hollywood, a galáxia se revela não como uma vasta formação macrocósmica nas lonjuras do céu, mas como um maravilhoso mundo galáctico microcósmico, escondido na joia falsa da coleira de um gato. Durante uma cena crucial, o pequeno buldogue alienígena, que é a fonte dessa revelação, olha com ar severo para Will Smith e exclama: "E então, humanos, quando vão aprender que tamanho não é documento?!".

Ocorreu-me em algum momento durante o aprendizado sobre o mundo microcósmico das bactérias que essa poderia ser uma boa divisa para os biólogos evolucionários que tornam o ultrapequeno tão incrivelmente fascinante para nós. Na realidade, quanto mais aprendemos sobre nossa herança biológica e as notáveis adaptações evolucionárias que deram origem à vida como nós a conhecemos, mais constatamos como estamos conectados, inclusive, aos menores e aparentemente menos importantes habitantes da natureza. É uma percepção humilhante. É bastante fácil, com todos os equipamentos da modernidade, ver de alguma forma a vida humana como distinta do mundo natural — ver nossa psicologia, sociologia e mesmo fisiologia existindo independentemente, de forma autônoma, desconectadas do contexto evolucionário de multibilhões de anos que nos deu vida. Margulis, Sahtouris e outros cientistas da mesma opinião tornaram a nos conectar com essa história; eles nos lembram que fomos protistas, procariotas e, inclusive, quarks, antes de sermos qualquer coisa com olhos, ouvidos ou pensamentos. Rebatem nosso antropocentrismo (até mesmo um mamíferocentrismo) e nos ajudam a compreender nossa conexão essencial, inextricável, com a dinâmica da biosfera. O historiador da cultura William Irwin Thompson descreveu vigorosamente esse sentimento quando observou: "Fiquei tão sensibilizado pelo trabalho de Margulis, que posso agora constatar como as bactérias têm sido tratadas como servos invisíveis, trabalhando nos campos, enquanto nós, humanos, jantamos na casa grande e conversamos sobre a evolução da consciência, como se ela só dissesse respeito à hominização dos primatas e ao surgimento do cérebro humano".

Concordo com o sentimento de Thompson, que de fato nos convida a perguntar: uma vez que nos punimos adequadamente por nossa consideração incoerente do *status* privilegiado do *Homo sapiens sapiens* e fizemos os ajustes apropriados em nossa visão de mundo, onde entra a humanidade na equação evolucionária? Qual é, então, a hierarquia, se existe realmente uma, em que podemos situar tanto bactérias quanto seres humanos? Como medimos a diferença em termos morais?

Para mim, essa questão ficou de todo esclarecida durante uma conversa recente, numa conferência na Califórnia. De repente, eu me vi numa mesa de almoço com três escritores bem conhecidos na área ciência-e-espírito. Estava comendo tranquilamente uma salada quando um deles me fez uma pergunta sobre minhas preferências no almoço. Não lembro dos detalhes, mas mencionei na resposta que era, há muito tempo, vegetariano. Isso pareceu dar motivo a alguma preocupação.

— Por que você é vegetariano?

— Bem... — comecei, mas fui logo interrompido de novo.

— Não sabe que as plantas também têm consciência? Parece que não há grande diferença entre a salada que você está comendo e carne animal.

— O quê?! — exclamei, momentaneamente paralisado. Muitas vezes ouvira pessoas questionarem o vegetarianismo sob o pretexto de que ele reflete uma relação excessivamente sensível para com a vida animal, mas nunca ninguém lamentara que eu estivesse causando exatamente os mesmos danos a vegetais!

Recuperei-me rapidamente.

— Tudo bem, mas não há uma diferença entre plantas e animais quando se trata da consciência? — perguntei. Meus companheiros de almoço, porém, que não estavam dispostos a desistir, me explicaram que todas as pesquisas e experiências mais recentes mostram que as plantas são conscientes, e que sentem dor. Pareciam unanimemente convencidos de que eu estava fazendo tanto mal à minha alface quanto poderia fazer a uma galinha.

Cada vez mais desconcertado, não cedi terreno.

— Queiram vocês ser vegetarianos ou não, comer animais é diferente de comer vegetais. Animais têm um cérebro, um rosto; são mais conscientes.

Mas estava claro que, aos olhos de meus companheiros de mesa, eu fizera uma colocação errada, cheia de ignorância e julgamento precário. Só acontece na Califórnia, continuei pensando com meus botões. Só na Califórnia teria de me defender por comer uma salada! E por insinuar, ainda que sutilmente, que de alguma forma as plantas poderiam não ter o mesmo *status* ontológico que os animais. Só na Califórnia alguém argumentaria *contra* o vegetarianismo sob o pretexto de que as plantas também são conscientes.

Mais tarde, quando contei o que acontecera a um colega, ele me lembrou de uma declaração feita pelo grande escritor budista Alan Watts. Quando confrontado essencialmente com a mesma necessidade de explicar por que estava disposto a comer vegetais, mas não carne animal, dado que ambos os atos matavam coisas vivas, diz-se que ele respondeu: "Porque as vacas gritam mais alto que as cenouras". É um modo perfeito de equacionar um importante problema filosófico e moral, um problema que todos os evolucionários têm de enfrentar. Sempre que alcançamos uma nova e importante percepção sobre o mundo natural ou ressuscitamos partes mal consideradas de nossa herança biológica (ou cultural), há uma tendência a exagerar o caso. O simples fato de estarmos vendo as tremendas contribuições e a complexidade, anteriormente não reconhecida, de nosso legado bacteriano não significa que possamos, daqui para a frente, nivelar cada organismo numa sopa moral unidimensional. Meus amigos da Califórnia realmente acreditavam que não havia qualquer diferença entre plantas e animais? Correndo o risco de estar errado, hoje eu duvido disso. Eles estavam reagindo a uma visão de mundo reducionista, que nega a riqueza de sensibilidade e experiência subjetiva às criaturas vivas menores, por exemplo, às plantas. Mas, no zelo para derrubar uma falsa hierarquia, corriam o risco de, distraidamente, instalar uma nova e assustadora ausência de qualquer hierarquia, fosse qual fosse.

Vivemos numa época em que falsas hierarquias estão sendo questionadas, na cultura e na natureza. É uma das maiores dádivas, e um dos maiores perigos potenciais, de nossa visão de mundo pluralista, igualitária, pós-moderna. Uma dessas falsas hierarquias veio da suposição de que a vida microbiana era um ator sem importância no drama evolucionário. Todo dia os biólogos estão aprendendo mais sobre como tal suposição está errada. Essa nova percepção tem estimulado alguns ambientalistas e ecologistas radicais, inspirados pela obra de Margulis e de outros como ela, a saltar para a conclusão oposta — que de certa forma *não* há qualquer diferença essencial entre a vida humana e outras formas de vida, incluindo a vida microbiana, sugerindo assim que elas existem no mesmo plano moral.

"A evolução não é uma árvore familiar linear, mas se altera no ser singular, multidimensional, que tem se desenvolvido para cobrir toda a superfície da Terra", escreve Margulis. Há frequentes semitons espirituais associados a esse ponto de vista, uma celebração da "identidade" e unidade da vida na Terra, ou Gaia, como nosso planeta é carinhosamente chamado. Essa perspectiva capta uma verdade importante — que estamos profundamente conectados ao mundo natural e não separados dele. É uma visão que traz à memória a percepção mística e a intuição espiritual da tradição romântica. Na verdade, as palavras de Margulis sugerem uma espécie de misticismo da natureza e nos conectam aos poetas e escritores idealistas que deram vida ao moderno ambientalismo — indivíduos como Thoreau e Muir, que voltaram os olhos para as maravilhas da natureza e lembraram ao mundo moderno que há um valor intrínseco nos *habitats*, e que o vínculo humano com a natureza é algo que faríamos bem em considerar. Afinal, estamos encerrados na biosfera e dependemos dela. A incapacidade de compreender ou avaliar adequadamente essa percepção nos conduziu a certas trilhas dúbias e perigosas em nossa apreensão desse "ser singular multidimensional".

Contudo, há uma diferença sutil, mas importante, entre compreender os humanos como *intrínsecos à natureza* e compreender os humanos como *intrínsecos a um processo evolucionário natural.* Se nossa atenção está no processo, o que nos importa não é apenas a saúde da biosfera, mas também a saúde do processo evolucionário mais amplo, por meio do qual a biosfera deu origem a todas as maravilhas da natureza — e a nós. Na verdade, as palavras de Margulis demonstram um importante fato ecológico, mas passam ao largo de uma verdade evolucionária igualmente importante: que a biosfera não é simplesmente um Jardim do Éden estático e estacionário, que apreciamos como se estivesse em animação suspensa, mas um caldeirão rico, criativo, de engenhosidade evolucionária, que situou os seres humanos numa posição singular. Nossa inteligência humana, nossa capacidade singular de pensar e refletir, também são parte da natureza e não nos atrevemos a subestimar seu valor. Frequentemente, fico chocado ao ver quantos ambientalistas, que se preocupam apaixonadamente com o impacto humano no mundo natural, se esquecem de que nossas inúmeras capacidades especificamente humanas, que nos distinguem do restante do mundo natural, *também* são *parte da natureza.*

Não pretendo defender o cadastro ambiental de meus pares humanos. Mas, sem dúvida, pretendo enfaticamente sugerir que uma visão de mundo que meramente reintegre os humanos como uma parcela, igual a qualquer outra, dos bilhões de habitantes da biosfera jamais será suficiente. Não podemos aceitar a natureza e negar a evolução. E a evolução, por sua própria natureza, implica hierarquia. Na verdade, acredito firmemente que podemos aumentar nossa consideração por todas as inúmeras maravilhas da natureza sem ao mesmo tempo denegrir o avanço evolucionário que a vida humana representa. Pelo que sabemos, somos a aresta progressista da evolução. A dinâmica criativa da Terra ganha vida sob a forma humana e, se quisermos ser capazes de fazer o tipo de definições morais que precisamos fazer no século XXI, devemos aprender a considerar a verdade, e a responsabilidade, dessa posição singular.

Se você ainda está indeciso sobre essa questão de hierarquia, vou deixá-lo com um exemplo final. Há alguns anos, eu e muitos de meus colegas editores ficamos chocados quando um respeitado mestre espiritual sugeriu que, apesar do fato de o 11 de Setembro ter sido um mau dia para os humanos, foi um grande dia para as bactérias. Afinal, do ponto de vista das bactérias que puderam se alimentar daqueles corpos, aquilo certamente não foi uma tragédia, portanto, quem somos nós para julgar o que é certo ou errado? Esse tipo de conclusão é o resultado inevitável de um mundo em que tudo é nivelado numa falsa identidade, quando não fazemos distinções hierárquicas entre alface e cordeiros, entre humanos e bactérias, e seguimos essa lógica moral até seu fim natural. Espero que o absurdo desse exemplo fale por si. Mas, hoje, muita gente em posições cruciais no mundo da cultura flerta com opiniões não de todo diferentes, opiniões que questionam inteiramente o valor da experiência humana. Em nome de combater um falso antropocentrismo, adotam um igualitarismo absurdo. Nos casos mais extremos, sugerem, pelo menos implicitamente, que não há diferença entre os direitos das bactérias e os direitos dos humanos. Precisamos, no entanto, mais que ter a intuição de que essa afirmação está errada; precisamos de uma visão de mundo que explique por quê. Reconhecidamente, não temos uma visão de mundo adequada em que as distinções entre bactérias, plantas, animais e humanos possam ser elucidadas com clareza. E a ciência sozinha não pode proporcionar isso.

Naquela mesa de almoço na Califórnia, os problemas morais podiam parecer inconsequentes. Mas eles aparecem em tamanho grande na preocupação crescente acerca da saúde ecológica do planeta e do impacto ambiental humano. Num mundo globalizante, onde os círculos de nossa interdependência parecem estar ficando cada dia maiores, como vamos negociar as vidas morais, espirituais e econômicas de sete bilhões de seres humanos? Como lidamos com o fato de que muitos desses indivíduos estão vivendo com crenças e visões de mundo que são incompatíveis com as de muitas outras pessoas, para não mencionar os que adotaram estilos de vida que são incompatíveis com a biosfera e com as outras formas de vida que compartilham nosso planeta? Simplesmente, não há nada em nossa história cultural que nos prepare adequadamente para os desafios evolucionários que agora enfrentamos, desafios que exigirão respostas mais robustas e sofisticadas ao problema de como os seres humanos estão, de fato, relacionados com o mundo natural do qual surgiram.

Dadas essas realidades sem precedentes, acho que podemos dizer com segurança que a barreira tem sido levantada quando se trata de cooperação. Estamos enfrentando um desafio moral, espiritual e interpessoal que vai pôr à prova e transcender tudo o que a evolução aprendeu sobre como criar um trabalho comunitário numa comunidade - grande ou pequena; bacteriana, mamífera ou humana. Nosso sucesso e mesmo nossa sobrevivência podem depender de como somos capazes de cruzar a delicada linha entre cooperação e interesse pessoal, quando o ciclo da evolução toma um novo rumo, acolhendo a extraordinária e interconectada diversidade de nossa comunidade global.

Capítulo 5

DIRECIONALIDADE: A ESTRADA PARA ALGUM LUGAR

O drama da vida é um processo cumulativamente transformador, em que algo da máxima importância está acontecendo, mesmo que a ciência analítica não possa vê-lo.
— *John Haught,* Making Sense of Evolution

"A evolução, então, está indo para algum lugar?", perguntei ao homem à minha frente na mesa do restaurante, numa reconfortante noite de primavera em Tucson, Arizona. O Sol acabara de se pôr, encerrando o último dia do ciclo de palestras "Para uma Ciência da Consciência", patrocinado pelo Center for Consciousness Studies [Centro de Estudos da Consciência] da Universidade do Arizona. Eu havia passado vários dias em Tucson, como jornalista e pesquisador, curioso acerca das últimas teorias e atividades nesse campo relativamente novo. A expressão "estudos da consciência" pode parecer algo mais provável de ser encontrado num *ashram* indiano que numa grande universidade; cada vez mais, no entanto, a ciência está voltando sua atenção para o que é, talvez, o maior mistério da evolução — a própria consciência.

A cada dois anos, centenas de acadêmicos pioneiros, pesquisadores independentes e mesmo alguns tipos convencionais fazem a peregrinação a Tucson para dar suas opiniões e saber o que há de novo sobre tópicos tão incomuns quanto "Uso da Física Matemática para Moldar Correlatos Neurais da Atividade Cerebral na Percepção e na Consciência", "Jogos de que o Cérebro Gosta: Distúrbios

Neurológicos do Eu e da Identidade" ou "Modulação Retroativa de Intenções Subjetivas: Filosofia, Ciência e Ciborgues". Um dos que tinham feito a jornada era um rosto familiar — John Stewart, um teórico evolucionário australiano, autor do livro *Evolution's Arrow: The Direction of Evolution and the Future of Humanity* [Flecha da Evolução: A Direção da Evolução e o Futuro da Humanidade]. Eu tinha assistido à sua mesa-redonda à tarde e ouvido a interessante palestra sobre "O Desenvolvimento Futuro Potencial da Consciência".

Eu tinha me encontrado pela primeira vez com Stewart numa conferência ocorrida anos antes e, desde então, mantivemos contato. Com uma personalidade australiana de fala mansa, calma, que se entrelaça surpreendentemente bem com um intelecto brilhante, Stewart é o tipo de pessoa que pode transformar um jantar improvisado num restaurante local numa longa e memorável noite de exercício intelectual e conversa estimulante. E se esse jantar, por acaso, acontece num pátio ao ar livre, na perfeição antinatural do período de primavera em Tucson, e é acompanhado por um particularmente atraente *cabernet sauvignon* australiano — bem, quem sou eu para me queixar?

O tema de nossa conversa era a direcionalidade ou, para usar um termo mais filosófico, a "teleologia". Para os não familiarizados com esse termo, trata-se de uma palavra importante e polêmica no estudo da evolução. *Telos*, em grego, significa "fim" ou "propósito". Assim, a visão teleológica com relação à evolução vê o processo como se ele tivesse um determinado propósito ou direção — vê o processo *indo para algum lugar*, ao contrário de apenas se desdobrando ao acaso. Para alguns, a ideia de teleologia implica não apenas uma direção, mas um fim específico, previsível; para outros, indica que o processo tem uma nítida direcionalidade. É este último sentido do termo que emprego neste capítulo.

O problema é crucial quando esboçamos a estrutura para uma nova visão de mundo. As correntes predominantes da ciência evolucionária vêm há muito tempo suspeitando da ideia de que se possa realmente extrair algum significado da trajetória da história cósmica, e muito menos da longa marcha da vida, de simples bactérias a mamíferos que andam, falam e pensam. A preocupação é que qualquer tipo de trajetória direcional identificável, reconhecível, em evolução, inevitavelmente, tem gosto de propósito, propósito tem gosto de inteligência; e ideias legitimadoras, como propósito e inteligência, abrirão as portas da ciência a toda sorte de indesejadas especulações não científicas. Essa suspeita por parte da ciência se ajusta com precisão à conclusão paralela nas humanidades, de que a noção de evolução progressiva na história cultural humana é também uma ideia perigosa e sem fundamento, que devia ser, e tem sido com muita frequência, banida do mundo acadêmico.

Claro que a preocupação com essas duas posições é: será que são verdadeiras? Será que são a melhor interpretação dos fatos como os encontramos hoje? Afinal, se estamos interessados nas dimensões mais profundas da evolução, então direcionalidade, propósito, inteligência, progresso e todo o significado potencial que acompanha esses termos estão no centro mesmo de nossa preocupação.

"Boa parte da rejeição à ideia de que a evolução tem uma trajetória progressiva remonta a meados do século [XX], quando o que foi chamado de síntese neodarwinista estava apenas sendo formado", Stewart me explicou enquanto esperávamos pelo jantar, já bem envolvidos na conversa. "Começando na década de 1940, figuras importantes na teoria evolucionária, incluindo Julian Huxley e Theodore Dobhzansky, concluíram que a evolução precisava ser respeitável e, portanto, era melhor que a evolução baseada na ciência não tateasse em iniciativas especulativas tentando compor um grande quadro. Embora muitos desses fundadores tivessem realmente perspectivas progressistas, suprimiram essas abordagens para construir a reputação profissional da biologia evolucionária dentro da corrente principal, reducionista, da ciência."

Talvez seja difícil apreciar plenamente, da perspectiva de hoje, quanta pressão cultural houve em meados do século passado para livrar a teoria evolucionária de sua tendência para atrair uma aura teleológica. De fato, desde Darwin (e na verdade antes mesmo dele), a evolução estava sendo abraçada pelos que queriam encontrar muito mais que seleção cega no funcionamento das leis da natureza. Na década de 1940, o caminho aberto por Darwin já tinha sido usado por gente tão diversa quanto o filósofo americano John Dewey, o filósofo francês Henri Bergson e o teórico alemão Rudolf Steiner, como meio não só de reformular a biologia, mas de repensar a história cultural, a sociologia, a filosofia, a espiritualidade, a educação e mesmo a teologia. Parte dessa teorização era intrigante, parte profunda e parte no mínimo questionável, mas tudo estava cheio de emoções estimulantes, empolgação e controvérsia como poucos assuntos poderiam estar.

Essas especulações começaram a colidir frontalmente com as tendências mais amplas da cultura do século XX. Duas guerras mundiais haviam esfriado, consideravelmente, o entusiasmo por qualquer tipo de visão teleológica da história. Para muitos, a direcionalidade cheirava a marxismo e o Ocidente estava em guerra com os resultados sombrios dessa experiência cultural. Além disso, o fascismo de Hitler fora construído sobre a ideia de que uma raça de seres humanos tinha um destino especial, uma raça que era intelectual e culturalmente superior ao restante de nós e representava um degrau mais alto na escada evolucionária. Talvez, muitos sugeriram, devêssemos eliminar por completo da história as grandes ideias especulativas, carregadas de significado. Eram perigosas. Esqueça tudo acerca de tendências, padrões, estágios ou direcionalidade históricos. Adotar essas ideias passou a ser visto como arriscado, moralmente perigoso, algo associado de forma demasiado íntima a muitas das forças mais sombrias da história humana. E isso era compreensível. Como escreve o paleobiólogo britânico Simon Conway Morris: "Que a biologia pode ser cooptada por agendas, se não ideologias, que prometem um futuro cada vez mais perfeito, embora passando por cima de pilhas de cadáveres, fica evidente pelas loucuras adotadas por Estados totalitários".

A teoria evolucionária, sentiram seus defensores, precisava libertar-se dessas associações e o melhor meio de fazê-lo era agarrar-se aos estreitos limites da ciência meticulosa e concreta. "O prestígio da pesquisa evolucionária", escreveu o famoso biólogo Ernst Mayr em 1948, "sofreu no passado, devido a um excesso de filosofia e especulação." Para a mente moderna, cada vez mais cética, confrontada com um mundo sempre mais fragmentado, parecia faltar uma base suficientemente empírica às narrativas idealistas dos filósofos evolucionistas. Os editores e colegas revisores da importante revista *Evolution* tinham o cuidado de eliminar qualquer linguagem desse tipo de suas páginas, e a ciência evolucionária entrava num período de consolidar sua legitimidade acadêmica.

Ironicamente, como Stewart me explicou, muitos dos grandes líderes da área continuaram a publicar, falando de direcionalidade e progresso, ainda cativados (como os evolucionários tendem a ficar) pelas implicações teleológicas da ciência evolucionária. Mas, levando um estranho tipo de vida dupla, confinavam suas especulações a livros populares e eliminavam esse "filosofar" das iniciativas profissionais. O fisiologista escocês J. S. Haldane comentou de passagem que a "teleologia é uma amante sem a qual nenhum biólogo pode viver, mas com quem nenhum deseja ser visto em público".

Assim, apesar de breves repentes de infidelidade por parte dos biólogos, a tendência geral do último meio século ficou definida e parecia cada vez menor o número daqueles com uma tendência para ver direção, propósito e progresso na evolução, e suas vozes na cultura em geral ficavam cada vez mais apagadas. E isso não foi verdadeiro apenas no mundo da biologia. De um lado a outro do espectro das humanidades, o clima intelectual pós-guerra viu um recuo da direcionalidade vigente e de seus primos próximos, propósito e progresso, para as margens mais amenas da história cultural.

É impressionante quantos dos grandes defensores do progresso evolucionário atingiram a idade adulta antes da Primeira Guerra Mundial. Isso só chama atenção para a mudança na sociedade ocidental que ocorreu entre 1914 e 1945. Antes das conflagrações gêmeas da Europa, tinha havido uma crença geral no avanço da cultura humana. Foram os dias da primeira materialização da globalização e, embora as preocupações em relação à industrialização e modernidade também estivessem ativas, era ainda possível acreditar de modo imperturbável no futuro, adotar a palavra "progresso" sem ironia ou sem qualificá-la de imediato com uma série de advertências e justificativas. Mas tudo isso havia mudado em 1945. O otimismo franco que outrora fluía livremente da modernidade tinha finalmente secado. O entusiasmo pelo progresso na história parecia tão morto quanto os milhões de pessoas aniquiladas nos campos de batalha da Europa e da Ásia, e nossos líderes culturais davam um passo atrás coletivo para avaliar a validade de tais noções num mundo de armas atômicas, genocídio, totalitarismo e destruição ambiental.

O historiador Massimo Salvadori escreve, em *Progress: Can We Do Without It?* [Progresso: Podemos Viver sem Ele?]: "O século XX foi um grande campo de sepultamento de ideias e corpos... Nesse vasto cemitério, a ideia de progresso [..]. foi enterrada tanto pelos que a tinham conscientemente rejeitado quanto pelos que tinham primeiro experimentado sua influência formativa e depois a deformado gravemente". A direcionalidade e o determinismo foram rejeitados, a incerteza, adotada. A crença na promessa da modernidade foi substituída por uma nítida falta de crença, não só nos deuses tradicionais de mito e magia, mas nas modernas divindades da tecnologia e do progresso. Estávamos aos poucos nos tornando *pós-modernos*. E, para pós-modernos de então e de agora, direcionalidade e progresso são ideias perigosas, aberturas potenciais para ilusões de superioridade cultural, para desastre ambiental e dominação econômica. Ficam melhor relegadas à lata de lixo ideológica da história.

O biólogo David Sloan Wilson capta essa preocupação em seu livro *Evolution for Everyone* [Evolução para Todos], em que descreve como um jovem graduado, tentando aplicar as noções da teoria evolucionária a outras áreas, colidiu, ao tentar discutir seu interesse recém-descoberto com professores e colegas, com uma muralha de oposição baseada em muitas dessas conjecturas negativas:

> [Ele] rapidamente aprendeu que, quando falava de comportamento humano, psicologia e cultura em termos evolucionários, suas mentes se agitavam num instantâneo e inconsciente processo de tradução e eles ouviam "Hitler", "Galton", "Spencer", "diferenças de QI", "holocausto", "frenologia racial", "esterilização forçada", "determinismo genético", "fundamentalismo darwinista" e "imperialismo disciplinar".

Wilson não está exagerando. Nas ciências humanas, suspeita-se da evolução como a facilitadora de muita coisa que estava errada na modernidade — industrialização desenfreada, superioridade cultural, determinismo histórico e o tipo de reducionismo que interpreta toda a motivação humana através da lente de mecanismos darwinistas. No mundo acadêmico, a evolução é uma ciência, nada mais, e qualquer conversa sobre filosofia, espírito, direcionalidade, propósito, significado ou teorias grandiosas e abrangentes, da vida e da história, é fortemente desencorajada. Na ponta mais extrema desse espectro, cientistas como o falecido Stephen Jay Gould viam o progresso como "uma ideia nociva, culturalmente implantada, não testável, não operacional, intratável, que deve ser substituída se quisermos compreender os padrões da história".

Podemos ser perdoados por pensar que isso seja a última palavra sobre o assunto, que a direcionalidade possa acabar sendo uma vítima das guerras da evolução. Alguns o quiseram. Em cada canto, ao que parece, a evolução como um evento progressista mais amplo, como ideia grandiosa, ou como uma grande narrativa organizadora da vida, foi rejeitada, ignorada ou confinada a fronteiras estreitas, mesmo que a evolução como ciência estrita e específica continuasse a florescer e a se desenvolver.

Hoje, vivemos no mundo moldado por esse legado cultural. Mas, nas extremidades, muita coisa está se movendo, se agitando e mudando. Stewart, meu companheiro de jantar naquela noite de primavera em Tucson, é de uma nova geração de teóricos que se livrou dos medos do século XX e se voltou para a evolução com um novo olhar e uma nova avaliação de suas vigorosas características teleológicas. A evolução tem uma direção? Era o nível humano de inteligência o resultado inevitável, ou, pelo menos, um resultado provável do processo evolucionário? E, o mais interessante, se a evolução tem uma direção, para onde está indo? Essas perguntas estão vivas de novo nas correntes intelectuais da cultura. Simon Conway Morris, um famoso cientista que fez sua carreira estudando os fósseis do Xisto de Burgess, publicou *Life's Solution: Inevitable Humans in a Lonely Universe* [Solução da Vida: Humanos Inevitáveis num Universo Solitário] em 2005, sustentando que a evolução biológica tem uma direção e que os humanos, ou alguma coisa essencialmente como eles, eram de fato um resultado provável do processo.

Morris sugere que a tendência da vida é encontrar as mesmas soluções evolucionárias apesar de circunstâncias diversas. "Repita a fita da vida o número de vezes que quiser e o resultado final será praticamente o mesmo", ele escreve. Por exemplo, o olho foi independentemente criado muitas vezes, sugerindo que, mesmo diante de uma variedade de condições naturais, olhos sempre acabam sendo uma boa solução para as necessidades da evolução. Junte todas essas soluções "convergentes" e é justo propor, segundo Morris, que algo se parecendo e agindo como um humano ia ser o resultado inevitável. Ele, inclusive, sugere que, em outros planetas, pode ser razoável esperar que a evolução produza criaturas inteligentes não de todo alheias aos macacos de duas pernas, andando e falando, que são encontrados aqui no planeta Terra.

Robert Wright, autor de *O Animal Moral, Não Zero* e *A Evolução de Deus*, levantou uma bandeira semelhante, afirmando, sob razoável aprovação, que não só a evolução biológica, mas também a evolução social tem uma direção. Apesar das torções e desvios do desenvolvimento cultural, afirma ele, uma clara trajetória pode ser vista na história tanto da vida quanto da cultura. Estes são apenas dois dos muitos teóricos que, juntamente com Stewart, estão lançando as bases de uma visão muito mais interessante da evolução. É uma visão que tem fortes raízes na ciência — todos esses três teóricos obedecem estritamente a mecanismos científicos convencionais em suas teorias —, mas que toca em todo tipo de consideração cultural e mesmo espiritual. A direcionalidade, ao que parece, está fazendo uma reaparição e o progresso não está muito atrás. Para biólogos evolucionários rigorosos, que não toleram que se fale desses assuntos quando está em jogo a profissão que escolheram, separar teleologia de evolução deve ser um pouco como tentar jogar Whac-A-Mole no parque de diversões local. Independentemente de quantas vezes é surrada pelos poderosos martelos do convencionalismo, ela continua levantando repetidamente a cabeça. Talvez o pessoal do contra esteja, simplesmente, lutando do lado errado da história. Como Stewart deixou claro para mim naquele dia no Arizona, progresso e evolução pertencem um ao outro.

EVOLUÇÃO DE UM DIRECIONALISTA

Stewart, como toda a geração pós-guerra, tornou-se adulto logo depois das duas guerras mundiais. O pai interessava-se pela teosofia e outras tendências espirituais da época; era um "sonhador" que investiu no filho todas as suas esperanças não realizadas. Deu-lhe livros para ler, mas não lhe pagou a passagem habitual pela adolescência. A mente jovem de Stewart ficou cheia de importantes figuras do século XX, como o filósofo Karl Popper, o mestre espiritual George Gurdjieff e também um indivíduo que parece emergir inevitavelmente como influência decisiva na vida de tantos evolucionários — Pierre Teilhard de Chardin. A afirmação de Teilhard, de que a evolução segue uma nítida trajetória para níveis cada vez mais altos de unidade e organização, plantou uma importante semente, que intuitivamente fez sentido para Stewart, mesmo numa idade tão jovem. "Parecia óbvio", ele me disse. "É a história do átomo às moléculas, da replicação dos processos moleculares às células simples, dessas às complexas e, finalmente, aos organismos."

Sob uma outra alternativa de vida, Stewart podia ter chegado a ser um cientista bem-sucedido. Certamente tinha capacidade para isso — quando adolescente, se destacou tanto na matemática quanto em ciência. Seu verdadeiro talento, no entanto, não era a ciência em si, mas o que chama de "busca de modelos" ou descoberta dos processos subjacentes que constituem um sistema. Descobriu essa habilidade na escola, adotando uma "clássica abordagem mental-racional" para encontrar as técnicas de solução de problemas usadas pelos colegas que se saíam bem nas provas, e depois, intencionalmente, trabalhando para incrementar essas habilidades em si mesmo.

Mais tarde na vida, Stewart usaria essa mesma paixão pela busca de modelos para teorizar sobre os padrões e processos subjacentes não de exames de física, mas da dinâmica evolucionária, tanto na natureza quanto na cultura. Por ora, no entanto, seus processos de pensamento de adolescente estavam se voltando para outro talento precoce — a pesca. Aos 17 anos, descobriu a Grande Barreira de Coral, um paraíso para o pescador, largou os estudos e foi para o norte, para a cidade de Cairns, na costa australiana. Talvez um barco de pesca não pareça o equipamento ideal para formar um intelectual promissor, mas Stewart tinha ainda aquela semente científica plantada bem dentro dele. Quando os ventos alísios sopraram do sudeste e a pesca deu uma parada, ele passaria os dias ociosos não num bar ou boate, mas numa biblioteca local. No meio daquelas pilhas de livros, aparentemente intermináveis, defrontou-se com um quebra-cabeça. Como encontrar os livros certos para ler? Fiel à sua mentalidade racional, a resposta de Stewart foi simples. Pegou o número 0 no sistema decimal de Dewey* e começou a ler.

Como queria o destino, a filosofia entrou bem cedo no sistema decimal de Dewey. E, assim, esse jovem futuro evolucionário viu-se explorando os muitos sistemas de conhecimento do mundo, fascinado com o que descobria. Lembra-se de ter lido, nessa época, um primeiro livro abordando a cultura humana à luz da evolução, um livro que antecipava tendências mais tardias da psicologia evolucionária. Apesar de uma abordagem um tanto simplista, o livro abriu os olhos de Stewart "para o fato de que a evolução tinha o potencial de fornecer uma estrutura abrangente que podia, no essencial, explicar todos os aspectos da humanidade".

Essa intuição fundamental impeliu-o para a frente. Leu sem parar enquanto o vento soprava sem parar lá fora e, quando os ventos cessaram, tomou o barco e correu atrás de cavalinha espanhola por toda a Grande Barreira de Coral,

---

* Sistema de classificação de documentos desenvolvido por Melvil Dewey, em 1876. Foi modificado e ampliado ao longo de 23 revisões, que se sucederam até 2011. (N.T.)

160 quilômetros mar adentro. Talvez tenha sido a contínua imprevisibilidade dos elementos, a crescente fascinação com o que estava acontecendo dentro da biblioteca de Cairns ou, talvez, o ideal romântico de uma vida de pescador tenha simplesmente começado a perder parte de seu brilho. Um dia, sentado entre as pilhas de livros, Stewart percebeu que, realmente, não queria ser pescador. Queria ser filósofo.

Embora nunca tenha se tornado filósofo no estrito sentido profissional, Stewart é sem dúvida um filósofo da evolução num sentido mais amplo, alguém que está tirando dados da ciência e tentando repensar como interpretamos esses dados, filosófica e teoricamente. Ele tem se afastado das atividades acadêmicas tradicionais, mas recentemente se filiou ao Grupo de Evolução, Complexidade e Cognição (ECCO), um instituto de pesquisa transdisciplinar da Universidade Livre de Bruxelas.*

Ao mesmo tempo que a vida intelectual de Stewart se desenvolvia, na faixa dos seus 20 e 30 anos, desenvolvia-se sua carreira, levando-o finalmente ao governo australiano, onde, por acaso, acabou voltando à antiga paixão — pesca. Só que dessa vez não estava no barco, mas numa escrivaninha, como administrador da pesca em águas profundas da Austrália. Numa época de rápido declínio das reservas pesqueiras, era um trabalho importante, mesmo que difícil e ingrato, mas Stewart estava particularmente apto para ele. Na verdade, foi durante esse período que seu pensamento evolucionário sofreu uma alteração crucial. Enquanto observava o declínio das reservas pesqueiras e os violentos esforços do governo para reagir de forma adequada, pôde empregar sua capacidade natural de encontrar modelos [...] diagnosticando o comportamento sistêmico subjacente que informava a dinâmica que ele estava observando nessa bem organizada indústria australiana.

Como conseguir que os pescadores cooperassem? Se trabalham juntos e não pescam em excesso, todos ganham e os níveis pesqueiros permanecem sadios e

* O ECCO era uma ramificação do Centro Leo Apostel (ver Capítulo 2), o instituto de pesquisa voltado para a evolução e o surgimento de visões de mundo culturais. Essa universidade de Bruxelas se tornou uma espécie de centro para um novo pensamento sobre a dinâmica evolucionária, a teoria de sistemas e as novas ciências da complexidade, uma tradição que remonta a um de seus mais famosos estudiosos, o ganhador do prêmio Nobel Ilya Prigogine, que mostrou como certos sistemas, ou o que chamou "estruturas dissipativas", podem mostrar uma tendência para se auto-organizarem espontaneamente em níveis mais altos de organização.

sustentáveis a longo prazo. Mas, se uma pessoa pesca demais, prejudica todos os outros. É o que os cientistas chamam de "problema de viajar sem pagar". Esses pescadores se tornam caronas, beneficiando-se da boa vontade de todos os demais, sem arcar com o devido custo.

A mesma coisa acontece na evolução. A competição por recursos escassos é crucial para o avanço da evolução, mas, como discutimos no capítulo anterior, a natureza não favorece apenas indivíduos heroicos. Como Sahtouris, Margulis e outros, Stewart destaca essa outra tendência-chave na evolução: a capacidade crescente de cooperação do processo vivo. Essa tendência evolucionária está, sem dúvida alguma, presente também na história das sociedades humanas. Se nos afastamos o suficiente dos detalhes para vê-la, Stewart explica, a trajetória é clara: grupos familiares cooperam para formar pequenos bandos, que se agrupam para formar tribos, que se aglutinam para formar comunidades agrícolas e assim por diante, até chegarmos à extraordinária complexidade das sociedades humanas de hoje. Cooperação, cooperação, cooperação — até o mais alto e até o mais baixo. É o ingrediente-chave que lubrifica as rodas de avanço da evolução. Ao refletir sobre o vigoroso papel da cooperação no processo evolucionário, Stewart acreditou que estava começando a compreender a ciência por trás da descrição da trajetória evolucionária feita por Teilhard. Cooperadores certamente ganham a competição com "livre atiradores" na maioria dos sistemas, dando, assim, um vigoroso impulso evolucionário para o surgimento de formas mais elevadas e mais complexas de organização.

Como, então, *fazer* com que os pescadores cooperassem? Certamente, não explicando a teoria evolucionária. Não, eles tinham de acreditar em seu próprio interesse para trabalhar em conjunto. De fato, para Stewart, o mesmo princípio fundamental está envolvido se estivermos falando sobre morcegos, abelhas, bactérias ou jogadores de basquete. Como ele escreve: "A cooperação só emerge quando a evolução descobre uma forma de organização em que é vantajoso cooperar".

Há, no entanto, mais um problema. No caso das bactérias, esse processo pode custar milhões de anos de tentativa e erro, antes de ser finalmente descoberta uma forma de organização que recompense a reciprocidade e os arranjos em que todos ganham. Tudo está ótimo se estamos num tempo biológico e temos eras para queimar. Mas esse não é o caso da cultura humana, quando os mares estão rapidamente esvaziando, a biosfera está em perigo e conflitos políticos ameaçam explodir em guerra nuclear. O que tornará possível o surgimento de uma forma superior, mais evoluída de organização, quando "caronas" "free riders" estão abusando em detrimento de todos nós? Como podemos levar mais longe a ajuda ao processo cooperativo, tão vital para o crescimento e desenvolvimento em qualquer sistema?

Foi essa combinação irresistível de enigmas do mundo real, conhecimento evolucionário e candentes questões teóricas que ficou se agitando na mente de Stewart, num dia do início dos anos 1990, em sua casa em Camberra. De repente, as coisas começavam a entrar em foco:

> Essas diferentes questões estavam se acumulando, pois minha mente começava a se mover através de patamares. Como se organiza uma burocracia de modo eficiente para que as pessoas cooperem? Como se organizam células simples para que elas cooperem? Como se organizam células complexas para que elas cooperem? Como se organizam organismos multicelulares para que eles cooperem?

Como novas estruturas cristalinas formando-se no fundo de sua consciência, uma percepção tomou a frente e todos os problemas, confusões e complexidades começaram a se resolver. Qual era a chave para essa clareza recém-descoberta? Numa palavra: *governança*. No caso da célula nucleada (ou eucarioto), por exemplo, Stewart percebeu que a razão de ela ser tão bem-sucedida, de um ponto de vista evolucionário, era ter uma estrutura que permitia o surgimento de uma nova função de governança sob a forma de DNA, que administrava a dinâmica cooperativa dentro das paredes da célula. Foi essa inovação que alterou as regras do jogo e fez os cooperadores reinarem na intriga palaciana da política celular. No caso de algo tão complexo quanto a pesca internacional, a mesma função é necessária, mas numa escala global. Stewart explica:

> Uma teoria geral da organização começava a emergir. Não foi uma progressão lógica; tudo aconteceu num instante. Vi que o papel do DNA numa célula era o mesmo que o de uma governança global, ainda por vir, para o planeta como um todo. Eu tinha esses modelos para mostrar por que era muito difícil que a cooperação emergisse e por que o interesse pessoal geralmente excluía/tornava impossível a cooperação. Mas percebi que, se você tem uma entidade poderosa que

pode controlar as atividades das entidades menores em interação, essa entidade poderosa pode se apropriar de alguns dos benefícios da cooperação e realimentar com eles os que contribuíram para essa cooperação, assegurando assim que não fiquem prejudicados.

Nessa epifania estava a peça que faltava para sua compreensão do que torna a evolução cooperativa um sucesso: governança e hierarquia. Stewart começava a reconhecer o papel vital da governança hierárquica como um estímulo para o avanço evolucionário. Ela nos permite fazer rapidamente, com uma boa política, o que, em tempos passados, a evolução fez lentamente, por tentativa e erro — coordenar o interesse próprio com o interesse do todo. Essa percepção respondia à sua maior dúvida: *por que* a evolução segue tão claramente a trajetória teilhardiana? A cooperação organizada por sistemas eficientes de governança leva uma vantagem inigualável sobre os não cooperadores e encoraja o surgimento de formas superiores de organização, da estrutura das células aos conselhos tribais, das megacidades contemporâneas à nascente governança planetária e além dela.

Podemos de fato viver num cosmos sociável, como aprendemos no capítulo anterior, mas é também um cosmos que está indo para algum lugar. E um modo de rastrear a trajetória da evolução é rastrear a trajetória da cooperação organizada entre partes constituintes da evolução — nesse caso, nós. A ideia é estimulante, mas as implicações práticas são ainda mais. Num mundo onde tantas questões importantes — aquecimento global, drogas, malfeitos empresariais, interdependência econômica, regulamentação financeira, não proliferação nuclear, terrorismo — envolvem algum tipo de fracasso na cooperação entre as nações que o constituem, a necessidade dramática de formas novas e eficientes de governança vai muito além da pesca. O desafio de uma governança eficiente não é apenas outra questão política delicada. A necessidade de ajudar a organizar, a incentivar e, por outro lado, a supervisionar as muitas entidades e processos nacionais e transnacionais que agora existem neste ponto azul-claro do braço em espiral da Via Láctea, que rapidamente vai ficando mais complexo, é de fato um imperativo evolucionário, um desafio do desenvolvimento para a própria espécie.

Na verdade, reconhecer a trajetória da evolução é muito mais que uma epifania empolgante. É uma tremenda responsabilidade. Começar a ver os contornos da trilha à frente significa que somos responsáveis por cruzar essa trilha. Estamos começando a colocar em nossos próprios ombros o fardo de nosso futuro e a constatar que uma compreensão mais rica da evolução fornece pistas reais quanto à direção da cultura humana — não como trilha pré-determinada, uma camisa de força, mas como tendência irresistível da história, proporcionando o contexto básico para os desafios globais que faríamos muito mal em ignorar. Ver a natureza direcional da evolução é criar um elo crítico entre o passado longínquo e o futuro possível, é conectar o drama cultural de nossas preocupações humanas com o drama muito mais vasto do progresso biológico e, em última instância, cosmológico. É colocar as opções que fazemos neste momento da história no espectro de transições críticas que pontuaram a trajetória evolucionária durante bilhões de anos e a transformaram numa questão tão dramática, notável, imprevisível.

Em "O Manifesto Evolucionário: Nosso Papel na Futura Evolução da Vida", um artigo que publicou em 2008, Stewart pede que os "evolucionários intencionais reconheçam que têm um papel crucial a desempenhar na condução da transição evolucionária e da evolução futura da vida" e "usem a trajetória da evolução para identificar aquilo de que precisam para fazer avançar a evolução". Em parte, isso significa que temos de encontrar meios de facilitar a organização e a cooperação global em níveis jamais tentados antes. Temos de encontrar um meio de coordenar nosso interesse pessoal — individualmente, tribalmente, nacionalmente e assim por diante — com o interesse do conjunto da espécie e dos processos vivos do planeta. Em geral, explica ele, em sistemas vivos, isso inclui "a quase erradicação de atividades como a inadequada monopolização de recursos por alguns membros, a produção de resíduos que lesam outros membros e a retenção de recursos de que outros precisam para realizar o potencial de contribuir para a organização".

As forças de pura competição não podem negociar desafios evolucionários tão delicados. Mas ninguém pensa em cooperação pela cooperação. A cooperação precisa sempre de uma razão, de um contexto convincente e claro, além de uma hierarquia organizadora — uma estrutura abrangente que dê significado, propósito e direção ao impulso cooperativo. Em nossa atual situação global, parte disso pode vir da necessidade de sobreviver como espécie, de fazer frente às ameaças verdadeiramente transnacionais de nossa civilização, seja a mudança climática ou algum outro risco nítido e presente. Mas um contexto evolucionário não é apenas sobre problemas; é sobre possibilidades. E, se começarmos a ver na direcionalidade da evolução antes um potencial a ser abraçado que um problema a ser resolvido, estaremos começando a rejeitar uma visão com antolhos da história e a adotar um motivo maior. Se compreendermos a realidade da trajetória da vida, como Stewart sugere, poderemos projetá-la para a frente e ver o potencial da espécie humana para, finalmente, participar de esquemas cooperativos que podem se estender para muito além até mesmo de nosso planeta e espécie.

Mas, antes de começarmos a redigir a carta de princípios de alguma ONU galáctica, é bom rever alguns detalhes. Mesmo se concordarmos com uma nítida direcionalidade na evolução, o processo não tem garantias. Não existem inevitabilidades históricas, pelo menos não em círculos evolucionários sofisticados, nem prêmios por mera participação. O fato de podermos começar a reconhecer a ampla trajetória da evolução não significa que um número suficiente de pessoas atualizará seu potencial cruzando essa trilha.

O que torna um teórico como Stewart particularmente interessante é que ele está tirando suas conclusões sobre direcionalidade e progresso na evolução, basicamente, da ciência. Claro, podemos nos aventurar fora desses parâmetros em explorações mais filosóficas, espirituais, teológicas e metafísicas, e às vezes há boa razão para fazê-lo. Mas não é difícil ver a evidência da direcionalidade, mesmo numa leitura fiel e cuidadosa dos padrões cientificamente revelados da natureza. A esse respeito, Stewart me lembrou outro racionalista, alguém de jeito humilde, mas obstinado, deste lado do oceano Pacífico: Robert Wright, o evolucionário americano que tem sacudido a ordem vigente com a firme convicção de que nada há de casual no modo não só como a natureza mas também como a cultura está progredindo.

SUGESTÕES DE PROPÓSITO

Em 1500 a. C., havia cerca de 600 mil entidades políticas autônomas no planeta: 600 mil grupos distintos de pessoas que tinham sua própria forma independente de governo. Gostaria de dar um palpite sobre quantos existem hoje? A resposta, segundo o teórico evolucionário Robert Wright, autor de *Não Zero: A Lógica do Destino Humano*, é: menos de duzentos. As coisas realmente mudaram muito nos últimos 3.500 anos. Agora, aí vai a pergunta importante: dado esse fato, você diria que a cultura está progredindo ou regredindo nos três últimos milênios? Evidentemente, é impossível responder à pergunta baseado apenas nesse simples fato. Mas, excluindo um cenário apocalíptico, eu diria que a maioria das pessoas escolheria a porta número um: a cultura está progredindo.

Meu primeiro encontro com Wright foi em 2004, em Barcelona, Espanha, no Parlamento das Religiões do Mundo, um evento singular que reúne líderes e leigos de praticamente todas as religiões do planeta, uma vez a cada cinco anos, para participar de um diálogo e trocar ideias. O cenário de nosso encontro era por si só um vigoroso exemplo do campo de especialização de Wright: a evolução cultural. Se pensarmos por um momento em toda a violência religiosa dos últimos vários milhares de anos e depois imaginarmos a cena em Barcelona — 9 mil monges, padres, professores, bispos, imãs, teólogos, estudiosos, santos, siques, pesquisadores, sheiks, sacerdotes, pagãos e leigos de aparentemente cada tradição religiosa do planeta, todos cooperando e se relacionando extremamente bem —, só isso pode ser suficiente para nos convencer de que algum tipo de progresso cultural está se dando nas correntes da história.

Wright, que era também em parte inspirado pelos escritos de Teilhard de Chardin, sustentou que a evolução tinha uma direção inequívoca e que sua trajetória podia ser vista com clareza no desenvolvimento da biologia e da cultura. Baseava suas ideias num termo que tomou emprestado da teoria dos jogos, um ramo obscuro dos estudos matemáticos que John von Neumann ajudou a tornar famoso na década de 1940. Uma interação de "soma não zero" é aquela em que ambas as partes se beneficiam: um arranjo em que todos ganham, como oposto à interação de "soma zero" ou a um arranjo em que alguns ganham e outros perdem. Se produzo uma engenhoca e a vendo para um cliente feliz, estamos envolvidos numa interação de soma não zero. Recebo dinheiro e o cliente recebe uma engenhoca valiosa. Ambos nos beneficiamos; ambos ficamos felizes. Todos ganham. E a aplicação feita por Wright dessa ideia à evolução era simples, mas brilhante. Ele sugeriu que podia rastrear a evolução da cultura basicamente rastreando o aumento no "índice de soma não zero" através da história humana. Assim, à medida que a cultura se desenvolve, os seres humanos interagem, econômica e socialmente, de formas que produzem cada vez mais arranjos em que todos ganham para mais gente, em redes maiores, de modo cada vez mais complexo. A tecnologia é um propulsor primário nesse processo, pois permite que sejam estabelecidos esses elos e conexões através de áreas geográficas cada vez mais amplas. Essa interdependência crescente amarra-nos todos juntos em teias cada vez mais vastas de relações soma não zero, até que [...] bem, ninguém sabe exatamente onde isso tudo vai acabar, mas a direção é clara. Nosso próprio interesse pessoal está cada vez mais conectado ao bem-estar de civilizações e povos a meio mundo de distância. Não é exatamente a Era de Aquário recarregada, mas uma nítida direção da evolução cultural é realmente definível e defensável. À medida que cresce o índice de soma não zero através da história, uma espécie de trajetória moral direcional pode ser vista na evolução da cultura. É menos provável matarmos ou declararmos guerra àqueles com quem estamos envolvidos em relações em que todos ganham. A boa vontade planetária está aos poucos prevalecendo sobre o ódio individual e de grupo.

O trabalho de Wright faz lembrar a observação do cronista Thomas Friedman, de que é raro dois países com os arcos dourados* irem à guerra um com o outro. Evidentemente, isso nada tem a ver com qualquer halo moral concedido às populações locais pela presença de Big Macs; é apenas uma metáfora mostrando como a interdependência econômica tende a levar antes a um comportamento cooperativo que à matança sangrenta. Torna-se parte do interesse econômico de uma nação manter a paz. E embora esse interesse possa não ter o mesmo significado espiritual que o altruísmo generoso, Wright sustenta que o interesse que nasce de interações tipo soma não zero é um vigoroso propulsor evolucionário na cultura. O resultado é uma globalização que avança como bola de neve, na qual os destinos das pessoas pelo mundo afora estão cada vez mais associados — primeiro em pequenos clãs e tribos, depois em coletivos cada vez maiores e, por fim, em relações globais não zero, em que todos ganham. E ele sugere que essa direção da evolução humana pode estar levando a um clímax moral, incitando-nos a desenvolver a "infraestrutura para uma prioridade planetária: a concórdia global duradoura".

Historicamente, a amizade ou boa vontade dentro do grupo tem, em geral, dependido da animosidade ou ódio entre grupos. Mas, quando chegarmos ao nível

* Os arcos dourados do McDonald's. (N. T.)

global, isso não funcionará — presumindo que não sejamos invadidos por marcianos ou algo do gênero. Essa não pode ser a dinâmica que mantém unido o planeta. Estamos, portanto, enfrentando um novo tipo de desafio... No passado, nos deslocamos da aldeia caçadora/coletora para os chefes agrários e daí para o antigo Estado. Há, então, precedentes para a expansão da solidariedade entre as pessoas. Mas inovador, realmente, seria ter esse tipo de solidariedade e coesão moral num nível global, sem depender do ódio de outros grupos de pessoas. Seria um feito singular na história da espécie.

Wright sustenta que essa dinâmica não zero estava também em ação na evolução da vida orgânica, o que faz eco a muitos dos argumentos de Stewart sobre como a cooperação seria crucial para a evolução de sistemas biológicos. Mas o foco de Wright está na evolução social. Sua visão é otimista, mas um otimismo de pés no chão, que não fala de inevitabilidades, nem de promessas idealistas sobre o resultado da experiência humana. Contudo, reconhecer a direcionalidade na evolução inevitavelmente nos faz percorrer as curiosas avenidas da conjectura. Por exemplo, quando lhe perguntaram se a direcionalidade da evolução implica que o processo tenha um propósito maior, Wright admite que ela "pelo menos sugere um propósito.... Uma visão de mundo científica nos dá mais evidências de algum propósito maior em ação do que a maioria dos cientistas admite". Wright chegou, inclusive, a escrever que "se a direcionalidade está inserida na vida [...] então esse movimento nos convida legitimamente a especular sobre aquilo que fez a inserção".

Wright não vai se aventurar a descer mais pelo buraco do coelho quando se trata de questões espirituais. Talvez devido à experiência de ter sido criado numa família batista do sul, que tinha convicções muito conservadoras. "Meus pais eram criacionistas", disse recentemente Wright (um conterrâneo de Oklahoma) ao *New York Times Magazine.* "Levaram um ministro batista até lá em casa para tentar me convencer de que a evolução não tinha acontecido." Obviamente, a tentativa foi malsucedida. A visão evolucionária de Wright está fortemente enraizada na ciência. Mas ele está tentando abrir espaços para legitimar especulações sobre moralidade, propósito e até mesmo espírito, no quadro de uma visão racional, naturalista, do cosmos. Não precisamos recorrer a explicações sobrenaturais para encontrar provas de que há um sentido e um propósito mais elevados para a vida humana. Podemos ver isso bem aqui, em nosso próprio quintal, exibido com destaque na trajetória extraordinária do processo evolucionário.

Se há um muro entre ciência e religião, então o trabalho de Wright é como uma grande fenda nesse muro, uma fenda escavada por ele. Wright está de pé no alto do muro, convidando os passantes a atravessar temporariamente a fenda e adotar outra perspectiva. Mas ele próprio continua empoleirado lá, recusando-se a descer para um lado ou para o outro. Como Stewart, é de uma ponta à outra um racionalista. Talvez, em parte, como reação à sua criação sulista na igreja batista, desconfia extremamente dos tradicionais sistemas míticos de crença. Contudo, sente também que um cosmos sem propósito, sem significado, nem chega perto de representar os processos e resultados que ele vê em ação na evolução. É um darwinista fiel — um grande crente na seleção natural como mecanismo de evolução. Mas, sem dúvida, de seu ponto de vista, esse processo move a evolução de um modo progressivo para a inteligência e o desenvolvimento moral. De fato, a direcionalidade que enxerga nela é tão notável, tão imperiosa e tão clara, que sugere haver um propósito maior em ação na lógica incomparável desse desenrolar histórico. É uma posição matizada, que lhe conquistou aplauso das correntes principais de pensamento, mas pouca estima de cientistas evolucionários, que regularmente o têm acusado de abrir a porta a perigosas especulações metafísicas, provocando temores de que as forças da superstição estejam prestes a derrubar os portões da racionalidade.

Em 2009, o antigo empregador de Wright, *The New Republic*, pediu que o popular biólogo evolucionário Jerry Coyne fizesse uma resenha do último livro de Wright, *A Evolução de Deus*. O título da resenha dizia tudo: "Criacionismo para Liberais". Coyne não mediu palavras ao condenar a postura de Wright em cima do muro. Ser chamado de criacionista, mesmo liberal, é sem dúvida uma das piores acusações que pode ser feita contra um teórico evolucionário. A escolha de palavras por parte de Coyne capta como alguns se mostram pouco dispostos a, ou incapazes de, distinguir entre as filosofias com propósito, sentido, direcionalidade e mesmo espiritualidade evolucionários, que representam, sem ambiguidades, um ponto de vista pró-evolução, e aquelas que nos levam para trás, para visões de mundo pré-modernas, que procuram minar inteiramente a integridade da ciência evolucionária. De fato, isso ilustra perfeitamente a confusão e fusão dessas duas abordagens completamente diferentes. A mudança está em ação, novas filosofias de direcionalidade evolucionária estarão em breve numa livraria perto de você, mas os medos e insucessos dos séculos XIX e XX, compreensivelmente, ainda avultam na memória coletiva do século XXI. A evolução, como sempre, leva tempo.

A IDADE MÉDIA, O JARDIM DO ÉDEN E O SÉCULO XXI

"A evolução serpenteia mais do que avança", observou Michael Murphy, pioneiro do Movimento do Potencial Humano. Onde quer que a evolução esteja ocorrendo, ao primeiro olhar ela parece estar indo com bastante calma e se mostrando bem distraída ao longo do caminho. Se hominídeos capazes de refletir sobre si mesmos estavam, realmente, no ponto para onde a evolução se dirigia, não se poderia ter feito o processo andar um pouco mais depressa? Será que precisamos de 350 mil espécies de besouros? O biólogo J. S. Haldane ficou conhecido por dizer que, se a biologia lhe ensinou alguma coisa sobre a mente do Criador, foi que ele, ou ela, tinha uma extrema simpatia por besouros.

Quando se trata de evolução cultural, o mesmo princípio se aplica. Se seguimos bem de perto a ascensão e queda de civilizações e as instáveis marés da história de um século a outro, nem sempre é fácil detectar um desenvolvimento real — moral ou de outro tipo — na natureza humana ou em instituições da cultura humana. Só quando nos afastamos dos detalhes e contemplamos a trajetória mais ampla da civilização humana é que o progresso se torna bem mais óbvio e perceptível. Mas, até mesmo aí, o progresso é imprevisível: diferentes culturas desenvolvem-se em ritmos diferentes e avançam em tempos diferentes. E, de repente, vemos aqueles pontos negros no registro histórico que sempre acabam surgindo como refutações de toda a ideia. "Como a evolução cultural poderia ser verdadeira, visto que X aconteceu?", diz o argumento habitual. Talvez a testemunha de acusação mais comum nesse caso seja a chamada Idade Média. Não é esse período um ponto negro no registro histórico, que refuta a evolução cultural?

De fato, não é, por várias razões. Em primeiro lugar, ele só parece confirmar que a evolução antes serpenteia que avança, e que alguns dos meandros que faz vão, sem dúvida, incluir grandes reveses e todo tipo de contratempos menores. A evolução cultural, em círculos mais sofisticados, não é imaginada como simples ladeira de progresso e desenvolvimento sempre ascendentes. A evolução simplesmente não funciona assim, em nenhum nível. Goethe escreveu certa vez que "o progresso não seguiu uma linha reta ascendente, mas uma espiral com ritmos de progresso e retrocesso, de evolução e dissolução". Crise, catástrofe e desastre são parte importante do rico repertório da evolução. Lembre-se do que aprendemos no capítulo anterior — o estresse cria evolução. De fato, são com frequência os reveses drásticos da vida que abrem caminho para um novo avanço evolucionário. Assim, foi com a extinção dos dinossauros que os mamíferos ficaram finalmente livres para ter seu lugar ao sol. Assim tem sido com quase todas as grandes extinções que a Terra enfrentou. É por isso que o "evangelizador evolucionário" Michael Dowd, que vamos conhecer mais adiante neste livro, gosta de dizer: "Ame as más notícias". Em algum lugar, entre a crise do momento, o caminho está sendo aberto a grandes saltos para a frente. De fato, esse padrão básico pode ser visto também no caso da Idade Média. Wright, por exemplo, sustenta que esse período particular não foi de todo tão sombrio quanto geralmente se imagina. Ele sugere que a descentralização maciça que ocorreu, somada às experiências econômicas e políticas da época, abriu caminho aos grandes saltos para a frente da cultura europeia nos séculos seguintes. Isso não significa que deveríamos aceitar o fracasso ou fingir que o tremendo sofrimento suportado como efeito da queda do Império Romano seja, de alguma forma, uma coisa boa. Longe disso. Mas a conclusão simplista de que os tempos difíceis na história representam uma completa refutação da tendência maior da evolução cultural não é necessariamente sustentada pelas evidências. Quando perguntei a Wright sobre a natureza sinuosa da evolução cultural, ele concordou:

> É mais ou menos como a evolução biológica. Há diferentes direções tomadas por diferentes linhagens. Há muita contingência, já que, um bilhão de anos atrás, não estava absolutamente claro qual seria a linhagem que levaria a uma inteligência mais elevada. Por outro lado, se checássemos cada centena de milhões de anos, a tendência em cada um desses pontos do tempo seria que a forma de vida mais inteligente fosse mais inteligente que a forma de vida mais inteligente de cem milhões de anos antes. Mas, como havia os retrocessos drásticos, mesmo isso poderia não ser verdade para uma ou duas centenas de milhões de anos. E,

ainda assim, as tendências mais vigorosas acabaram prevalecendo, até termos vida inteligente, reflexiva, autoconsciente, moralmente responsável. Acho que esse patrimônio de uma inteligência mais elevada estava nas cartas, digamos assim — embora fossem ocorrer todos esses retrocessos. Acho que o progresso moral na cultura é semelhante.

Um segundo exemplo comumente usado por críticos da evolução cultural está, historicamente, mais próximo de nós — as guerras mundiais do século XX. Não foi o século XX o mais violento da história? Não foi o Holocausto uma ilustração perfeita da ingenuidade de crer em progresso cultural? Não se supunha que a Alemanha fosse a cultura mais avançada da Europa? Como podemos pretender que a cultura esteja avançando em meio aos pesadelos do século XX?

Esse é talvez um ponto mais difícil de discutir, até mesmo porque a dor e o trauma das catástrofes estão muito próximos. Esses desastres ainda são parte da memória cultural viva de nosso tempo, passadas apenas uma ou duas gerações, e a proximidade tende a enevoar nossa perspectiva histórica. Não sei dizer quantas vezes fui asperamente repreendido simplesmente por sugerir que o século XX não foi exatamente o século mais violento da história e que, na realidade, estamos nos tornando mais pacíficos à medida que a história progride, apesar de nítidos e dolorosos retrocessos. Novamente aqui, eu sugeriria que a evidência está do lado dos direcionalistas.

Vamos dar uma olhada no mais importante barômetro da evolução cultural: o progresso moral. O que dizer da evolução moral? Estamos nos tornando mais pacíficos com o passar do tempo? Mais preocupados e solidários com os outros? Mais capazes de estender nossa atenção aos outros, de levar em conta a perspectiva deles, de nos colocarmos em seu lugar, por assim dizer? É uma coisa difícil de medir. Podemos defender que houve evolução em condições econômicas, instituições políticas, capacidade tecnológica e complexidade social, mas, quando se trata de avaliar a evolução cultural, as medidas materiais precisam ser conjugadas com um atributo menos material: a evolução de nossas vidas interiores. No geral, vou tratar dessa dimensão da evolução em capítulos posteriores, mas, para nossos propósitos imediatos, podemos ainda constatar uma nítida evidência de progresso moral, mesmo em meio à carnificina do século XX.

As convulsões do século XX, como aquelas que deram início à Idade Média, resultaram do fato de um tipo de organização política estar cedendo lugar a outro no marco da história. No primeiro milênio, foi, é claro, a queda do Império Romano e, no século XX, foi a transição dos impérios coloniais da Europa para as novas formas de ordem política que emergiriam na segunda metade do século. Na verdade, podemos ver como ambas as guerras mundiais deram origem a novas e importantes tentativas de governança global — primeiro a Liga das Nações, depois as Nações Unidas, a OTAN e os chamados acordos econômicos de Bretton Woods. A paz tende a seguir no rastro da organização econômica e política. Como o trabalho de Stewart deixa claro, não podemos, realmente, esperar ter paz global sem primeiro dispor de algum tipo de instituições políticas e econômicas globais que funcionem decentemente. E, seguindo a lógica não zero de Wright, quanto mais estamos envolvidos com outras pessoas em relações em que todos ganham, mais provável é que nos vejamos "no mesmo barco" que eles e que alarguemos nosso círculo de atenção e consideração — passando a ver nosso interesse pessoal como conectado e coordenado com o interesse da comunidade mais ampla. Nesse sentido, podemos constatar um certo nível de progresso moral na história, simplesmente, pelo fato desses "círculos de consideração" terem se estendido de clãs a tribos, de tribos a cidades-estados e destas a nações, e de hoje muitas pessoas se considerarem, antes de mais nada, cidadãs do mundo. Nossa perspectiva evoluiu do *egocêntrico* para o *etnocêntrico*, daí para o *centrado na nação* e para o *mundocêntrico*. Nunca antes, na história, tantas pessoas aceitaram uma identidade básica como simples membros da espécie humana ou cidadãos do planeta. Uma ideia dessas teria sido impensável mil anos atrás. E como o pensador político Thomas Barnett recentemente me lembrou, é a primeira vez na história em que todas as grandes potências europeias estão relativamente pacíficas, prósperas e avançando para a integração, mesmo em meio aos atuais desafios econômicos. Há pouca preocupação sobre a possibilidade de outra guerra de vulto entre grandes potências. Isso é um enorme passo para a frente e um fenômeno recente. Podemos dizer a mesma coisa sobre a Ásia. Índia, Japão e China, todos são relativamente prósperos, pacíficos e estão se desenvolvendo. Isso nunca aconteceu antes na história.

Nada disso nega os tremendos desafios que enfrentamos e as muitas contingências que tornam o progresso frágil. E não estamos ignorando alguns lamentáveis e inevitáveis subprodutos de níveis crescentes de desenvolvimento. Eles trazem seus próprios e complexos desafios, que teriam sido impensáveis em épocas anteriores: dois deles, que ocupam as atuais manchetes, são o terrorismo e a mudança climática. Mas, à medida que avançarmos pelo século XXI e as memórias do antigo século XX desbotarem, desconfio que seremos capazes de situar mais precisamente os acontecimentos terríveis da época no contexto de padrões mais amplos de história. Seja qual for o caso, eles permanecem como advertências vivas de que qualquer progresso cultural depende de muitos fatores e que a desumanidade do homem com relação ao homem nunca pode ser subestimada.

Um estudioso que fez muito para nos ajudar a contextualizar a violência de nossa época é o arqueólogo de Harvard Steven LeBlanc. O que nos leva a um terceiro argumento frequentemente usado para refutar uma visão direcional da evolução cultural. Poderíamos chamá-lo de "mito do Jardim do Éden" — a convicção de que houve um período pacífico, idílico, em algum lugar nas névoas de nossa pré-história. Essa noção é especialmente perniciosa em alguns círculos progressistas. Não éramos mais pacíficos, felizes e livres lá atrás no passado, em algum momento antes que os males do mundo moderno corrompessem o coração de homens e mulheres? Não eram os humanos extremamente bons? Não fomos simplesmente corrompidos por todas essas camadas de socialização e civilização? Não estivemos, antigamente, em sintonia com o mundo natural? Não precisamos de evolução, continuam tais argumentos; precisamos, sim, é desfazer o mal que o mundo moderno infligiu à bondade inerente da natureza humana. Não precisamos avançar para a frente na história; precisamos desfazer a história!

A argumentação de LeBlanc, exposta em seu livro *Constant Battles: Why We Fight* [Batalhas Constantes: Por que Lutamos], é uma das mais devastadoras objeções a essa ideia. "A guerra pré-histórica era comum e implacável", ele escreve, "e nenhum período de tempo ou região geográfica parece ter ficado imune." Mais recentemente, *Os Anjos Bons de Nossa Natureza*, de Steven Pinker, fez uma cuidadosa e convincente defesa do decréscimo da violência no decorrer da história humana.

Não há nada de novo acerca do mito do Jardim do Éden. Desde o momento em que "civilização" se tornou uma palavra usada para descrever a cultura humana, pessoas têm ansiado por retornar a um tempo anterior a seja lá o que for que o período de tempo atual possa representar. Sempre nos voltamos para uma era anterior à fase presente de trabalho duro e luta, imaginando uma Idade do Ouro, mais generosa e pacífica. Fosse com Rousseau, no século XVII (sustentando que, sem civilização, o homem não conheceria ódio ou preconceito), ou com o recente filme *Avatar* (celebrando a população nativa de um planeta distante, gente pacífica, habitante da floresta, ecologicamente esclarecida, espiritualmente rica, tecnologicamente pobre), a ideia de retornar a uma existência mais pacífica, feliz, socialmente livre é um poderoso e resistente mito cultural.

"O mundo é demais conosco", lamentava Wordsworth em seu famoso soneto, exclamando que preferia ser "um pagão amamentado por um credo gasto". Para alguém que passou muito tempo lamentando os efeitos devastadores da industrialização sobre a beleza do mundo natural, as palavras do poeta têm um poder duradouro. Na verdade, o sentimentalismo róseo pelo passado teve sempre uma forte aceitação em nossa cultura. E hoje, com a incrível velocidade da mudança tecnológica, os deslocamentos provocados pela rápida globalização e os muitos desafios ecológicos que enfrentamos quando a promessa de modernidade é adotada por bilhões de novas pessoas ao redor do mundo, faz sentido que uma certa nostalgia por tempos mais simples e um "credo gasto" impregnem o espírito cultural da época.

A célebre escritora Riane Eisler foi uma das mais eficientes defensoras, em nossa época, da hipótese do Jardim do Éden, com seu livro, de 1987, *O Cálice e a Espada*, que apresentava evidência teórica de uma civilização pré-histórica em que o matriarcado era a estrutura de poder, o culto da Deusa era a prática espiritual, e os humanos viviam de modo pacífico, harmonioso e acolhedor. O poder estava com as mulheres, mas os homens não eram subjugados e a guerra era relativamente desconhecida. Ela usou como ilustrações de sua tese as culturas pré-históricas da Irlanda e as primeiras civilizações da antiga Creta. Finalmente, segundo Eisler, o surgimento de sociedades "do dominador", de controle masculino, deu fim a essa antiga experiência cultural, e a violência retornou às coisas humanas. Eisler é uma autora competente e seu livro causou bastante sensação, levando muita gente a questionar a história que aprendemos na escola sobre as primeiras civilizações e nosso passado pré-histórico. Com o correr do tempo, as afirmações de Eisler sobre nossa herança matriarcal foram alvo de fortes críticas, com muitos reclamando que sua teorização era extremamente especulativa e as provas arqueológicas no mínimo ambíguas. Parece que a guerra e a violência foram um componente comum de todas as culturas pré-históricas.

Desconfio, realmente, que a evidência histórica acabará nos contando mais sobre a brutalidade das primeiras civilizações que sobre seus impulsos idílicos. Mas, sejam quais forem os méritos das conclusões de Eisler, existe uma motivação muito clara por trás de seu trabalho. De fato, ela foi bastante transparente acerca de suas intenções. Está tentando mostrar que a violência e a dominação de uma raça por outra, ou de um gênero por outro, não é um componente inevitável das coisas humanas. Seu trabalho foi um esforço, ela escreve, para "desacreditar a noção de que a guerra é natural". Criada à sombra do Holocausto, Eisler está tentando ajudar a humanidade a ultrapassar o etos "dominador" que hoje ainda condiciona grande parte de nossa cultura.

De uma perspectiva não evolucionária, eu poderia compreender sua preocupação. Mas, no contexto de uma visão de mundo evolucionária, que nos permite mapear a evolução de nossa identidade social do egocêntrico ao etnocêntrico, daí ao centrado na nação, ao mundocêntrico e além, não temos necessidade de recuar no tempo para encontrar o modelo utópico de um futuro melhor. Na verdade, podemos encontrar toda a inspiração e fé de que precisamos para o futuro não num determinado período de tempo ou acontecimento do passado, mas na tendência geral da própria história. É isso que nos dá a energia para seguirmos em frente. O que não significa que não tenham sido dados passos em falso ou que importantes avanços, num estágio da evolução cultural, não forneçam as sementes para problemas no próximo. Cada passo à frente apresenta seus desafios particulares. A evolução não é algo simplista, tipo tudo ou nada. Ela serpenteia mais do que avança, *mas* avança. E só precisamos olhar para trás para ter uma ideia desse avanço e direção. "Como podemos olhar para trás e ver o padrão", escreve a pensadora evolucionária Beatrice Bruteau, "podemos legitimamente extrapolar e projetar o padrão no futuro." Não há nada de místico a esse respeito. Quer se trate da demonstração feita por John Stewart de como a cooperação e a governança fornecem a espora na trajetória da evolução, ou do exame que faz Robert Wright do desenrolar da lógica social da história cultural, podemos encontrar um argumento poderoso, baseado nos fatos, para a realidade da direcionalidade na evolução. Mal comecei a explorar as implicações de tal descoberta, mas elas são significativas. Começam, antes de mais nada, com a história que contamos a nós mesmos sobre nosso passado e nosso futuro. Não mais vagando a esmo num mar cósmico, despertamos e nos vemos seguindo em frente. Podemos nos voltar para essa trajetória evolucionária não com uma confiança, injustificada, na certeza de avanço futuro, mas com uma convicção profunda, racional, de que, entre os muitos ventos contrários do presente, se encontra uma corrente sutil, mas inconfundível, uma direção, um indicador positivo de uma trajetória futura. Se podemos vê-la, temos de ajudá-la a se cumprir.

Capítulo 6

NOVIDADE: O PROBLEMA DE DEUS

A consciência humana não é meramente um fenômeno emergente; é o exemplo típico da lógica da emergência em sua forma exata... A consciência emerge como criação incessante de algo a partir do nada, um processo que transcende continuamente a si próprio. Ser humano é saber como é ser a evolução acontecendo.

— *Terrence Deacon, "The Hierarchic Logic of Emergence"*

"Por que, afinal, existem seres, em vez de Nada?", foi a célebre pergunta do filósofo Martin Heidegger. Essa questão, ele propôs, é a raiz de toda filosofia e ainda confunde filósofos, cientistas e evolucionários de todo tipo. Temos explicações de como uma coisa se transforma em outra na lenta marcha do tempo. Mas o maior mistério da evolução ainda permanece: Como uma coisa pode vir do nada? E, em última análise, não se trata apenas de uma pergunta sobre a origem das coisas, mas sobre toda espécie de novidade. Como uma coisa *nova* é criada? Como algo inteiramente original passa a existir? Num mundo de mudança e fluxo, qual é a fonte da inesperada criatividade?

Temos estudado há anos a criatividade na espécie humana e, no entanto, ela continua difícil de compreender, e, quando passamos ao mundo natural, a questão parece ainda mais vasta: como se explica o aparecimento da novidade nesse espantoso universo à nossa volta? As tradições religiosas resolviam a coisa facilmente. Não havia mistério com a novidade — ela vinha de Deus. Veja a história do Gênesis, em que Deus criou os céus e a Terra, exatamente como são hoje. Foi ele o criador; não a humanidade, não a natureza. Deus fez tudo ao mesmo tempo, de repente — sem mudanças, sem adições, sem nada que implicasse a natureza ou a humanidade num ato criativo. Narrativas semelhantes são encontradas no Rig-Veda hindu, no Alcorão, na antiga mitologia egípcia e nos textos sagrados de muitas outras culturas. Era um quadro nítido e descomplicado; infelizmente, o fato é que tem pouco a ver com o mundo como o compreendemos hoje. Hoje, a "Mãe Natureza" assumiu o papel antes reservado às divindades. Vivemos numa época em que parece que a natureza se revela cada vez mais criativa a cada avanço científico, a cada nova descoberta, a cada visão inovadora sobre os mistérios da física e da biologia. E a própria humanidade se tornou uma espécie formada por criadores extraordinários, que fazem surgir toda sorte de novidades, de sonetos de Shakespeare a retratos de Rembrandt, passando por *iPhone apps* e mundos virtuais. Nesse sentido, passamos verdadeiramente a ser, diz Stewart Brand, fundador do *Whole Earth Catalog*, "como deuses". Mas, apesar de todo o nosso progresso, somos ainda apenas aprendizes atentos da obra-prima da natureza. Não fomos capazes de criar vida a partir de uma aparente ausência de vida, nem de extrair a consciência, que reflete sobre si mesma, das interações da matéria. Talvez um dia esses mistérios fiquem a nosso alcance, mas por ora não podemos rivalizar com o poder criativo inerente à evolução.

De uma certa perspectiva, a novidade em si é também uma espécie de novidade. Naturalmente, agora sabemos que têm havido novas emergências desde que a primeira grande emergência criou nosso cosmos do nada e que a cultura humana tem sido definida por uma série de inesperados saltos criativos. Em sua maior parte, no entanto, esses saltos eram de tal forma esporádicos que mal percebíamos o fenômeno em nossas breves existências. De fato, vale a pena assinalar que só no século XIX a cultura em geral vai abordar a questão da criatividade humana como tema digno de estudo. Até então, ela não era estudada por filósofos, nem levada em conta por artistas ou simplificada num passo a passo por autores de autoajuda e consultores organizacionais. Sem dúvida, havia escritos ocasionais sobre a "musa" do artista ou escritor e, obviamente, os indivíduos foram extremamente criativos desde o começo da existência humana. Mas a criatividade como objeto de investigação realmente não existia antes do século XIX. Então, o que mudou?

A resposta é que, quando a revolução industrial transformou completamente o mundo ocidental, os seres humanos foram confrontados, numa escala de tempo muito menor, com a mudança e o progresso na história. Víamos a possibilidade de melhorar nossa vida e trabalhar criativamente em proveito da sociedade. O progresso humano parecia, de repente, facilmente discernível no espaço de uma vida. Naturalmente, também emergiam aspectos negativos. As fábricas eram escuras, sujas e inseguras. Massas humanas passavam da existência rural, que até então marcara a vida humana, para o caos de bairros miseráveis e cidades apinhadas de gente. Mas, entre os desafios, a mudança estava se acelerando. Como nunca antes na memória humana, era quase certo que a vida do filho ia ser bem diferente da vida do pai. O desenvolvimento cultural estava tornando seus próprios mecanismos transparentes para nós.

Também nas ciências, um novo mundo estava sendo desvendado. A natureza entregava os segredos da mudança evolucionária, para não mencionar um mundo de leis naturais e todo um novo universo de processos sutis, mas discerníveis, trabalhando silenciosamente nas profundezas da vida e da matéria. Nossa compreensão do próprio tempo estava passando por uma mudança revolucionária, pois começávamos a nos deslocar de uma concepção cíclica, sazonal, mais orientada pela agricultura, para o sentimento industrial, moderno, de estarmos avançando na história, como nação e como espécie. Mudança, processo, progresso, desenvolvimento, evolução — todas essas palavras entraram em voga no século XIX e todas existem no mesmo ecossistema intelectual que a ideia de criatividade.

Quando se trata da teoria evolucionária, poucos assuntos desempenham um papel mais central que a criatividade. O que deu origem a novas formas, novas espécies, novas funções e capacidades? Como surgiu a vida? Como surgiu a consciência humana que reflete sobre si mesma? São essas as questões com que se defronta o evolucionista, e cada teoria ou abordagem para compreender o processo evolucionário, de Darwin a Dawkins, é, em certo sentido, uma tentativa de explicar a fonte deste milagre chamado "novidade". A novidade é como a Pedra de Roseta da evolução. Se você pode explicá-la, mesmo parcialmente, conseguiu uma coisa notável e talvez tenha posto a humanidade um pouco mais perto de desvendar um dos mistérios centrais da vida e da existência. E, para conceber mais completamente uma visão de mundo orgânica para uma época evolucionária, precisamos prestar atenção ao subestimado mistério da novidade — tanto nas profundezas de nós mesmos quanto nas profundezas do cosmos.

Neste capítulo, quero explorar a natureza da novidade por meio do trabalho de alguns dos mais interessantes teóricos evolucionários de hoje. Na maior parte dele, vou me concentrar na investigação científica da questão, examinando este assunto fascinante pela lente de importantes teóricos atuais da teoria da complexidade. Como o tema da criatividade também nos faz lembrar das objeções de quem, no campo do projeto inteligente, sustenta que a teoria biológica corrente é insuficiente para explicar a novidade no surgimento da vida, vou expor as preocupações deles. Mas, para ajudar a traçar o tema geral do capítulo, vou primeiro apresentar uma das vozes mais provocadoras e interessantes do mundo da ciência — um homem que tinha pensado muito sobre se e como um universo ateu tem o poder de criar.

O CAFÉ NO INÍCIO DO UNIVERSO

Certas pessoas têm simplesmente o dom de captar uma essência particular do mundo natural. Por exemplo, vendo *Cosmos* quando era garoto, fiquei fascinado pela magistral apresentação feita por Carl Sagan das últimas incursões da ciência na astrofísica e na cosmologia. Seu talento singular consistia em comunicar tanto a última descoberta da ciência quanto o que estava acontecendo nas margens do campo científico, naquelas áreas que continuavam inexploradas, desconhecidas e invisíveis às lentes penetrantes de nossos telescópios e microscópios. Seu dom, em outras palavras, não era apenas o de transmitir as respostas mais recentes aos mistérios do cosmos, mas o de expor as questões cruciais que definem as fronteiras da ciência, as membranas permeáveis entre o que sabemos e o que está simplesmente além de nossa compreensão coletiva. Era uma lição tanto sobre as descobertas da ciência quanto sobre a natureza da busca do próprio conhecimento. Compreendi que, nessa jornada, fazer a pergunta certa pode ser muito mais importante que qualquer resposta obtida.

Um homem que possui uma aptidão análoga quando se trata de atrair nossa atenção para a novidade inerente ao cosmos é o escritor Howard Bloom. O próprio Bloom é mais ou menos uma novidade no mundo da realização intelectual.

Seus livros, *The Lucifer Principle* [O Princípio Lúcifer], *The Global Brain* [O Cérebro Global] e *The Genius of the Beast* [O Gênio da Besta] são retratos fascinantes da evolução cultural, biológica e cosmológica. Eu me familiarizei com os fecundos escritos de Bloom e fiquei impressionado com sua mente sintética e intrépida. Com um conhecimento profundo de história e grande competência em numerosos campos, era capaz de se mover facilmente entre diferentes ciências e não temia misturar fatos rigorosos com análise cultural, entrelaçando distintos sistemas de conhecimento de um modo muito proveitoso para o leitor astuto (mesmo que o deixasse um pouco tonto).

Amante da ciência quando criança, Bloom começou a estudar cosmologia, física teórica e microbiologia aos 10 anos. Ao chegar à idade madura dos 12 anos, já havia construído sua primeira máquina de álgebra booleana. Aos 16 anos, trabalhava no maior laboratório de pesquisa do câncer do mundo, o Roswell Park Cancer Institute, em Búfalo, no estado de Nova York, e aos 20 estava pesquisando o "aprendizado programado" de B. F. Skinner, em Rutgers. Então, sua carreira tomou um rumo inesperado. Envolvido pelas mudanças culturais do final dos anos 1960 e 1970, Bloom deixou temporariamente para trás o mundo da ciência e tornou-se um empresário de *rock and roll*, ativo no universo das relações públicas com *superstars*, tendo amigos como John Mellencamp, George Michael e Michael Jackson. Passou dezessete anos fazendo o que descreve como "trabalho de campo sobre as paixões de massa, os comportamentos de massa que fazem a história", só retornando às suas raízes inspiradas pela ciência quando o início de uma enfermidade misteriosa, muito semelhante à síndrome de fadiga crônica, proporcionou-lhe tempo para começar a escrever. Eu ouvira dizer que Bloom era bastante noctívago e tinha horários malucos. Sem dúvida, era mais provável seus e-mails chegarem às 3 da manhã que em qualquer horário razoável à luz do dia. E, de fato, meu pedido de um encontro foi atendido com uma resposta inabitual: "A qualquer hora entre 8 da noite e uma e meia da manhã".

Bloom, um homem muito pequeno com um brilho nos olhos, me recebeu na porta de seu prédio com fachada marrom do Brooklyn e apertou minha mão. Depois me fez subir vários andares até seu "escritório", que o leigo poderia compreensivelmente confundir com um quarto de dormir. Com prateleiras e estantes ocupadas até a borda, era como se os mais variados objetos, cobrindo o período de uma década, tivessem sido espalhados pelo quarto e simplesmente deixados ali para assinalar a passagem do tempo. Quando nos acomodamos para conversar, Bloom brincou sobre "o lendário caos". Sem a menor dúvida excêntrico, ele é também caloroso e fascinante. Quando começamos a falar de evolução e criatividade, não perdeu tempo para chegar ao ponto.

"Hoje, sou um ateu empedernido. *Ponto.* Sou um cientista empedernido. *Ponto.* Mas existe mais no universo do que a ciência tem se disposto a encarar até agora. Em certo sentido, os que sustentam coisas como 'um projeto inteligente' estão chamando nossa atenção para um problema real de como compreendemos este universo. Como se dá a criação num universo sem deus?"

Quando Bloom continuou a falar, percebi que estava enfrentando um desafio de conversação com que, sem dúvida, muitos visitantes de seu prédio marrom haviam se defrontado. Para responder a uma pergunta, meu erudito anfitrião achava necessário fornecer um contexto — em geral com dez minutos de duração, sem considerar algumas digressões ao longo do caminho. Mas o que comecei a recolher dos monólogos de Bloom foi seu interesse profundo pela questão da criatividade — e sua preocupação de que muitos não avaliam até que ponto a novidade radical tem estado, realmente desde o início, no centro da evolução do universo. Como cientista, ele não tinha simpatia pelos que estão usando noções como "projeto inteligente" para tentar encaixar de novo um deus tradicional num universo natural. Mas isso não significa que não existam áreas importantes em que a ciência tenha ainda de preencher os espaços vazios, de como A se tornou B e B se tornou C na grandiosa jornada da história cósmica.

"Imagine se eu e você estivéssemos sentados num café nos primórdios do universo, numa mesa à beira do nada ou daquilo que alguém chamaria 'a potência'", disse ele em certo ponto de nossa conversa, dando início a uma extensa narrativa metafórica. "Você tem muita imaginação e eu sou pé na terra e conservador. De repente, você faz esta previsão maluca: 'Olhe ali' (evidentemente não existe 'ali', mas isso é uma metáfora). 'Esse ponto ali vai de repente irromper em algo que é infinitesimalmente menor que a ponta de um alfinete, mas será uma explosão de tempo e espaço, uma rajada de velocidade. Não virá de parte alguma e...' Então, eu o interrompo e digo: 'Olhe, Carter. Eu e você estamos sentados em volta da potência desde que existe uma potência. Nunca houve tempo, nunca houve espaço e nunca houve velocidade. Você está falando sobre alguma coisa vindo do nada. Mas lembre a primeira lei da termodinâmica, a conservação de matéria e energia. *Nada* vem do nada. Uma coisa só vem de alguma coisa. É uma lei básica da ciência.'

"E então, de repente — *buuum!*". Bloom gesticula no ar sobre sua cama, para enfatizar o ponto enquanto crava os olhos em mim. "A coisinha infinitesimalmente pequena passa a existir e há todo um universo incluído nela. Isto é, nunca houve tempo, espaço ou velocidade e então aparece uma *coisa múltipla* que chega correndo a uma velocidade inacreditável. Sabe de uma coisa? Você é que tinha razão."

Sentado em nossa metafórica mesa de café, Bloom me faz atravessar várias outras fases da extraordinária criatividade que estava presente desde o primeiro instante do nascimento do cosmos. "Podíamos atravessar toda a história do cosmos desta maneira", ele explica. "E a cada passo alguma coisa assombrosa, inacreditável, está acontecendo. E cada uma delas desafia o que atualmente sabemos sobre as leis da lógica e da ciência. O problema de Deus é este." E com essa declaração ao estilo de Yoda,* Bloom termina sua metáfora do café com um floreio retórico.

The God Problem [O Problema de Deus] é também o nome do mais recente livro de Bloom, que explora o tópico da criatividade. É provável que uma tal linguagem provoque alguns franzimentos de testa em cientistas evolucionários, que estão tentando desesperadamente manter a fraseologia da religião fora de sua área. Mas a invocação de Bloom é apenas para efeito; raramente vi alguém que amasse tão profundamente a ciência ou fosse tão bem versado na história de sua área de estudos. E, no entanto, ele não pode deixar de agir como provocador quando se trata das questões que lhe são mais caras — como a criatividade inerente ao cosmos.

Bloom está profundamente sintonizado com a mais recente imagem científica do universo e o notável grau de desenvolvimento e criatividade que tem se manifestado no coração da matéria nos últimos 13,7 bilhões de anos. Ele assinala que, quanto mais sabemos sobre o universo, quanto mais compreendemos os saltos

* Yoda é o mestre jedi de *Guerra nas Estrelas*, um sábio de 66 centímetros que liderou durante muitos anos o conselho jedi. (N.T.)

criativos que nosso cosmos tem dado em sua longa jornada do hidrogênio para os humanos, menos casual tudo isso parece. De fato, acha que há uma ordem notável no processo, uma espécie de inteligência criativa de propósito em aberto, que está informando a evolução cósmica, uma metaestrutura flexível, mas influente, do desenvolvimento caótico. Numa palavra, parece haver um *design* do universo que temos ainda de compreender, mas não do tipo que vem de Deus. Bloom está falando sobre camadas mais profundas de ciência — princípios ordenadores fundamentais que podem explicar o caráter surpreendentemente não casual do cosmos, axiomas incrustados no tecido da natureza, de cuja existência podemos ver indícios quando examinamos saltos passados de criatividade cósmica.

Isso não é, ele me diz, um universo de "seis macacos em seis máquinas de escrever". A frase vem daquela história velha e gasta, de sabedoria convencional, segundo a qual um grupo de macacos, batendo ao acaso em teclados, finalmente martelaria, dada uma infinita soma de tempo, as obras completas de Shakespeare. Essa tem sido uma metáfora popular, usada com frequência nos debates sobre evolução, com muitas variações sobre o tema básico dos "primatas idiotas produzindo acidentalmente coisas inteligentes". A ideia tem sido empregada para mostrar que, ao que parece, processos casuais podem levar à ordem e mesmo à inteligência, dadas vastas somas de tempo e as circunstâncias certas. Infelizmente, a probabilidade, nos dizem os peritos, de um grupo de primatas, datilografando, produzir mesmo um *Romeu e Julieta*, um *Macbeth,* ou um só episódio de *Melrose,* está próxima de zero. (Aliás, uma experiência engenhosa tentou fazer isso em tempo real, montando uma sala com macacos e máquinas de escrever e deixando--os sozinhos por algum tempo. Os macacos acabaram usando as máquinas de escrever como banheiro e o único trabalho produzido foi uma série de páginas com a letra *s*.)

Insistindo na metáfora do café, Bloom assinala que, mesmo nos primeiros dias do cosmos, um grau realmente notável de coerência, ordem e estrutura estava informando a evolução. No livro *The God Problem*, ele descreve a criação dos primeiros elementos da tabela periódica, várias centenas de milhares de anos após o *big-bang*:

> Quantos tipos de átomos um cosmos, com um número incalculável de partículas correndo para os braços umas das outras, produz? Se as coisas fossem real-

mente casuais, as espécies de átomos recém-nascidos deviam ser extravagantes, enlouquecidas e sem objetivo. Mas neste universo as coisas não andam de modo selvagem, estranho, extravagante e incessantemente enlouquecido. Absolutamente... Olhe, mesmo dois simples cubos, ou dados, lançados de um copo têm 36 resultados possíveis. Como pode um cosmos inteiro, fervilhando com mais prótons, nêutrons e elétrons do que temos palavras para descrever, como pode um universo de quase infinitos dados e quase infinitos arremessos produzir apenas três variedades de átomos?... Isso revela uma assombrosa conformidade e autocontrole... Não é mera tentativa e erro... Então o que é? É o paradoxo da surpresa gigante. É o complicador mental no centro da criatividade cósmica.

A criatividade é o problema de Deus. Temos de chegar a um acordo, Bloom me diz, com esses "milagres materiais" que estão presentes em cada estágio da evolução do universo. Para Bloom, a ciência é mais bem servida quando nosso senso de reverência, admiração e espanto ante as obras da natureza é intensificado. Para esclarecer esse ponto, ele volta a um dos elementos essenciais da ciência — a previsibilidade. Se não podemos prever o que vai ser o próximo grande salto criativo, ele me diz, num universo cujo traço mais nítido é a capacidade de manufaturar um grandioso salto criativo atrás do outro, será que compreendemos realmente esse cosmos? Será que explicamos o mundo natural, compreendemos seu funcionamento, apreendemos seus traços mais notáveis e essenciais?

Ele mostra que o problema da criatividade é de fato uma questão relativamente nova na ciência, porque os padrinhos do empreendimento científico, indivíduos como Newton e Galileu, achavam que a criatividade básica do universo vinha de Deus e que o trabalho deles era apreender de forma mais plena a natureza do plano divino. Nesse sentido, a natureza era como a escritura, era a palavra de Deus — inclusive numa versão mais precisa, não sujeita aos erros inevitáveis da tradução humana. Deus era, como Newton o apelidou, a "divina legislatura", prescrevendo leis para o cosmos que tinha feito à mão. Era um universo mecanicista e a tarefa da ciência era compreender como o mecanismo funcionava.

Na verdade, o físico francês Pierre-Simon Laplace ficou tão estimulado com as descobertas da ciência no século XVIII que afirmou ser capaz de prever o futuro de todo o universo. Tudo que precisava, explicou, era conhecer as propriedades exatas, a posição de cada átomo do universo e as forças nele atuantes *num* *determinado momento*. Tal conhecimento lhe permitiria, segundo as leis da física e da química, prever todo o futuro — cada última coisa até aquilo que acontece no momento final de nosso universo. Se fosse um universo governado inteiramente pelas leis mecanicistas da física e química do século XVIII, tal especulação realmente faria sentido. Mas a arrogância dessa experiência do pensamento estava baseada num erro fundamental — a ideia de que o universo funcionava como um relógio gigantesco, cujas engrenagens, uma vez postas em movimento, levavam a um resultado inevitável. Poderíamos chamá-lo de "universo para pessoas do tipo A"* — nenhuma novidade, nenhuma espontaneidade.

Hoje, essa concepção particular do nosso universo está completamente ultrapassada. O cosmos é muito mais complexo, indeterminado e criativo do que Laplace jamais sonhou. Não podemos mais observar e relatar verdades estáticas da natureza; hoje os cientistas estão pesquisando com muito mais profundidade, tentando descobrir não só como a natureza é, mas como se tornou o que é. Esse conhecimento fornece pistas para os segredos do passado criativo da natureza, mas também indícios de como ela poderia estar se transformando em algo inteiramente imprevisível no futuro próximo e distante.

"Então, qual é a fonte de criatividade no universo?", perguntei diretamente a Bloom.

Dessa vez, ele não me conta uma história nem constrói um longo contexto em sua resposta. Responde simplesmente com duas das mais importantes palavras da ciência: "Não sabemos".

CAOS, COMPLEXIDADE E CRIATIVIDADE

Quando, bem depois da meia-noite, deixei o prédio marrom de Bloom, havia um zumbido de perguntas em minha mente. Bloom não tem respostas para a história da criatividade cósmica; ninguém tem. Mas sua colorida e notável história de amor pela natureza me ajudara a avaliar quanta coisa faltava compreender sobre o laboratório de novidades da Mãe Natureza.

---

* Na gíria urbana em que a expressão é empregada, as pessoas de tipo A, além de conservadoras, são agressivas, arrogantes, com pouco respeito pelos outros. (N.T.)

Tínhamos terminado a noite discutindo como a consciência humana se desenvolveu no processo evolucionário. Embora existam muitos exemplos do tipo de saltos criativos que Bloom descreveu, a consciência certamente se qualifica como Prova A na lista de como-afinal-a-evolução-chegou-a-*isso*? Não precisamos passar muito tempo em conferências nas quais as pessoas estejam tentando explicar a consciência humana para compreender o apelo da abordagem "foi criada por Deus". O ponto mais importante, no entanto, é que existem certos mistérios reais a serem ainda resolvidos em nossa compreensão da evolução, e muitos deles têm bastante a ver com essa noção de criatividade e novidade. Infelizmente, como Bloom mencionou, assim que começamos a invocar a palavra "mistério", as pessoas tendem a ficar nervosas e a pensar que a próxima coisa que vamos fazer é começar a invocar forças sobrenaturais e antigas divindades onipotentes para explicá-lo.

Um dos novos e mais populares meios de pensar sobre a criação da novidade é invocar as descobertas das novas ciências da complexidade. Essas novas áreas sugerem que há princípios comuns, talvez até leis universais, que se aplicam a todos os tipos de "sistemas adaptativos complexos". Um sistema adaptativo complexo pode ser qualquer coisa, de uma coleção de moléculas a um programa de *software*, de uma economia a um ser humano. Se pudéssemos compreender esses princípios, assim a história continua, poderíamos talvez explicar muita coisa sobre formas mais elevadas de ordem, sobre a complexidade e novidade que vemos no mundo natural. Há uma relação entre novidade e complexidade, assinalam esses teóricos. À medida que a complexidade aumenta, surgem formas novas e superiores, tanto de novidade quanto de ordem, que marcam o avanço da evolução.

Talvez a percepção mais importante proveniente das ciências da complexidade seja a ideia de que a novidade é produzida à beira do caos. Isso significa que, geralmente, ela *não* aparece em sistemas que têm demasiada ordem e estabilidade. É preciso o caos, a instabilidade e maiores graus de liberdade para produzir as condições para surgirem formas superiores de ordem e novidade. Um sistema, geralmente, tem de ser lançado em desequilíbrio para que emerjam níveis novos e mais elevados de auto-organização. Não precisamos ter diploma em física para compreender essa verdade sutil, mas profunda. Novamente, temos aqui um princípio que se aplica a muitas disciplinas científicas e também à mais interessante das espécies da natureza, os seres humanos. Pense em como é difícil fazer um homem ou uma mulher mudar de vida, tomar de fato caminhos inteiramente novos, chegar à novidade, realmente evoluir. Não havendo pressões externas, é simplesmente muito raro um ser humano adulto mostrar alguma mudança fundamental. As pessoas tendem para a inércia e a homeostasia, como qualquer sistema adaptativo complexo. Mas, se aplicamos uma pequena pressão da vida — digamos, uma crise de saúde, uma crise econômica ou um desafio emocional —, a dinâmica do sistema muda. De repente, aquele ser humano é atirado em alguma forma sutil ou flagrante de desequilíbrio. O que pode ser, inclusive, um desafio positivo — uma promoção na carreira ou uma sorte inesperada. Tudo isso perturbará o sistema humano a tal ponto que podem surgir novos comportamentos, novos saltos de evolução positiva ou formas mais elevadas de ordem. A vida pode se auto-organizar num novo nível. Assim, é bem na beira do caos que o sistema tem seu maior potencial de mudança, seu momento mais propício para evolução.

No caso do ser humano, temos de incluir a realidade da escolha consciente, que desempenha um papel no processo, mas o princípio é o mesmo. Naturalmente, também é possível ir longe demais. Caos em excesso não leva a uma ordem mais elevada, só a mais caos e desordem. Ele não cria avanços, mas colapsos. Podemos, a partir deste exemplo, entender por que o antigo editor da revista *Wired*, Kevin Kelly, escreve: "A arte da evolução é a arte de administrar a complexidade dinâmica". De novo, temos um princípio geral que se aplica à evolução de qualquer sistema adaptativo complexo, seja uma empresa, uma rede de computadores ou um ser humano.

Muito do interesse por essas novas ciências foi impulsionado por nossa crescente constatação de como o universo em que vivemos é extraordinariamente complexo. Além do macrocosmos da cosmologia e da astrofísica ter provado ser mais vasto do que imaginávamos, e do microcosmos da física de partículas e da mecânica quântica ser mais extenso e mais sem limites do que jamais consideramos possível, a plena e ilimitada complexidade do mundo, como revelada pela ciência, também tem se ampliado, juntamente com a explosão de nosso conhecimento. À primeira vista, uma nuvem de temporal pode não parecer a coisa mais complexa para um observador casual — até que, realmente, se tente encontrar o modelo de seu comportamento e prevê-lo num computador. Então, começa-se a ter noção de como é assustador compreender o comportamento de sistemas complexos. De fato, muito dessa nova ciência tem sido impulsionado pela era da informação. O crescimento dos recursos de computação tem aberto novas perspectivas para nossa compreensão de complexidades antes muito além de nosso alcance.

Há mais na natureza da complexidade que a mera compreensão do comportamento de sistemas como tempestades, bandos de pássaros ou movimentos do mercado de ações. Que dizer da evolução de novas formas, novos sistemas, novas estruturas, nova vida, espécies inteiramente novas? E quanto aos "milagres materiais" de Bloom? Terá a ciência da complexidade algo a dizer sobre isso? De fato, parece haver uma interessante conexão entre evolução, complexidade e novidade, uma conexão que estamos apenas começando a entender. E ela começa com uma verdade simples, mas explosiva: À medida que a evolução biológica avança, a complexidade aumenta. E outra verdade: À medida que a evolução cultural avança, a complexidade *aumenta**. A complexidade, assim parece, é essencial para a compreensão. De fato, poderíamos provavelmente simplificar as duas declarações e dizer: À medida que a evolução avança, a complexidade aumenta. É um fascinante conjunto lógico, mas por que é verdadeiro?

Para sermos justos, devemos admitir que é uma afirmação controvertida na teoria evolucionária, em parte porque não compreendemos exatamente por que é verdadeira nem conseguimos propor uma medida de consenso para determinar *se* é verdadeira. Sim, podemos ver que a composição atômica do ferro, que foi formado no núcleo das estrelas, é mais complexa que a dos átomos de hidrogênio e hélio, que são os blocos de construção originais (pós-*big-bang*) dos elementos. Mas, desenvolver uma definição quantitativa da complexidade que se aplique aos sistemas físicos, é bastante complicado. O mesmo vale para a evolução cultural. Parece um tanto óbvio que hoje nossa cultura globalizante é muito mais complexa que civilizações anteriores, mas uma coisa é entender isso intuitivamente, e outra, completamente diferente, propor uma medida clara (somos três vezes mais com-

* Pode parecer que a evolução de arranjos políticos desafia essa tendência. Afinal, observamos no capítulo anterior que, sob certos aspectos, eles têm avançado para maior unidade, não maior diversidade. Mas, num exame atento, vemos que maior integração e complexidade crescente podem com facilidade andar de mãos dadas. Entidades políticas autônomas podem ser em número menor, como observamos, mas seus subcomponentes fundamentais são imensamente mais complexos.

plexos que os gregos antigos? Dez vezes? Ou 1 milhão de vezes?). Como Robert Wright observa, "definir precisamente complexidade ou organização é uma tarefa tão notoriamente frustrante que muita gente desiste e volta a uma definição intuitiva, como a famosa definição de pornografia de Potter Stewart, da Suprema Corte de Justiça: 'Sei quando a estou vendo'".

Em seu livro de 2003, *Biocosm* [Biocosmos], James Gardner explorou a ideia de que pode haver uma lei da natureza ainda não descoberta, capaz de ajudar a explicar a evolução de sistemas complexos. Gardner escreve:

> Como foi composto, pela primeira vez, o magnificamente intricado e interdependente balé de moléculas, por meio do qual o DNA é replicado e as proteínas são reunidas? Como surgiu pela primeira vez o esquema do código universal do DNA, comum a praticamente todas as criaturas vivas? Como a Mãe Natureza reuniu pela primeira vez a paleta generosa de opções da qual o implacável ceifeiro da seleção natural pôde desbastar todas as amostras, menos as escolhidas?... Deveríamos estar pesquisando normas de auto-organização que precedem a operação do grande princípio darwinista da seleção natural? Nesse processo auto-ordenador, inteiramente diferente do processo da mutação randômica, qual é a única fonte de novidade tolerada por evolucionistas ortodoxos?

Formado em direito, Gardner é um escritor soberbo, que traz um senso legal de clareza à sua segunda profissão, de autor de livros sobre ciência e teórico da complexidade. Ele observa que esse enigma tem levado certos teóricos, muito especialmente o cientista da complexidade Stuart Kauffman, a especular sobre a existência de uma possível quarta lei da termodinâmica, baseada numa nova compreensão de sistemas complexos que se auto-organizam. Kauffman é um dos líderes do campo da ciência da complexidade. Passou sua carreira investigando a notável tendência da natureza a exibir uma espécie de ordem espontânea, auto-organizadora — "ordem gratuita", como ele a chama —, que pode produzir formas mais elevadas de organização e novidade em sistemas de todo tipo, e potencialmente acelerar o avanço da evolução. Alguns teóricos da complexidade, inclusive Kauffman, sugerem que a seleção natural de Darwin poderia acabar provando ser apenas uma fonte de novidade, e talvez não fosse sequer o mais importante processo criativo na natureza. Kauffman entende isso como "a vigorosa ideia de que a ordem na biologia não vem apenas da seleção natural, mas de um casamento precariamente compreendido de auto-organização e seleção [natural]".

De fato, em seu livro recente *Reinventing the Sacred* [Reinventando o Sagrado], Kauffman defende um novo meio de encarar o universo que leva em conta a "criatividade incessante" do cosmos, uma criatividade que ele sugere estar, parcialmente, além de *qualquer* lei natural. Kauffman sente que a capacidade inata do universo para produzir novas e inusitadas formas extraordinárias de ordem, com propriedades emergentes, imprevisíveis, é tão profunda que temos de repensar a visão de mundo reducionista da ciência. Nem tudo é redutível à física e à química e às interações dos sistemas físicos, *nem mesmo em princípio*. "Minha afirmação não é simplesmente que nos falta o conhecimento ou sabedoria suficientes para prever a evolução futura da biosfera, da economia ou da cultura humana", ele escreve. "É que essas coisas estão *intrinsecamente* além da previsão. Nem mesmo o mais poderoso computador imaginável pode fazer uma descrição compacta e antecipada [...] desses processos." O livro de Kauffman é uma defesa apaixonada da criatividade exuberante, de final aberto, da vida e da evolução, uma criatividade que podemos acolher em nossa vida, mesmo se não a compreendemos inteiramente por meio de nossa ciência.

As corajosas declarações de Kauffman sobre a imprevisibilidade inerente do mundo natural estão refletidas no trabalho de outro bem conhecido teórico da complexidade, Stephen Wolfram. Cientista brilhante segundo todos os critérios, ele é especialista em sistemas computacionais e realizou grande parte de seu trabalho nos chamados "autômatos celulares". Estes são algoritmos que pegam programas muito simples de computador, conjuntos de regras governando grades celulares, e os rodam repetidas vezes para ver que tipo interessante de comportamento emerge. Por exemplo, imagine uma grade celular numa tela de computador. Agora imagine algumas regras básicas que determinam se determinada célula na grade deveria ser preta ou branca, com base na cor de suas vizinhas, num determinado momento. Rode então um programa que repete várias vezes essas mesmas instruções. Quando a grade se move através dos vários ciclos em que a mesma regra é aplicada, ela passa por mudanças de todo tipo. E o que Wolfram notou foi que, com regras muito simples, podemos produzir um nível assombroso de complexidade. Surgem níveis inusitados de ordem na grade, estruturas auto-

-organizadas que pareceriam completamente imprevisíveis a partir do conjunto de instruções. A conclusão de Wolfram é simples, mas de longo alcance: axiomas simples podem levar à extraordinária novidade e complexidade. Essa conclusão levou-o a especular que talvez a extraordinária novidade, ordem e diversidade que vemos no mundo natural seja, na raiz, nada mais que um conjunto de axiomas, um conjunto de instruções cósmicas de base, lançadas para criar este magnífico universo. De fato, ele especulou que mesmo o próprio universo poderia não ser muito diferente de um gigantesco computador autômato celular. Talvez no centro de tudo isso haja um código simples — talvez possamos fazer tudo o que vemos na natureza, da mais sublime e bela folha caindo na Amazônia, ao vencedor do título da NBA de 2020, remontar a um conjunto básico, compreensível, de princípios. Wolfram considera essa "uma das mais importantes descobertas em toda a história da ciência teórica".

É fascinante considerar que ainda podem existir leis universais da natureza por descobrir, leis que estão, como diz Gardner, "encerradas na própria lógica do universo, e que equipam processos cósmicos e as sub-rotinas que os constituem com uma tendência inerente, para produzir uma cascata de fenômenos de complexidade crescente". Podem os autômatos de Wolfram, realmente, produzir o tipo de saltos de emergência — por exemplo, o aparecimento da vida — que vemos se desenrolar por toda a longa história da evolução? Bloom, por exemplo, sustenta que o trabalho de Wolfram fornece evidências importantes exatamente para os axiomas do tipo metaestruturais, de final aberto, que ele sugere que estão se refletindo na atividade criativa do cosmos.

Tais especulações, neste momento, são tanto filosofia quanto ciência, mas não muito tempo atrás esses pensamentos provavelmente teriam sido descartados como excessivamente religiosos ou metafísicos. Tal é o envolvente mistério da complexidade. Ele inspirou uma geração de cientistas a olhar com um diferente tipo de lente para o vasto universo e proporcionou indícios provocadores de que pode haver muito mais criatividade incorporada aos algoritmos ocultos da evolução do que o imaginado por nossas mais capazes filosofias.

PROJETO INTELIGENTE E NOVIDADE

Blaise Pascal comentou certa vez que os humanos estão fincados entre duas infinidades: o infinitamente pequeno e o infinitamente grande. "Perambulamos num vasto meio-termo", ele escreveu, "sempre incertos e derivando, impelidos por um vento, depois por outro." Mas Pascal estava deixando escapar uma terceira peça crucial do quebra-cabeça, uma peça que altera essas observações. Como Teilhard comentou, somos expressões vivas de uma terceira infinidade — o infinitamente complexo. Parecemos estar no meio de um vasto processo crescente de evolução da complexidade, um processo que deu origem aos seres humanos, uma espécie que simplesmente tem algo denominado "cérebro humano" — que alguns definiram como a estrutura mais complexa do universo conhecido.

É fácil subestimar a extensão desse mistério. O universo não foi do pó ao pó mais complexo. Foi do pó à música de Mozart, do hidrogênio indefinido aos heróis dos poemas homéricos. Contudo, para alguns dos mais religiosamente inclinados, a complexidade da natureza não tem sido apenas motivo de uma reflexão mais profunda sobre a natureza da evolução; tem sido motivo para duvidar inteiramente dela.

Lembre-se de que vivemos num universo em que uma das características definidoras, nos dizem os físicos, é a segunda lei da termodinâmica. Ela afirma que a entropia de um sistema isolado terá tendência a aumentar com o tempo. Em termos simples, isso significa que, todas as outras coisas sendo iguais, ele vai tender para a desorganização, para a desordem e a decadência. De fato, enquanto escrevia este livro, andei fazendo uma experiência sistemática com a segunda lei da termodinâmica. Deixe uma xícara de café quente ao lado do computador na escrivaninha e não mexa nela por meia hora. Posso dizer sem sombra de dúvida que, com o tempo, à medida que o calor se dissipa no ar, o café tende realmente a ficar mais frio e menos saboroso. Para minha eventual consternação, ainda não descobri uma exceção a essa regra. E de fato não sou o único. Ela é praticamente uma lei absoluta do universo, aceita em todos os quadrantes científicos. Talvez o astrofísico *sir* Arthur Eddington tenha abordado o assunto mais sucintamente quando escreveu: "Se acharem que sua teoria está indo contra a segunda lei da termodinâmica, não posso lhe dar esperança; não há nada a fazer a não ser sucumbir na mais profunda humilhação". Também devia ser dito que existem aqueles que tratam com rodeios o pressuposto básico da segunda lei com relação a este universo, pois seria preciso saber se o universo é de fato, ou não, um sistema isolado (imagino que se possa pensar que haja muitos outros universos, ou um metaverso, que estejam conectados com o nosso), mas por ora deixaremos isso de lado.

À primeira vista, a evolução da complexidade pode parecer entrar em contradição com esse princípio básico da entropia. Afinal, nossa biosfera não caiu num estado mais desorganizado e desintegrado nos últimos poucos bilhões de anos, e mesmo o universo não parece exatamente reduzido a uma espécie de ponto nulo de acaso, sem equilíbrio e homogeneidade. Muito pelo contrário. Ele não parece estar ficando exausto; é até possível que esteja mostrando maior vitalidade! Será que a evolução da complexidade no decorrer da história biológica (e talvez até da história cosmológica) significa que há alguma coisa errada com a segunda lei da termodinâmica? Perguntas como essa fazem parte do que inspirou cientistas como Kauffman a buscar uma "quarta lei".

Acho esse problema particularmente interessante por causa de um e-mail que recebi há pouco tempo de um sobrinho adolescente, que estuda num colégio particular cristão em Houston, Texas. Sua instrução tem sido exemplar — exceto quando se trata da evolução. O e-mail trazia um arquivo anexado, chamado "Evolução: de jeito nenhum!", que lhe fora enviado por um dos professores. O arquivo recorria ao argumento de que, como a segunda lei da termodinâmica nos diz que os sistemas se esgotam e as coisas desmoronam, e que não é isso que a teoria evolucionária nos diz, alguma coisa, portanto, tem de estar errada com a teoria evolucionária.

Esse argumento se mostra de imediato inválido. A evolução biológica evita as implicações da entropia porque a Terra não é um sistema isolado. Estamos cavalgando a luz, por assim dizer, usando a energia do Sol para prover de energia nosso caminho. O Sol está perdendo energia, mas nós somos os beneficiários. Como um usuário malandro do poderoso dispositivo Wi-Fi de outra pessoa, a Terra naturalmente usa a energia do Sol para abastecer a evolução da vida, domadora da entropia. Lembre-se de como expliquei, no Capítulo 4, que a evolução acontece nas bordas, nos gradientes de energia, naqueles pontos onde a energia flui de um sistema para outro. E é nessa grande borda entre Terra e espaço, onde a energia do

Sol inunda a superfície de nosso planeta, que a evolução tem acontecido e onde a mais extraordinária novidade tem tomado forma.

"Você tem de passar isso aos criacionistas. Eles *evoluíram*", brinca Eugenie Scott, diretor-executivo do National Center for Science Education, em Oakland, Califórnia, que monitora ataques contra o ensino da evolução. Brincadeiras à parte, é verdade que alguns opositores religiosos da evolução estão ficando mais sofisticados em suas tentativas de desacreditar o paradigma científico aceito. E alguns tentaram usar nosso recente reconhecimento da extraordinária complexidade e criatividade na evolução como munição nessa batalha. No livro de 1996, *A Caixa Preta de Darwin*, o biólogo Michael Behe sustenta que certos sistemas bioquímicos do corpo são tão complicados e tão interdependentes (há tantos sistemas e partes independentes que devem trabalhar em conjunto para que esses sistemas consigam funcionar), que deveríamos considerá-los como "irredutivelmente complexos". Ele sugere que tais sistemas, simplesmente, não podiam ter evoluído por meio dos métodos básicos da seleção natural. A ausência de qualquer uma das partes nesses sistemas teria feito todo o sistema parar de funcionar, continua o argumento; portanto, para serem adaptáveis, esses sistemas teriam sido obrigados a evoluir, todos ao mesmo tempo, em algum grande salto para a frente, ao contrário de evoluírem mais gradualmente nas acumulações passo a passo, que caracterizam a evolução darwinista. Em seu livro *No Free Lunch: Why Specified Complexity Cannot Be Purchased without Intelligence* [Nada de Almoço Grátis: Por que a Complexidade Particularizada não Pode Ser Adquirida sem Inteligência], William Dembski explica o argumento de Behe:

> Um sistema desempenhando uma determinada função básica é *irredutivelmente complexo* se inclui um conjunto de partes bem casadas, interagindo mutuamente, individualizadas de modo não arbitrário, um conjunto em que cada parte é indispensável para manter a função básica e, portanto, original do sistema. O conjunto dessas partes indispensáveis é conhecido como *núcleo irredutível* do sistema.

A despeito de serem adotadas por muitos políticos proeminentes, as ideias de Behe e Dembski, geralmente chamadas de "projeto inteligente" pela mídia, não têm sido bem aceitas pela comunidade científica e foram, inclusive, fortemente criticadas por pensadores religiosos de postura mais avançada. O problema do argumento de Behe e Dembski não é simplesmente que, com frequência, ele pareça ser uma tentativa clara de abrir espaço para um *designer* inteligente fora-do-processo, algo aparentado ao tradicional Deus cristão. É também que eles tenham uma visão tão limitada de como poderia ser a criatividade de Deus. Eu sugeriria que o maior problema com o projeto inteligente não é que ele questione a competência da atual teoria evolucionária. Isso é parte natural da pesquisa científica e mentes razoáveis podem proferir um julgamento sobre a veracidade desses argumentos. O problema é que muitos tendem a seguir essa crítica apelando, implícita ou explicitamente, à menos criativa das imagens disponíveis da natureza, a imagem do universo "que Deus simplesmente criou".

Acho irônico que o que muitos citam como esplêndida evidência de que a evolução é notavelmente criativa, outros usem como razão para um completo afastamento e rejeição da evolução, apelando para um *designer* onipotente. Mesmo se tivermos inclinação espiritual ou religiosa, por que iríamos querer recuar para uma visão de Deus como *designer* onipotente, em vez de um Deus cuja obra só se revela mais plenamente no impulso criativo do processo evolucionário? Como o teólogo John Haught escreveu numa resposta a Behe:

> O que contesto é a estreiteza de qualquer abordagem teológica que procure defender a ideia de Deus ou compreender a relação de Deus com um universo em evolução, e especialmente a evolução da vida, concentrando-se exclusivamente no "projeto". Não é de estranhar que tal abordagem leve muitos de seus defensores a rejeitar a ciência evolucionária ou a alterá-la de forma severa. Um projeto, como Bergson assinalou muito tempo atrás, não é representativo do que agora sabemos sobre a estranha história da vida neste planeta. E hoje isso não ajuda a fazer avançar o diálogo entre teologia e ciência biológica.
>
> Escrevendo como teólogo, minha opinião é que não devíamos abstrair, e depois isolar, o elemento de ordem do fato, com frequência perturbador, da novidade em fenômenos realmente vivos. Nossa compreensão de Deus é consideravelmente diminuída se deixarmos de refletir plenamente sobre o fato da novidade na natureza. O conceito de "projeto" é rígido demais para acomodar a complexidade da natureza ou a profundidade da experiência religiosa de Deus.

Eu acrescentaria, aos excelentes pontos de vista de Haught, a observação de que não apenas nossa compreensão de Deus diminuiu ao deixarmos de refletir plenamente sobre o fato da novidade, mas nossa compreensão de nós mesmos também diminuiu. À medida que nossa imagem do universo continua a se expandir, e nos tornamos cada vez mais cientes do poder criativo da natureza, vamos tendo a impressão de que a capacidade criativa um dia reservada inteiramente a Deus acabou fluindo do céu para a Terra. E, como produto da criação da natureza, participamos dessa concessão. À medida que nossa imagem da evolução se torna mais criativa, o mesmo acontece com a imagem que fazemos de nós mesmos. A antiga onipotência de Deus se tornou nosso próprio potencial criativo. E há um interessante mecanismo de *feedback* em ação também aqui. À medida que a criatividade informa mais profundamente nosso senso coletivo do eu e nossa visão de mundo, cresce nossa capacidade de influenciar conscientemente e criativamente o próprio processo evolucionário. Formas de vida inteligentes tornam-se parceiras e contribuintes criativas do "projeto" da evolução, em vez de serem apenas o resultado passivo de sua mecânica. Isso pode acentuar o poder e o potencial do processo de um modo que hoje não podemos sequer começar a prever. Alguns sugeriram que esse mecanismo de *feedback* pode ser, de fato, uma parte crucial do processo. Numa entrevista para *Enlighten Next*, James Gardner comparou a evolução cosmológica ao desenvolvimento de um embrião. Ele me explicou que, quando um embrião começa a se desenvolver, em algum ponto do caminho ele vai precisar de um *feedback* crítico para completar o processo de desenvolvimento:

> Quando um embrião começa a se desenvolver, a sequência do DNA não especifica antecipadamente cada passo desse desenvolvimento. O que acontece é que o desenvolvimento embrionário atinge o estágio um, e então o tecido complexo — isto é, o embrião — começa a enviar sinais de volta para o DNA, que ajusta as expressões adicionais do gene no novo tecido. Portanto, é um circuito de *feedback*, sendo a complexidade informacional inerente a esse processo, e não apenas na sequência nucleótida. Esse é, verdadeiramente, o extraordinário milagre. O processo da embriogênese é cuidadosamente programado para, realmente, levar em conta o estado de seu próprio desenvolvimento num determinado momento e usar os estágios subsequentes de desenvolvimento como uma espécie de ampliação do manual de instruções básico, que é o DNA contido no genoma.

Poderiam os humanos, ou a vida inteligente sob qualquer forma, desempenhar esse mesmo papel no esquema evolucionário cosmológico, universal, de desenvolvimento? Poderíamos nós, de alguma forma, representar esse circuito de *feedback* para o próprio universo? Poderia nossa reflexão sobre o processo evolucionário ser um elemento essencial não só para o cumprimento do próximo estágio de nosso desenvolvimento, mas para criar o próximo estágio singular da cosmogênese? A hipótese de Gardner é uma das mais originais — e convincentes — especulações evolucionárias com que me deparei nos últimos tempos.

Seja o que for que acabemos percebendo sobre a conexão (se é que existe alguma) entre o destino da vida inteligente e o destino do universo, há pelo menos uma coisa da qual fiquei convencido além de qualquer dúvida razoável: criatividade e novidade não são simplesmente notas curiosas à margem do relato evolucionário, belos subprodutos de um cosmos que anda ao acaso, ou floreados fortuitos de um Deus *designer*. Estão inscritas na própria narrativa cósmica. Por isso, se quisermos construir uma visão de mundo informada pela dinâmica evolucionária do universo, a criatividade não deve ser periférica a nossos esforços. Como veremos nos capítulos seguintes, a criatividade não pode, realmente, ser descrita como um tópico entre muitos outros. Suas pegadas correm por todas estas páginas e sua importância, em última análise, não é apenas uma questão científica, mas também uma questão espiritual.

Capítulo 7
TRANSUMANISMO: UMA PISTA DE DECOLAGEM EXPONENCIAL

A espécie humana pode, se desejar, transcender a si mesma — não só esporadicamente, um indivíduo aqui, de certa maneira, um indivíduo lá, de outra maneira, mas em sua totalidade, como humanidade. Precisamos de um nome para esta nova crença. Talvez transumanismo seja adequado: o homem permanecendo homem, mas transcendendo a si mesmo, percebendo novas possibilidades de e para sua natureza humana.

— Julian Huxley, "Transhumanism", 1957

"A carne é complicada." Foi essa uma das primeiras coisas que ouvi ao chegar à Cúpula da Singularidade de 2009, na cidade de Nova York. Quem estava na tribuna era Anna Salamon, pesquisadora do Singularity Institute for Artificial Intelligence, e estava se dirigindo a um público de mais ou menos oitocentas pessoas (homens em sua maioria) sobre o tema "Preparando a Explosão de Inteligência".

A conferência era sobre o futuro, mas o cenário era decididamente histórico. Estávamos reunidos no belo auditório do 92nd Street Y, um prédio que viu, desde sua fundação em 1874, muitas figuras importantes cruzarem suas portas — ícones culturais como os poetas T. S. Eliot e Dylan Thomas, a dançarina Martha Graham e o violoncelista Yo-Yo Ma; líderes da sociedade e da economia, como

Gloria Steinem e Bill Gates; e personalidades políticas, como Mikhail Gorbachev, Jimmy Carter e Kofi Annan. Naquele dia, o prédio estava fazendo o papel de anfitrião de uma nova espécie de intelectuais, conhecidos como transumanistas, que veem na explosão da tecnologia da informação um novo e promissor futuro no horizonte próximo, um futuro tão diferente do que veio antes que tem sido denominado "pós-humano" ou "transumano".

O termo "transumanismo" foi cunhado num ensaio do mesmo nome escrito pelo evolucionista Julian Huxley em 1957. Huxley, cujas convicções humanistas eram profundas, reclamou uma nova investigação da natureza humana e de suas possibilidades, com base em nossa compreensão da evolução. Essa nova aventura evolucionária, ele sugeriu, poderia ser mais bem rotulada de "transumanismo". Mas até mesmo Huxley poderia ter erguido uma sobrancelha ante a afirmação que ouvi ao entrar no auditório naquele dia. *A carne é complicada.* Seu significado, contudo, é revelador. "Carne", para os não familiarizados com a gíria *ciberpunk*, significa simplesmente o corpo biológico e todos os seus estranhos e maçantes caprichos e fraquezas. O corpo é carne — coisa biológica, pastosa. Ao contrário dos mundos digitais e das realidades virtuais, o corpo é relativamente estacionário, resistente à mudança, fácil de ser lesado. Numa palavra: *complicado.* Certamente, pode parecer um termo rude para descrever algo tão íntimo quanto nosso corpo vivo, respirando, mas, para os que veem o futuro nos *bits* e *bytes* da informação digital, o corpo, como atualmente construído, faz parte do passado da evolução. O futuro é completamente diferente — livre, de final aberto, não restringido pelas limitações físicas e temporais da carne.

William Gibson, escritor de ficção científica e herói de *nerds* de qualquer lugar, popularizou "carne" como termo para designar o corpo biológico. Nos anos 1980, seu livro *Neuromancer* virou instantaneamente um clássico, pressagiando os temas do filme *Matrix* em bem mais de uma década, e Gibson tornou-se um profeta da primeira geração da história ligada em tecnologia. No livro, o personagem principal, Case, rouba seus patrões e eles reagem destruindo sua capacidade de entrar numa realidade virtual, o que inspira este trecho para descrever seu destino:

> Lesaram seu sistema nervoso com uma microtoxina russa do tempo da guerra... A lesão foi mínima, sutil e extremamente eficaz.

Para Case, que vivera para o júbilo imaterial do ciberespaço, isso foi a Queda. Nos bares que frequentara como um caubói dos bons, a postura de elite envolvia um certo desprezo relaxado pela carne. O corpo era carne. Case caiu na prisão de sua própria carne.

Observe a linguagem religiosa. O uso que Gibson faz de "a Queda" e do "desprezo pela carne" de seu herói faz lembrar condenações religiosas dos desejos do corpo. Evidentemente, a religião em si está longe da mente da maioria dos transumanistas, muitos dos quais são materialistas de coração, mas existe um sabor religioso em sua convicção de que a marcha da tecnologia está nos dizendo alguma coisa de importância crucial — não apenas sobre a cultura humana, mas sobre a vida, o universo e as tendências evolucionárias de ambos. Jamais encontraremos pessoas tão apaixonadas pelas possibilidades do futuro e, em certos casos, tão preocupadas com elas.

Ao olhar em torno, para as pessoas reunidas naquele evento anual que contava com a participação dos melhores pesquisadores e teóricos de áreas como inteligência artificial, nanotecnologia, biotecnologia, robótica, extensão da vida, genética, viagem espacial e teoria computacional, percebi nitidamente um clima de emoção e antecipação. Quando o orador seguinte subiu à tribuna e começou a explicar de que modo a ciência está tentando criar uma emulação totalmente cerebral que nos permitirá (teoricamente) transferir nossa consciência do corpo físico para outros substratos, reparei que muitos de meus colegas da assistência estavam bastante atentos — mas não ao orador. Os olhos deles estavam cravados nas telas de seus *laptops* e telefones celulares. Sem dúvida, o assunto pré-selecionava uma plateia de tecnófilos, mas nunca vi tantas pessoas ouvirem um orador manipulando os aparelhos digitais que têm à frente. Se o futuro da evolução diz respeito à integração homem-máquina, "ao casamento do nascido e do fabricado", como diz Kevin Kelly, aquele público estava definitivamente desbravando novas terras. Assim que um dos oradores dizia algo que causava, mesmo remotamente, alguma surpresa, um pequeno exército de tuiteiros postava, discutia, corrigia, contextualizava a informação e até mesmo checava sua veracidade *on-line*, para que todos acompanhassem. Confesso, admito, que logo eu estava também absorvido por minha telinha (tudo bem, não a do meu próprio celular, meio obsoleto, mas a do de meu colega, mais antenado), quase achando mais fácil seguir o conteúdo das apresentações lendo o *twitter feed* do público que tentando acompanhar os *slides* do PowerPoint, às vezes convolutos, no tablado.

Algumas apresentações eram fascinantes, como uma sobre veículos controlados por computador. Outras eram incompreensíveis — me vem à mente uma sobre computação quântica. Uma discussão sobre as implicações futuras da inteligência artificial esteve entre as sessões mais provocadoras de reflexão, mas houve muitas outras que pareceram bizarramente abstratas e futuristas, ao ponto do absurdo. Por exemplo, um expositor não mediu esforços para explorar as implicações filosóficas de cérebros sendo replicados e transferidos para corpos diferentes. O que o novo Fulano de Tal pensaria do velho Fulano de Tal cujo cérebro acabara de replicar?

Eu fora àquela reunião dos *digerati** para refletir sobre as implicações evolucionárias da vida em meio ao "technium", como Kelly chama a soma total de toda a nossa cultura e tecnologia. Cada vez mais, observadores sérios das revoluções na tecnologia da informação das últimas décadas estão distinguindo uma verdade importante: essas inovações tecnológicas, com toda a tremenda promessa e perigo que trazem para nossa vida, não representam uma *aberração* da evolução cultural humana, mas antes uma *intensificação* do processo. E esse processo, eles sustentam, está em marcha há milênios. Alguns pretendem, inclusive, que os princípios básicos que encontramos em meio à rapida mudança tecnológica de hoje não são absolutamente novos, mas têm informado os processos de evolução biológica e evolução cósmica desde o começo dos tempos. Seja qual for o caso, há muito está claro para mim que uma visão de mundo evolucionária, que possa verdadeiramente nos ajudar a criar sentido no século XXI, deve também nos ajudar a contextualizar a revolução da informação no arco da história evolucionária mais ampla. Deve, de alguma forma, conectar coisas aparentemente disparatadas — como química e consciência, Darwin e tecnologia digital, atributos e computação quântica, autômatos celulares e camadas sutis do espírito.

---

* Gente que conhece ou mexe com tecnologias digitais. A palavra é uma mistura de *digital* e *literati*, literatos em italiano; eles seriam "literatos digitais". (N.T.)

A VINGANÇA DOS NERDS, ACERTO DE CONTAS

Então, o que é exatamente a singularidade? Bem, alguns a definiram como a única esperança para o futuro da humanidade. Outros estão convencidos de que é a culminância da evolução biológica e cultural. Gosto de pensar nela como a vingança final dos *nerds*.

O termo "singularidade" significa coisas diferentes para diferentes pessoas, mas no sentido mais amplo quer dizer a união de humanos e máquinas, do nascido e do fabricado. Mais especificamente, no entanto, diz respeito a um período, no futuro próximo, em que um importante limiar tecnológico será cruzado. O *timing* exato desse evento varia segundo o teórico. Alguns o imaginam como o momento em que o poder de processamento bruto dos computadores excederá o poder de processamento do cérebro humano. Outros usam o termo para se referir ao momento em que a inteligência artificial transcenderá nitidamente a inteligência humana e vários instrumentos de medida são sugeridos para identificar esse acontecimento único. Mas, seja como for que se defina o termo, a ideia é que, em algum ponto no futuro não muito distante, a mudança estará acontecendo tão depressa que será atingido um limiar além do qual se tornará cada vez mais difícil reconhecer a cultura humana como claramente "humana". Estaremos ampliando e alterando a tal ponto nossos corpos e vidas, que começaremos a perder o senso de evidente continuidade com que temos convivido. Nossos recursos de previsão, nos dizem esses teóricos, não podem explicar um tal nível de deslocamento e imprevisibilidade culturais, visto que categorias fundamentais da vida humana serão desafiadas e alteradas pelos poderes aceleradores de nossas tecnologias emergentes. Será, nas palavras do escritor Vernor Vinge, "uma pista de decolagem exponencial, sem qualquer esperança de controle".

Se há um indício de distopia nessa afirmação, não fique surpreso. Essa é a razão pela qual tantos livros de ficção científica das últimas décadas, incluindo o de Gibson, apresentam uma visão um tanto ambivalente do futuro. Afinal, o transumanismo realmente significa que estaremos *transcendendo* as categorias há longo tempo estabelecidas que nos tornam humanos. Estaremos mexendo em nosso código genético, alterando nossa mente e memórias com minúsculos nanocomputadores, fazendo aprimoramentos radicais em nosso mecanismo sensorial, estendendo espetacularmente nossos períodos de vida e, segundo alguns, finalmente, transcendendo inteiramente o corpo biológico, para não mencionar a criação de vida e inteligência artificiais que possam sobrepujar ou mesmo substituir as nossas.

Mas, embora seja compreensível que exista mais que uma pequena apreensão acerca do resultado de uma experimentação tão radical, o clima entre os que se encontravam entre o público em Nova York refletia o clima geral do movimento de transumanismo: uma vigorosa fé no futuro. É uma convicção no potencial redentor da tecnologia e uma crença otimista de que, quanto mais aceitarmos as mudanças vindouras, mais força teremos para moldar positivamente os inevitáveis altos e baixos dessa "pista de decolagem exponencial" por onde estamos prestes a rolar. Afinal, eles nos dizem, nossa evolução gira toda em torno da tecnologia. Sempre girou, desde que o primeiro humano talhou a primeira ferramenta da Idade da Pedra, milhões de anos atrás. E, assim, as mudanças tecnológicas que vêm por aí não são uma aberração da natureza; elas *são* natureza! São a evolução em ação. Afinal, estamos *destinados* a transcender a nós mesmos. E agora os meios tecnológicos para nossa transcendência estão ao nosso alcance. Todos a bordo; nosso destino pós-humano aguarda. E não há sentido em tentar parar o trem, gritam os transumanistas do banco do condutor, pois ele já deixou a estação.

Não é de se estranhar que os transumanistas sejam acusados de serem idealistas ingênuos e até mesmo perigosos, gente que se coloca no lugar de Deus sem a necessária sabedoria ou conhecimento. E essa crítica só é alimentada por afirmações como a de Hugo de Garis, pesquisador de inteligência artificial, que disse um dia numa entrevista: "A perspectiva de construir criaturas parecidas com Deus me enche de um sentimento de reverência religiosa que penetra muito fundo na minha alma e me motiva vigorosamente a continuar, apesar das possíveis e horríveis consequências negativas".

Mas seja qual for a ingenuidade que encarnem, seja qual for a sabedoria que lhes falte, sejam quais forem os valores que estejam deprezando, os transumanistas são também guardiões de uma verdade que está sendo ignorada pela maior parte da humanidade. Essas tecnologias estão vindo. Genética, nanotecnologia, robótica — "GNR", como esse triunvirato é frequentemente chamado. Mais cedo ou mais tarde, elas vêm e vão mudar tudo. Considero o movimento transumanista uma espécie de chamada evolucionária para despertar, um sistema inicial de alerta para uma cultura adormecida. O casamento do nascido e do fabricado *está* em nosso futuro evolucionário. De fato, cada vez mais, está em nosso presente. Como damos, então, sentido a esse mundo? Como assumimos responsabilidade pelas consequências desse mundo? A religião, como a conhecemos, não pode responder a essas questões. Nem a ciência. A filosofia está lutando com elas. E hinos Nova Era à sabedoria de culturas indígenas certamente não vão ajudar. Só um novo tipo de visão de mundo poderia, talvez, responder às exigências espirituais, morais e filosóficas postas sobre nossos ombros por um mundo pós-singularidade, quando e onde quer que esse momento cultural possa se manifestar.

Não está de todo claro quem usou pela primeira vez o termo "singularidade". Alguns fizeram-no remontar ao gênio matemático John von Neumann, que, segundo se diz, usou-o na década de 1950 em conversas sobre o futuro da tecnologia. Em nossa época, Vernor Vinge foi, talvez, o primeiro a publicar o termo num contexto de mudança tecnológica. Num ensaio de 1993, intitulado "The Coming Technological Singularity" [A Singularidade Tecnológica que se Aproxima], ele previu que a humanidade estava "à beira de mudança comparável ao surgimento da vida humana na Terra. A causa precisa dessa mudança é a criação iminente, pela tecnologia, de entidades com inteligência maior que a humana".

Nas últimas duas décadas, a pessoa mais associada ao termo "singularidade" foi o futurista e inventor Ray Kurzweil. Em seu livro de 2005, *The Singularity Is Near* [A Singularidade está Próxima], Kurzweil fez uma vigorosa defesa da noção de que a mudança tecnológica está avançando a um ritmo tal que logo atingiremos um ponto onde ela transformará "cada instituição e aspecto da vida humana, da sexualidade à espiritualidade". Sob a influência de Kurzweil, a singularidade se tornou não apenas um conceito mais popular, mas também um conceito mais flexível. Nos dias de hoje, se estamos interessados na singularidade, isso tende a significar que estamos interessados em todos os muitos meios — genética, nanotecnologia, robótica, inteligência artificial — pelos quais a tecnologia criada pelo homem está prometendo revolucionar o que significa ser humano. "A singularidade", Kurzweil escreve, "representará a culminância da fusão de nosso pensamento e existência biológicos com nossa tecnologia, resultando num mundo que ainda é humano, mas que transcende nossas raízes biológicas."

Para Kurzweil e outros transumanistas, não há nada de novo em nossa brava marcha para a transcendência da biologia. De fato, pode-se argumentar que os humanos vêm tentando transcender sua biologia desde o momento em que se tornaram conscientes de que isso existia. Começando com os porretes pré-históricos usados para aumentar a força de nossos golpes, cada ferramenta usada pelos humanos poderia, justificadamente, ser colocada nessa categoria. E, no entanto, nossos poderes estão crescendo a um ritmo assustador, produzindo um mundo que não está mais mudando de um período de vida para outro, ou de uma geração para outra, mas ano a ano e mesmo dia a dia. Essa mudança tecnológica nos dá o sentimento visceral de que o tempo tem uma flecha direcional, de que somos dirigidos para algum lugar, de que o futuro será concretamente diferente do passado, de que a história não está apenas movendo as peças num tabuleiro de xadrez já existente, mas está criando novas jogadas, com novas regras, em campos de jogo inteiramente novos.

No documentário de 2000, *No Maps for These Territories* [Não Há Mapas para Estes Territórios], William Gibson reflete sobre as realidades de nossas vidas tecnológicas em rápida mudança, observando: "O fator a-verdade-é-mais-estranha-que-a-ficção continua se erguendo diante de nós numa base razoavelmente regular, talvez mesmo exponencial. Acho que é algo peculiar a nosso tempo. Não acho que nossos avós tiveram de conviver com isso".

Estou totalmente de acordo com Gibson, cujas percepções dos efeitos da mudança tecnológica sobre a psicologia humana têm sempre um toque de autenticidade. Ele é um observador ambivalente, mas que faz previsões para o futuro da marcha transumanista. A palavra, no entanto, verdadeiramente interessante na citação de Gibson é "exponencial". É no significado desse termo que descobrimos a conexão entre os sonhos tecnológicos dos transumanistas e as noções emergentes de uma visão de mundo evolucionária. E foi Kurzweil quem estabeleceu o elo crucial — o elo com uma percepção que está agitando futuristas, desafiando tecnólogos e mudando o modo de pensarmos sobre a trilha da evolução humana.

AVISO: O FUTURO PODE ESTAR MAIS PERTO DO QUE PARECE

A lenda diz que um dia perguntaram a Albert Einstein qual era a força mais poderosa do universo. A resposta dele? *O juro composto.* Bem, se o grande físico algum dia realmente disse ou não essas palavras, é uma questão que deixaremos para os historiadores, mas a força da ideia não devia ser posta em dúvida. Eu me vi refletindo sobre esse pensamento recentemente, sentado no saguão da Kurzweil Technologies, em Wellesley, Massachusetts, esperando para falar com o homem que pôs o termo "singularidade" na boca da *intelligentsia*.

A força do juro composto está baseada numa fórmula simples: o juro obtido é adicionado ao principal original, tornando-se assim parte do cálculo da próxima cobrança de juros. A soma acumulada não apenas se altera pela adição regular de uma determinada soma ao principal original. Na realidade, ela cria um impulso próprio, por assim dizer. É por isso que todos os consultores dos planos de aposentadoria pedem que a turma na faixa dos 20 poupe dinheiro, mesmo que pouco, enquanto é jovem, devido às vantagens incríveis representadas pelos anos adicionais de rendimentos cada vez maiores. Esse é um princípio-chave do que Kurzweil gosta de chamar de "crescimento exponencial" — ele acelera enquanto se move para a frente. E continua acelerando [...] e acelerando.

Como jovem inventor, Kurzweil deparou-se com esse princípio no processo de tentar criar mapas de execução para seus projetos. "Quando acabava muitos de meus projetos, três ou quatro anos após a ideia original, o mundo era invariavelmente um lugar diferente", ele explicou. "A maioria das invenções fracassa não porque as pessoas não consigam fazê-las funcionar, mas porque o momento delas passou. E por isso passei a estudar seriamente as tendências da tecnologia e esse interesse ganhou uma vida própria."

Quando digo que Kurzweil é um inventor, não estou brincando. Tem o escritório coberto com os inúmeros prêmios nacionais e internacionais que suas criações acumularam no decorrer dos anos. E há fotos suas com artistas (Stevie Wonder se destaca), políticos (um deles era Bill Clinton apertando sua mão) e luminares de todos os gêneros, agradecendo-lhe por seu trabalho. Todas as suas invenções têm o mesmo tema — exibem o poder de novos tipos de tecnologia, frequentemente voltadas para causas humanitárias. Por exemplo, ele é o inventor do primeiro aparelho sintetizador de voz que permite que um cego leia, o que o transforma numa espécie de herói para as pessoas com deficiência visual no mundo todo. É também o criador do onipresente teclado Kurzweil, que permite que os sintetizadores eletrônicos criem sons indistinguíveis do som de um grande piano, bem como do de outros instrumentos orquestrais.

A Kurzweil Technologies é a nave-mãe de Kurzweil, um incubador de tecnologia que leva ideias novas e brilhantes, saídas do fundo de sua intuição, para os estágios de protótipo e experimentação e daí, finalmente, para o mercado, ponto em que, em geral, são distribuídas por diferentes empresas. Essas ideias incluem o FatKat, um orientador de investimentos baseado num *software* inovador de reconhecimento de padrões, e a Ray and Terry's Longevity Products, uma companhia que produz suplementos para uma vida longa. Os escritórios de Kurzweil são, também, a sede de sua equipe de tecnologia, que monitora atentamente as tendências tecnológicas que se destacam em cada momento.

"Tenho uma equipe de pessoas que reúne dados, avalia diferentes aspectos de diferentes tecnologias e então desenvolve modelos matemáticos deles", Kurzweil explicou. "A tendência mais significativa que essa investigação desvendou é que o ritmo da mudança está se acelerando."

Ele assinala que foi somente nos últimos séculos que as pessoas começaram a perceber que a tecnologia estava mesmo mudando ou, pelo menos, que havia uma coisa chamada "tecnologia". A revolução industrial mudou nossa percepção e hoje as pessoas encaram a mudança como uma constante. Mas, para Kurzweil, a mudança não é absolutamente uma constante. Ela está crescendo exponencialmente. "Segundo meus modelos", ele explica, "estamos, aproximadamente, duplicando a cada década o que chamo de 'taxa de mudança de paradigma', que é a taxa de progresso. Isso então significa que o século XX não foi uma centena de anos de mudança à taxa de mudança de hoje, porque estivemos acelerando. Foram, realmente, vinte anos de mudança à taxa de mudança de hoje. A mudança exponencial é muito explosiva; por isso, no próximo século, faremos cerca de 20 mil anos de mudança à taxa de progresso de hoje — aproximadamente mil vezes maior que no século XX, e esse século não foi preguiçoso com relação a mudança."

Percebe o que isso significa? Vinte mil anos de mudança no século XXI? Conversar com Ray Kurzweil é um pouco como entrar num campo de distorção da realidade, em que as percepções normais da mudança evolucionária de repente se aceleram espetacularmente. De novo, mudança *exponencial* é o conceito crucial aqui. Há um mundo de diferença entre mudança linear e mudança exponencial. E a mente humana, até o ponto em que consegue pensar na mudança, está condicionada a pensar em termos lineares. Os futuristas caem na mesma armadilha. Projetam o futuro baseados numa extrapolação razoável do presente, de crescimento linear no tempo. Faz todo sentido — apenas é errado. Pelo menos, segundo esta particular flauta mágica da singularidade.

"A maioria dos prognósticos sobre tecnologia, e daqueles que os fazem, ignora inteiramente essa visão histórica exponencial do progresso tecnológico", Kurzweil escreve em *The Singularity Is Near* [A Singularidade está Próxima]. "Na verdade, quase todos que encontrei têm uma visão linear do futuro. É por isso que as pessoas tendem a superestimar o que pode ser realizado a curto prazo (porque tendemos a deixar de lado detalhes importantes), mas a subestimar o que pode ser realizado a longo prazo (porque o crescimento exponencial é ignorado)."

Talvez a melhor parte da apresentação feita por Kurzweil sobre a importância da mudança exponencial seja sua conduta. Ele não é de modo algum perturbado por tudo isso. Kurzweil pode lhe falar da previsão mais fantástica, mais chocante para o futuro, com quase zero de emoção. Sua voz continuará caindo em registros mais baixos no final das frases, conservando tudo muito ordenado e livre de agitação. A mensagem transmitida é: "Estou me baseando em dados; outros falam o que lhes vem na telha". O contraste ente a natureza dramática da mensagem e o estilo propositalmente sem ênfase da apresentação cria uma dissonância cognitiva em minha mente — é como ouvir Ben Stein lendo "Howl", de Allen Ginsberg.* Alguns podem achar a coisa desconcertante, mas há também algo de fascinante nela. E, enquanto conversávamos, achei Kurzweil cordial, curioso e mesmo, às vezes, bastante engraçado — ainda que de modo contido, introvertido.

Vale a pena observar que ele pode muito bem ser a primeira pessoa na história a levar plenamente em conta a profunda diferença entre crescimento exponencial e linear, uma distinção que muitos julgam aplicável a inúmeros outros campos além da evolução da tecnologia de computação. De fato, Kurzweil tem toneladas de dados, gráficos e mais gráficos, um atrás do outro, mostrando como a evolução de qualquer tecnologia da informação segue uma curva exponencial. Todos nós conhecemos o famoso exemplo da "Lei de Moore", em que Gordon Moore, fundador da Intel, comentava que o número de transistores que podem se encaixar

* Ben Stein é um exemplo do conservador americano (começou a ficar conhecido como autor dos discursos de Nixon) e "Howl "(Uivo) é um dos poemas mais irreverentes da "geração *beat*". (N.T.)

num microchip duplica a cada dezoito meses. Isso é agora uma espécie de artigo de fé, no qual estão baseados ciclos inteiros de *design* e produção do Vale do Silício. Mas, segundo Kurzweil, a Lei de Moore é realmente reflexo de um princípio muito mais amplo. De fato, ele assinala, o paradigma do microchip já era a quinta geração de tecnologia da informação, e o crescimento exponencial atravessa cada geração desde 1890.

"É impressionante como esses gráficos são suaves", diz Kurzweil. "Veja as comunicações sem fio do código Morse, um século antes das redes 4G de hoje — suave crescimento exponencial há um século. É surpreendente como ele é previsível quando se considera que o que estamos medindo é a produção global da inovação, criatividade e competição humanas. Pensaríamos que isso seria imprevisível e, de fato, projetos específicos o são, mas o resultado global não é." Kurzweil mostra que essas tendências históricas de crescimento exponencial continuaram, apesar dos drásticos efeitos das duas guerras mundiais, da Grande Depressão e de muitos outros eventos culturais desastrosos. Nenhum deles alterou de forma significativa a curva de mudança. O que me traz à memória o comentário de Robert Wright sobre evolução cultural: imprevisível no micro, mas com tendências nitidamente progressistas no macro.

Ouvir Kurzweil falando é fazer uma viagem para um mundo de feitos tecnológicos que parecem mágica, existentes no futuro muito distante, e de repente comprimi-los em poucas décadas, ou mesmo anos, à nossa frente. Pegue a crise de energia. Segundo Kurzweil, o futuro tem respostas. Painéis solares combinados com nanotecnologia devem fazer o truque. "A produção de energia solar está dobrando a cada dois anos", ele me diz. "E está apenas a oito dobradas de alcançar 100% das necessidades energéticas do mundo. E temos dez mil vezes mais luz do Sol do que precisamos. Estamos inundados de energia." Escassez de água? O futuro tem respostas. "Estamos inundados de água... A maior parte dela está apenas suja ou salgada", diz ele. "Mas podemos lhe dar uma forma utilizável com novas tecnologias." Alimentos? "Podemos criar alimentos seguros e baratos sem nenhum impacto ecológico, usando vegetais de cultivo hidropônico e carne clonada em laboratório, sem animais. Até a PETA* aprova essa ideia." Remédios? Que tal glóbulos vermelhos robóticos, que são mil vezes melhores para conter

* *People for the Ethical Treatment of Animals* (Pessoas pelo Tratamento Ético dos Animais). (N.T.)

oxigênio que nossos próprios glóbulos vermelhos? "Você poderia ficar quatro horas sentado no fundo de sua piscina sem respirar, ou fazer uma corrida olímpica de quinze minutos sem tomar fôlego." Ou talvez você preferisse alguns glóbulos brancos robóticos, que são "extremamente mais poderosos que nossos glóbulos brancos comuns. Podem baixar *software* da internet e destruir qualquer tipo de agente patogênico". A lista continua e continua.

Um dos exemplos costumeiros de Kurzweil para ilustrar crescimento exponencial é o Projeto Genoma Humano, o esforço científico internacional para sequenciar o genoma humano. Iniciado em 1990, o projeto, que se supôs que duraria quinze anos, deparou-se de início com forte ceticismo. Críticos achavam que era uma meta absurda; que levaríamos gerações, senão mais tempo, para cumprir plenamente a ambiciosa tarefa. Na metade do projeto, as dúvidas permaneciam. Só 1% do genoma fora satisfatoriamente explicado. Certamente a iniciativa estava condenada ao fracasso. Mas, no universo exponencial de Kurzweil, as coisas estavam realmente andando muito bem. Como ele me explicou, com o crescimento exponencial, "você começa duplicando totais minúsculos e, no momento em que chega a 1%, está a sete duplicações de 100%. O projeto terminou antes do programado".

Fui envolvido pelo otimismo de Kurzweil, fiquei impressionado com seus dados e emocionado pela dedicação em fazer a tecnologia servir ao avanço humano. Mas fiquei particularmente interessado em como ele via todo o seu trabalho no contexto de uma narrativa evolucionária. "Minha tese é uma teoria da evolução", ele me disse, esboçando toda uma perspectiva sobre evolução que incorpora a ideia de mudança exponencial. Para Kurzweil, o crescimento exponencial não é alguma aberração temporária de nossa trajetória evolucionária; é, praticamente, o princípio definidor desde o início. Um dos modos pelos quais a evolução tem avançado na Terra, ele explicou, é que ela vem revelando a tendência de desenvolver "plataformas tecnológicas" inteiramente novas, sobre as quais a evolução poderia ocorrer. Teóricos chamam a isso "a evolução da evolução". "Assim que um processo evolucionário desenvolve uma aptidão", Kurzweil explica, "ele adota essa aptidão como parte de seus métodos de evolução. Então, o próximo estágio anda mais depressa. E os frutos do próximo estágio crescem exponencialmente." A Prova A desse princípio é o DNA. "Desenvolvê-lo demorou um bilhão de anos, mas depois a evolução biológica adotou-o e o tem usado desde então. O estágio seguinte, a explosão cambriana, foi cem vezes mais rápido." Kurzweil lembra que as pessoas tendem a imaginar o período cambriano, quando todos os contornos corporais dos animais se desenvolveram, como um período muito especial de criatividade. Mas, da perspectiva de Kurzweil, ele não é especial. Foi apenas o resultado natural de uma nova aptidão ou "tecnologia" tornando-se disponível para o processo. Finalmente, através de uma série desses estágios exponencialmente mais rápidos, o processo produziu uma espécie que podia criar suas próprias tecnologias, o que foi mais um salto exponencial. "Assim, a tecnologia humana e a evolução cultural são uma continuação do processo que gerou, antes de mais nada, a espécie criadora de tecnologia", conclui Kurzweil.

Dados os antecedentes de Kurzweil, não causa espanto ouvi-lo descrever o universo com esses termos tecnológicos. Contudo, foi fascinante para mim, ao conversar com Kurzweil, ver que ele também estava convencido da natureza profundamente *espiritual* do processo. "Na minha opinião", ele me disse, "a evolução é um processo espiritual." Evidentemente, chegou a essa conclusão por meio de uma dedução bastante lógica:

> O que acontece durante a evolução? As entidades ficam mais complicadas. Tornam-se mais instruídas e mais criativas, mais capazes de níveis mais elevados de emoções, como o amor. O que pretendemos dizer com a palavra Deus? Deus é um ideal, significando níveis infinitos de todas essas qualidades. Onisciente. Infinitamente belo. Infinitamente amoroso. E reparamos que, por meio da evolução, as entidades se movem para níveis infinitos, nunca realmente os alcançando, permanecendo finitas, mas explodindo exponencialmente para se tornarem cada vez mais cientes, cada vez mais criativas, cada vez mais belas, cada vez mais amorosas e assim por diante — movendo-se exponencialmente para esse ideal de Deus, mas nunca realmente o atingindo.

O DESTINO DA TERRA E DO COSMOS

Ray Kurzweil certamente não é o único pensador a destacar que a rápida expansão da tecnologia da informação não é uma aberração da trajetória da evolução, mas parte integrante dela. Na verdade, alguns dizem que estamos no meio do maior salto para a frente na proliferação da informação, desde que Gutenberg começou a usar sua prensa tipográfica em meados do século XV, ou mesmo desde os primeiros escritos no Egito e na Suméria e as primeiras tabuinhas cuneiformes. Parece, de fato, quase uma obviedade que o surgimento de nossa nova paisagem digital constitui um momento notável no desenvolvimento cultural. Kevin Kelly comparou, recentemente, a importância de nossa era e o nascimento da internet ao ponto de inflexão histórica de 2.500 anos atrás, conhecido como Era Axial, quando quatro das grandes religiões do mundo e diversos outros influentes sistemas filosóficos nasceram, todos no espaço de um século.

"Há somente um momento na história de cada planeta em que seus habitantes ligam pela primeira vez as inúmeras partes que o constituem para construir uma grande Máquina", Kelly escreve, com a força de imaginação comum a pensadores de convicções transumanistas. "Mais tarde, essa Máquina pode andar mais rápido, mas a hora de seu nascimento é única. Eu e você estamos vivos nessa hora. Deveríamos nos maravilhar, mas as pessoas vivas em momentos como esse geralmente não reagem assim."

Embora Kelly e Kurzweil tenham criticado o trabalho um do outro e suas cronologias do futuro variem, os dois compartilham o otimismo contagiante de parceiros tecno-evolucionários. E talvez devêssemos, como eles, nos maravilhar. Mas talvez devêssemos, também, sentir um toque de cautela. Afinal, para usar as palavras de William Gibson, "não há mapas para esses territórios". Não há manual de usuário para nossa "máquina" recentemente despertada, que cresce em conhecimento e poder.

O que é, na verdade, exatamente esta "máquina" que estamos criando? Qual é seu *status* ontológico? Ela é consciente? Está viva? É uma nova forma de inteligência? Esse nascimento é um evento que de fato levantou mil e uma questões filosóficas, para não mencionar dilemas espirituais e existenciais — visto que tentamos enfrentar as implicações em rápido desdobramento de nossa própria criação. Onde exatamente estará essa tendência digital nos anos vindouros?

Na primeira parte do século XX, Teilhard de Chardin fez previsões acertadas sobre a evolução de nossa inteligência coletiva. Mais de meio século antes da formação da internet, ele escreveu: "Ninguém pode negar que uma rede [...] de filiações econômicas e psíquicas está sendo tecida a uma velocidade cada vez maior, uma rede que nos envolve e penetra cada vez mais fundo dentro de cada um de nós". Gibson adicionou sua voz idealista ao caldo em 1984, quando escreveu, de novo em sua obra clássica *Neuromancer*, sobre uma futura matriz digital que era uma "alucinação consensual" com "ricas áreas de dados", onde se podia observar "brilhantes arranjos de lógica se revelando através desse vazio opaco".

Hoje, é no ambiente transumanista que encontramos algumas das mais interessantes, provocativas e, em geral, chocantes previsões do que poderá estar cruzando nosso caminho nos anos e séculos à frente. Na verdade, muita gente tem sido capaz de perceber que nossas redes de comunicações globais, tomadas em conjunto, parecem estar constituindo uma coleção de conexões que tem estranhas similaridades com as estruturas que constituem um cérebro humano. Será, então, a internet o equivalente a uma mente global? E, ainda mais relevante, se ela estivesse se tornando consciente, conseguiríamos sabê-lo? A velocidade a que essa nova mente global vem nascendo estimula compreensivelmente os profetas.

No entanto, mesmo que paremos bem antes de declarar que a internet é um cérebro global, algo de importância evolucionária está acontecendo no casamento de tecnologia, biologia e matéria. Quando reflito um momento sobre o poder de meu último *smart phone*, é como se a matéria do próprio telefone tivesse passado a existir com inteligência e poder. É uma analogia com a vida? Pense na diferença entre a matéria numa rocha e a matéria num organismo vivo. A matéria nos organismos vivos alcançou um tipo de liberdade, autonomia, mobilidade e inteligência de que a matéria não viva jamais se aproxima. Será, então, que a diferença entre um iPhone inteligente e uma rocha muda equivale ao mesmo tipo de salto evolucionário? Para alguns transumanistas, esta é a essência do processo evolucionário: despertar a matéria, impregnando-a de inteligência e informação.

Como de hábito, Kurzweil tem uma opinião séria e radical sobre a ideia. "A meu ver", ele me disse, "acabaremos saturando toda matéria e energia em nossa área do universo com nossa inteligência, que depois se disseminará para o universo inteiro, à mais rápida velocidade com que a informação pode fluir. Finalmente, o universo inteiro, essencialmente, despertará. Em última análise, tudo o que chamamos de matéria e energia inertes no universo será transformado em matéria e energia de sublime inteligência. É o destino final do universo."

Essas declarações podem parecer grandiloquentes e especulativas, mas lembre-se de que Kurzweil baseou grande parte de sua carreira na bem informada extrapolação de tendências correntes para o futuro, e não está disposto a abandonar o navio apenas porque as molduras de tempo estão se tornando cósmicas e as conclusões, não convencionais. Realmente, ele foi uma das pouquíssimas pessoas, com a possível exceção de algum raro físico ou visionário espiritual, a chamar atenção para um fato sobre a evolução futura do universo, que é ao mesmo tempo completamente sensato e completamente extraordinário. Ele assinala que a maioria das especulações sobre o futuro do universo não leva em conta a evolução da vida inteligente. A maioria dos teóricos ignora completamente sua influência. Mas isso não faz sentido. Se considerarmos apenas nossa própria evolução nos últimos dez mil anos, para não mencionar a evolução de quaisquer outras formas de vida inteligente que possa haver lá fora, e depois extrapolarmos esse processo para vários bilhões de anos, pareceria razoável supor que nós (significando qualquer forma de vida inteligente para a qual tenhamos evoluído) podemos ter atingido tamanho grau de inteligência, sofisticação e tecnologia que passamos a ter influência no destino cósmico do universo. É uma boa noção para confundir a mente, mas, como mostra Kurzweil, em seu estilo tipicamente prosaico, é simplesmente uma conclusão razoável a tirar dos dados:

> A consequência da Lei dos Retornos Acelerados é que a inteligência na Terra e em nosso sistema solar se expandirá extremamente com o passar do tempo.
>
> O mesmo pode ser aplicado a toda a galáxia e de uma ponta à outra do universo... Será que o universo acabará numa grande implosão, ou numa expansão infinita de estrelas mortas, ou de alguma outra maneira? Em minha opinião, a questão básica não é a massa do universo, a possível existência de antigravidade ou a chamada "constante cosmológica" de Einstein. Na realidade, o destino do universo é uma decisão ainda a ser tomada, uma decisão sobre a qual iremos refletir de forma inteligente no tempo certo.

Se virmos a inteligência como sendo meramente o resultado mais extremo de um processo evolucionário longo e linear, que simplesmente prosseguirá numa trajetória futura, indiferente às consequências de suas criações, talvez não haja razão para refletir sobre o papel da inteligência na definição do destino da Terra ou do sistema solar, muito menos de forças num nível cósmico. Contudo, se a inteligência é uma propriedade emergente numa curva exponencial, outro elemento modificador do jogo, na longa história das criações modificadoras do jogo da evolução, confiar nas forças cegas da física para determinar o futuro do universo pode não ser mais seguro do que confiar que forças puramente "naturais" determinarão a forma futura de uma geleira alpina. Como estamos aprendendo, o poder da inteligência, para o melhor ou para o pior, desempenha um vigoroso papel no segundo caso e, acredite ou não, poderá um dia desempenhar um papel no primeiro caso. A única diferença é a escala.

UMA ONTOLOGIA DA INFORMAÇÃO

Em seu livro de 2009, *The Nature of Technology: What It Is and How It Evolves* [A Natureza da Tecnologia: O Que é e Como Evolui], o economista W. Brian Arthur explora as semelhanças entre biologia e tecnologia, chegando à conclusão de que, com o passar do tempo, elas estão cada vez mais se tornando sinônimas. Arthur assinala que, à medida que vai ficando mais sofisticada, nossa tecnologia começa a parecer menos mecanicista e mais orgânica, assumindo muitas das funções e propriedades que associamos a organismos vivos. Ele também assinala que, quanto mais sofisticada é nossa compreensão da biologia, mais entendemos os mecanismos extraordinariamente sutis e complexos que constituem os processos de nossas vidas biológicas, mais reconhecemos a natureza essencialmente mecanicista de todas as partes e processos interagentes. Ele escreve:

> Pelo menos conceitualmente, a biologia está se tornando tecnologia. E, fisicamente, a tecnologia está se tornando biologia. As duas estão começando a se aproximar uma da outra e, de fato, à medida que nos aprofundamos na genômica e na nanotecnologia, mais do que isso: elas estão começando a se entrelaçar.

Mas Arthur é tanto economista quanto um teórico da complexidade e, assim, a ideia de que a biologia é, em última análise, apenas tecnologia, de que a vida é essencialmente uma função de processos materiais muito complexos, produzindo formas de ordem mais elevadas, é algo com que está naturalmente familiarizado. Mas seja o que for que finalmente se conclua sobre a natureza da vida, a ideia de que biologia e tecnologia estão cada vez mais próximas tem algumas implicações muito importantes. Como elas estão conectadas? Aqui nos deparamos com uma convicção que é muito importante compreender quando se trata de transumanismo: *tudo é informação.*

Para examinar as percepções do transumanismo, temos de entender que papel crucial a informação desempenha na compreensão transumanista da realidade. Indivíduos com inclinações espirituais podem repudiar esses tecnofuturistas como materialistas, mas passei a acreditar que essa caracterização não é exata. Não são materialistas nem espiritualistas; são informacionalistas. Têm uma ontologia da informação, poderíamos dizer. Lá, nas fundações da realidade, onde alguns veem espírito e outros veem matéria, eles veem informação. É o bloco de construção de sua visão de mundo. Como Kurzweil explicou em certo ponto de nossa conversa: "Criaturas vivas são informação. A biologia é um processo de informação". No universo de Kurzweil, o que está, em última análise, evoluindo não é a vida, nem a matéria, nem seres, nem mesmo a consciência, mas a complexidade e sofisticação da informação.

Os físicos há longo tempo tendiam a pensar o universo com base nas máquinas mais complexas de sua época. Lembra de quando o universo era como um relógio? Faz sentido que hoje os cientistas pensem que ele é um gigantesco processador de informação. Nossa compreensão emergente do papel da informação em todos os tipos de processos físicos, biológicos e evolucionários representa um movimento importante, para fora do universo "bola de bilhar" do passado da ciência, onde tudo podia ser reduzido a minúsculas partículas que se reuniam e colidiam umas com as outras. E como a informação, enquanto conceito, está muito mais intimamente relacionada à ideia de inteligência, quando falamos sobre a evolução do processamento da informação naturalmente atribuímos um valor mais elevado ao papel da inteligência no processo evolucionário. Era a inteligência de nível humano um resultado inevitável, ou pelo menos provável, do processo evolucionário? Num universo carregado de informação, a resposta certamente teria de ser sim.

Uma ontologia da informação fica ainda mais rica quando pensamos no trabalho do filósofo David Chalmers, idealizador da acima mencionada conferência sobre a consciência de Tucson, um acadêmico rebelde, mas extremamente respeitado, que apresentou uma teoria da consciência que dá, à informação, um papel central e sugere que tanto a matéria quanto a experiência subjetiva são "duplos aspectos" da informação. Ele sugere uma "concepção do mundo em que a informação é realmente fundamental e na qual ela tem dois aspectos básicos, correspondendo aos traços físicos e fenomênicos do mundo". Em outras palavras, Chalmers sugere que tanto a consciência (fenomênica) quanto a matéria (física) são, em certo sentido, resultado de um mundo construído a partir da informação. Não é por acaso que, respondendo a uma pergunta minha, Kurzweil citou Chalmers como seu filósofo preferido.

Minha intenção não é endossar o ponto de vista de Chalmers, ou dizer que representa o modo exato como Kurzweil e outros transumanistas veem o universo evolucionário. Na realidade, é mostrar que há ideias poderosas na vanguarda da ciência e da filosofia que nos fazem ultrapassar os dualismos fáceis do passado, e misturam as classificações polarizadas de ciência, tecnologia e espiritualidade. Elas encorajam os cientistas a não descartar a consciência como preocupação de românticos fracos de espírito. E encorajam aqueles com inclinações espirituais a resistir a seus impulsos luddistas* e à associação excessivamente comum dos mecanismos da tecnologia com um universo material frio, indiferente. Uma visão da evolução rica em informação não precisa ser redutiva ou sem alma. Mesmo os teólogos têm observado essa verdade, lembrando que se Deus, ou o Espírito, trabalha de modo misterioso, um dos mistérios pode ter relação com esse poder, difícil de classificar, da informação no processo evolucionário. "O modo tranquilo, discreto, com que a informação se insinua na química da vida", escreve o teólogo evolucionário John Haught, "serve para demonstrar que pode haver um tipo de influência operacional na natureza que não seja redutível a pura força material."

VIVER TEMPO SUFICIENTE PARA VIVER PARA SEMPRE

Há algumas implicações um tanto interessantes que fluem de uma visão de mundo baseada em informação. A primeira, e talvez mais significativa, está captada no

* Luddistas são os contrários à mecanização do trabalho e que defendiam a destruição das máquinas no início do século XIX, na Inglaterra. (N.T.)

título de um dos livros de Kurzweil, *Live Long Enough to Live Forever*. Pense nisso: se a essência do que constitui um ser humano não é o corpo físico ou o cérebro, nem alguma alma imaterial, mas *informação*, seria teoricamente possível remover um ser humano do substrato físico — remover o *software* humano, em outras palavras, os padrões de informação que constituem o *self*, do *hardware* físico. Na verdade, talvez fosse possível fazer um ser humano passar de um corpo a outro sem causar dano fundamental à pessoa — dano como, digamos, a morte.

"Por fim, vamos poder transcender, e transcenderemos, nossas limitações biológicas", diz Kurzweil com sua habitual voz sem modulação. E deve ser dito que ele pôs seu dinheiro e corpo onde está sua boca. Toma uma ou duas centenas de suplementos todo dia, no essencial curou-se a si mesmo de diabetes e iniciou um extraordinário regime de saúde, que relatou em vários de seus livros sobre o tema. A esperança — e é uma esperança que compartilha com muitos transumanistas, incluindo o cientista inglês Aubrey de Grey — é que possamos descobrir meios de retardar radicalmente o processo de envelhecimento, para "curar o envelhecimento", como Grey explica. A cronologia que estão considerando é de anos e décadas, não séculos. Não vai, absolutamente, demorar para termos pessoas vivendo até 120, talvez 150 anos. E, dado o crescimento exponencial, quem sabe o que o termo "cidadão sênior" significará depois que a singularidade der o seu empurrão? "O primeiro com mil anos de idade é provavelmente menos de vinte anos mais novo que o primeiro com 150 anos de idade", diz Grey.

Kurzweil acredita que, nas décadas de 2030 e 2040, já estaremos bem a caminho de transcender as muitas limitações de nossos corpos biológicos. "Não há um único órgão do corpo que já não esteja sendo aumentado. Isso está apenas num estágio razoavelmente inicial. As pessoas dizem: 'Oh, eu gosto do meu corpo biológico', mas não vamos ficar limitados a um só corpo biológico; teremos múltiplos corpos biológicos." Essa previsão não depende apenas de crescimento exponencial; depende de um salto de fé metafísico. Sim, se a essência de Carter Phipps ou a essência de Ray Kurzweil é informação, e o tipo de informação que pode ser captada por tecnologia humana, isso poderia realmente fazer sentido, por mais incrível que pareça. Se nossa identidade pode ser armazenada em *bits* e *bytes* de dados altamente organizados, certamente pode ser deslocada para diferentes substratos biológicos. Mas vamos falar sem rodeios: isso é um enorme, gigantesco, *se*. É o tipo de pequena fatia de possibilidade, contudo, que já inspirou muito entusiasmo. Na verdade, esse cenário tem sido mencionado como "o êxtase dos *nerds*". Assim, se vamos ou não "curar [biologicamente] o envelhecimento" a longo prazo, é um ponto discutível para entusiastas da singularidade. O que importa, no entanto, é que sobrevivamos por tempo suficiente para a tecnologia nos permitir a transferência para a imortalidade, que vivamos tempo suficiente, como dizem eles, para viver para sempre no "júbilo imaterial do ciberespaço". Afinal, *a carne é complicada.*

Eu e meus colegas vimos há anos comentando com frequência que um dos subprodutos de adotar uma visão de mundo evolucionária é a tentação de adotar a ideia da imortalidade. Temos, particularmente, observado essa tendência entre evolucionários espirituais e temos especulado que existe algo na força de um profundo otimismo evolucionário, um senso genuíno da possibilidade e do potencial quase incríveis no nível da consciência, que pode levar à conclusão equivocada de que a evolução está destinada (no futuro próximo) a dar à consciência poder sobre a matéria. Vemos isso em muitas tradições espirituais esotéricas do Ocidente, nas quais o "corpo de luz" é com frequência abordado como uma espécie de meta espiritual extrema — a ideia de que os níveis mais elevados de evolução envolvem uma transfiguração da carne. Ideias semelhantes podem ser encontradas nas margens esotéricas do cristianismo e na tradição yogue do hinduísmo. A imortalidade também faz uma aparição na filosofia evolucionária de Sri Aurobindo, cuja obra, por sua vez, influenciou o foco de Michael Murphy em novas aptidões físicas surgindo na espécie humana, um tema que ele pesquisou e investigou cuidadosamente num livro impressionante, *The Future of the Body* [O Futuro do Corpo], embora Murphy não argumente a favor da imortalidade. Sem dúvida, há expressões menos plausíveis e mais plausíveis desse impulso básico.

Assim, talvez não seja de todo inesperado ver o tema da imortalidade despontar também do lado tecnológico da revolução da evolução. Isso significa que devíamos descartar todas essas especulações como fantasias sem base? Admito que prolongar nossa vida biológica indefinidamente ainda me parece forçado, e transformar dramaticamente nossos corpos com nossas mentes, mais ainda. Num mundo, contudo, onde os períodos de vida são sempre crescentes e a ciência está avançando dia a dia, longe de mim a intenção de estabelecer qualquer limite definitivo sobre o que é possível. Não devíamos esquecer que acrescentamos trinta anos à nossa expectativa de vida no decorrer do último século. Mas, independentemente do que acabemos por concluir sobre noções referentes à ciência ou ao espírito, a coisa mais incrível é observar a fonte comum — evolução. Adotar o poder e o potencial de uma visão de mundo evolucionária, e adotar a fé no futuro que ela representa — esteja essa fé associada a tecnologia ou consciência —, é adotar um futuro com limites radicalmente ampliados.

Transmitir nossa consciência para computadores é certamente um cenário extravagante de ficção científica, sobre o qual se pode especular tomando um bom Bordeaux (afinal, tem sido mostrado que componentes do vinho possuem vigorosas propriedades antienvelhecimento). Mas podemos avaliar os desafios e potenciais evolucionários dessas novas tecnologias e seus efeitos ambíguos sobre nossa humanidade sem presumir cenários tão radicais. Costumo achar engraçado ver como é intensa a preocupação, na comunidade da singularidade, com o impacto final de tecnologias inexistentes, de criação inteiramente não provada. Na verdade, os transumanistas são particularmente inclinados a se envolver em dilemas morais hipotéticos, que podem estar se colocando um pouco à frente da tecnologia. Hugo de Garis é um exemplo destacado dessa tendência, visto que tem provocado considerável temor de que estaríamos nos dirigindo para uma inevitável "guerra da inteligência artificial", antes do fim do século XXI, entre os que adotam a inteligência artificial (*cosmists*) e os que a rejeitam (*terrans*). De fato, ele dedicou um livro inteiro, *The Artilect War* [A Guerra da Inteligência Artificial], ao tema. É uma guerra que matará bilhões, ele insiste. Aprecio a insistência para que enfrentemos as mudanças tecnológicas vindouras com um pouquinho de preocupação, previsão e ponderação sinceras, mas há também um limite para o montante de energia emocional que devemos investir em dilemas morais hipotéticos, que se apoiam inteiramente em tecnologias desconhecidas, elas próprias se apoiando inteiramente em saltos de fé metafísicos! Em outras palavras, não perca o sono com a futura guerra da inteligência artificial [...] por enquanto.

Não obstante, os transumanistas têm várias peças importantes dessa visão de mundo evolucionária que estamos formando. Adotaram mesmo o lado material, ou informacional, do avanço da evolução. Estão fazendo uma importante defesa da ideia de que a tecnologia de criação humana, com toda a sua maravilhosa promessa e perigoso potencial, não é uma aberração da natureza, mas uma expressão essencial da obra da natureza. Sim, podem levar essa questão a seus extremos lógicos, mas, se quisermos dar forma a uma visão de mundo que não se esquive do futuro, que possa encarar a realidade da vida na tensão de enfrentamento de algum tipo de singularidade, quando quer que ela venha e seja lá como possa parecer, não podemos nos esconder do futuro e das consequências de nossas revoluções tecnológicas. De novo parafraseando Stewart Brand, a humanidade já está brincando de Deus e seria melhor que ficássemos bons na coisa.

Tornar-se bom em brincar de Deus, eu suspeito, significará uma compreensão muito mais profunda e mais aguçada da evolução da cultura humana, dos valores humanos e, em última análise, da própria consciência humana. Na verdade, se há um calcanhar de aquiles no movimento transumanista, eu diria que é sua tendência a simplificar ao máximo a natureza da mente e da consciência, bem como a de fundir em excesso consciência e complexidade informacional. É um ilusionismo ontológico que, uma vez empregado, permite toda uma série de resultados imaginados, que, de outro modo, poderiam não ser plausíveis ou estar fora de cogitação. Mas também quero dizer que, em minhas conversas com Kurzweil, ele expressou um interesse autêntico, amplo, pelo tema da consciência. Evidentemente, a consciência é um tema difícil para qualquer teórico e os evolucionários não são exceção. E assim, tendo explorado os limites externos da evolução material e tecnológica, é para esta dimensão interna da vida que agora nos voltamos.

PARTE III
RECONTEXTUALIZANDO A CULTURA

Capítulo 8
O UNIVERSO INTERNO

Oh, que mundo de visões invisíveis e silêncios ouvidos, este país insubstancial da mente!... Um país introcósmico que é mais eu mesmo que qualquer coisa que eu possa encontrar num espelho. Esta consciência, que é o eu mesmo de si mesmo, que é tudo e, no entanto, é absolutamente nada — o que é? E de onde veio? E por quê?

— *Julian Jaynes,* The Origin of Consciousness in the Breakdown of the Bicameral Mind

B*lém... Blém... Blém...* Os sinos da igreja repicaram no ar fresco da manhã no topo da montanha sagrada. O sol tinha acabado de se erguer sobre os típicos penhascos escarpados de Montserrat, Espanha, e esse venerável despertador anunciava a chegada do novo dia, chamando os peregrinos para o trabalho e o culto. Mas eu não precisava despertar. Os sinos pareceram tocar dentro do meu corpo, ecoando de um lado para o outro em minha consciência. Eu estava sentado ereto, perfeitamente imóvel, meditando calmamente enquanto os primeiros raios do sol caíam sobre as ruas antigas. Estava no meio de um retiro de dez dias, realizado junto à catedral naquele ponto de peregrinação.

Nada melhor do que não fazer nada para a pessoa ter noção do mistério da consciência. Um pensamento mudo surgiu em minha mente como bolha de água se formando na vastidão do oceano. Lenta, silenciosamente, deixou-se levar, foi sumindo na distância e o oceano interior ficou novamente calmo. E, por um momento, "oceano" foi a palavra certa, visto que meu mundo interior parecia vasto, espaçoso, extremamente abrangente. De fato, não parecia absolutamente estar dentro de mim; eu parecia estar dentro *dele*.

Não estava sozinho no meu devaneio sereno. Tudo ao redor do grande salão eram homens e mulheres de várias idades e formações, sentados em calma atenção, focados para dentro, corpos imóveis. Meditando todos os dias com mais duzentas pessoas, descobre-se um tipo singular de camaradagem e intimidade, que nada tem a ver com a distração da conversa ociosa, o choque e convergência de personalidades ou a intensidade de emoções compartilhadas. Nessas horas de silêncio, fronteiras e barreiras começam a se dissipar, o que pode dar temporariamente a impressão de que duzentas pessoas estão compartilhando o mesmo campo meditativo, uma consciência interior especial. Nas meditações mais profundas do retiro, posso lembrar dos pensamentos surgindo e de, por um momento, não ter ideia se uma determinada bolha daquele vasto mar interno era realmente meu pensamento ou o de outra pessoa.

No final de cada dia, enquanto o sol completava sua viagem por trás da montanha "denteada", eu dava uma longa caminhada seguindo as trilhas íngremes em direção às elevadas passagens que cercavam os picos mais altos. Aqui e ali, pequenos templos e santuários, antigamente abrigos para monges reclusos, salpicavam a paisagem árida, mas bela. Os peregrinos religiosos vinham contemplando Deus nessas encostas desde o século XII. Naquelas ásperas ladeiras dominando o campo catalão, eu pensaria na consciência.

Questões sobre as origens e o significado da consciência parecem hoje cada vez mais comuns. É como se mais e mais pessoas de ambos os lados da cerca da ciência e do espírito estivessem tentando melhorar nossa compreensão do que é de fato essa dimensão interior. Os cientistas parecem ter reparado que não há nada no relato existente de nossa história de origem que explique com facilidade os mistérios que se encontram na mente do ser humano. Como Robert Wright assinalou: "Embora eu ache que a seleção natural proporciona uma explicação satisfatória [da evolução], também acho que continua a haver um enorme mistério e que é por isso que a consciência, ou senciência, existe, porque há experiência subjetiva. E não acho que seja grande o número de biólogos evolucionários que têm noção da profundidade desse mistério". É esse notável mistério que tem inspirado uma nova geração de teóricos e pesquisadores a explorar suas máquinas de fMRI* e tomógrafos computadorizados em laboratórios de todo o país, esperando que melhores varreduras do cérebro material nos deem pistas do funcionamento da mente. Mas, mesmo quando a ciência começa a fazer perguntas antes consideradas imateriais, literal e figurativamente, algo mais também está acontecendo. Muitos teóricos com inclinações espirituais estão questionando suposições anteriores e indo além das capas mágicas, míticas e místicas que obscureceram por tanto tempo esse tema fundamental.

Sábios e místicos têm afirmado, há séculos, que a dimensão interior da consciência é, de fato, mais real que até mesmo os objetos físicos mais tangíveis do mundo externo, e antigos movimentos filosóficos, remontando aos primeiros gregos, certamente alimentaram todo tipo de explicação sobre qual poderia ser o significado da percepção humana que reflete sobre si mesma. Mas, na maioria das vezes, os teólogos têm refletido sobre as origens divinas da consciência, os cientistas sobre as origens materiais do cérebro, e os filósofos têm, mais ou menos, saltado desconfortavelmente entre eles.

Enquanto eu seguia os estreitos caminhos da montanha, um vento forte fustigava meu rosto, trazendo com ele uma névoa que, movendo-se com rapidez, foi pouco a pouco envolvendo os picos e precipitando-se pelas encostas. Pensei na declaração de Henri Bergson, de que a consciência é o "princípio motivador da evolução". Assim como eu podia ver a névoa correndo pela face da montanha, mas não podia ver a verdadeira fonte de sua mobilidade, o vento que a fazia avançar, Bergson achou que a vida e a matéria eram, como a névoa, transportadas pela corrente da própria consciência, apanhadas pela grande rajada evolucionária dessa força criativa vital, mas invisível. Concluir que a matéria é o único motor evolucionário, sugeriu ele, é cometer o erro de presumir que, de alguma forma, as nuvens estão se movendo sozinhas, quando de fato nuvens, correntes de ar e condensação integram todas um mesmo sistema, parte dele visível, parte invisível.

No silêncio do retiro e da meditação, é essa dimensão invisível que se move para a frente da percepção. A pessoa se torna consciente de como é profundo o nível em que os seres humanos possuem este espaço interior, este mundo inter-

* Sigla em inglês de Ressonância Magnética Funcional (*Functional Magnetic Resonance Imaging).* (N.T.)

no. A consciência se torna menos uma tela de fundo, supostamente evidente no drama em processo da vida, e mais uma presença viva, enriquecida com um senso ampliado de profundidade, sentido e importância. Vivemos numa cultura concentrada, em grande parte, em imagem externa e preocupações superficiais, e ao menos naquele momento, enquanto caminhava pelas trilhas rochosas por onde monges beneditinos tinham um dia peregrinado em busca de solidão espiritual, foi um alívio ter a liberdade de dar às dimensões interiores a atenção que elas bem merecem.

"O espaço que você descobre na meditação não é apenas um lugar tranquilo dentro de sua cabeça", comentara na noite anterior Andrew Cohen, o mestre espiritual que estava liderando o retiro. "É uma dimensão da própria realidade — uma dimensão do cosmos. É o *interior* do cosmos. O interior do cosmos não é o lado de dentro daquela montanha — isso ainda é a dimensão exterior. O interior do cosmos é *sua experiência de consciência.* O exterior do cosmos é matéria. É o que vemos à nossa volta e o que podemos ver se olharmos por um telescópio — ao que parece, podemos contemplar os verdadeiros primórdios de nosso universo material. Mas a dimensão interior é consciência. O cosmos não está apenas 'lá fora'; ele está 'aqui dentro'."

O que Cohen estava compartilhando conosco era um modo relativamente novo de examinar a experiência da consciência, penetrando um pouco na complexidade filosófica que cerca a questão e conectando-a com a realidade de um mundo em evolução. Embora antigos profetas místicos possam ter meditado sobre os abismos interiores de uma informe, intemporal consciência-sem-um-objeto, e declarado que "apenas *isso* é real", e cientistas contemporâneos possam preferir contemplar as trilhas mais prosaicas da matéria e declarar que apenas *isso* é real, eu prefiro fazer uma abordagem "não só/mas também" desse antigo enigma. Sim, o mundo interior, subjetivo, é bastante real. A consciência existe como uma verdade viva de nossa experiência interior, mas não é alguma substância alternativa operando de modo completamente independente do universo físico, como Descartes um dia pensou. É, mais exatamente, a dimensão *interior* do cosmos, a face não física da moeda física, por assim dizer. O interior e o exterior, consciência e matéria, não podem ser separados, sugere esta perspectiva. Esse cosmos interno, esse mundo de entendimento, subjetividade, percepções, ideias, emoções e assim por diante, não é um episódio sem importância no drama cósmico, um simples efeito sombrio dos neurônios em nosso cérebro, mas uma parte legítima da realidade, costurada ao tecido ontológico de um universo (ou multiverso?) que talvez se mostre ainda mais notável do que mesmo os teóricos de visão mais ampla do departamento de física possam ter suposto.

Na verdade, "consciência" é provavelmente uma palavra canhestra para esse universo interno, um termo muito geral que tende a pintar com uma pincelada uma tela de sutileza muito maior. Por exemplo, há o que tem sido chamado "consciência pura" ou experiência da percepção em si, a consciência da meditação mística, também mencionada como "consciência sem um objeto", "consciência primordial", como os budistas a chamaram, ou "fundamento do ser", expressão popularizada pelo teólogo Paul Tillich.* E depois há pensamentos internos, estruturas psicológicas, emoções, valores, convicções etc., que também associamos a esse mundo interno. E isso é só o começo. Se os esquimós, como diz a lenda, têm vinte palavras para "neve", talvez um dia, numa era mais esclarecida, tenhamos vinte nomes que distinguirão mais precisamente as diferentes dimensões do universo interno. Mas, por ora, uma terá de ser suficiente.

Uma visão de mundo evolucionária oferece pelo menos duas noções críticas quando se trata da consciência. A primeira, *a consciência evolui.*** O universo interno, como quase todos os outros aspectos da realidade quando vistos de uma perspectiva evolucionária, não é estático. Não é fixo. Não está inscrito em pedra por um Deus de Abraão ou um código genético. A evolução está acontecendo também nessa dimensão. O eu se desenvolve e evolui. A consciência humana se desenvolve e evolui. A evolução, nesse modo de olhar para as coisas, não pode ser reduzida ao mundo físico, às sinapses de mudança no fundo das estruturas do cérebro. Isso também está ocorrendo no fundo das dimensões interiores de nossas vidas subjetivas.

A segunda noção é talvez ainda mais importante. Não é apenas nosso universo subjetivo pessoal que evolui. São também nossas vidas internas *compartilhadas*,

---

* A expressão é uma tradução do alemão *Wesengrund* e foi usada tanto por Husserl quanto por Heidegger antes de Tillich. Tillich tirou a expressão do *Sein und Zeit*, de Heidegger.

** Tecnicamente, pode haver certos tipos de consciência que não evoluem. A maioria dos teóricos sugere que a consciência primordial pura, ou "fundamento do ser", não evolui. Mas todos os outros objetos ou estruturas encontrados no cosmos interno estariam sujeitos ao processo evolucionário.

nosso interior coletivo. Como experimentei naquele retiro, a consciência não é meramente um assunto privado, um contêiner interior e pessoal, lacrado, de subjetividade. Seria uma maneira falsa de pensar sobre a dimensão interior. Até certo ponto, compartilhamos o universo interno com outros. Quando medito num belo topo de montanha na Espanha com mais duzentas pessoas, não estamos apenas experimentando duzentos mundos interiores distintos. Estamos participando de um campo coletivo de consciência — não é uma experiência subjetiva, mas *inter*subjetiva. E esse espaço intersubjetivo, que pode ficar mais intensificado num cenário como o daquele retiro, é de fato uma dimensão que existe todo tempo, independentemente de qualquer experiência particular.

Esclarecendo melhor, essa dimensão intersubjetiva é *cultura*. Frequentemente, quando usamos o termo "cultura", pensamos em suas muitas *expressões* exteriores — música, arte, moda ou instituições sociais e políticas. Mas outro modo de pensar em cultura é vê-la como uma dimensão que existe *dentro* de *nós* — o interior do coletivo. A escritora Jean Houston a descreve como o "tecido vivo da experiência compartilhada". É onde vivem sentido, valores e acordos — um mundo real, interno, que é, vou propor, parte da dinâmica evolucionária do universo. Temos passado uma considerável soma de tempo neste livro discutindo o tópico das visões de mundo — sua realidade, sua influência e sua importância para compreender a cultura. Reconhecer a existência dessa dimensão intersubjetiva nos permite aprofundar esta compreensão — ver o verdadeiro "lugar" em que as visões de mundo se formam e se desenvolvem. Afinal, uma visão de mundo é uma coleção de valores, crenças e acordos compartilhados, e onde vivem essas constelações culturais senão no espaço interior entre nós?

Em nossa sociedade materialista, onde muita gente tem muita dificuldade até mesmo para reconhecer a legitimidade da consciência subjetiva, quanto mais a realidade desse conceito relativamente novo chamado "consciência intersubjetiva", tais afirmações exigem que nos afastemos de nossos padrões habituais de pensamento. Elas nos pedem para aceitar a possibilidade de que possa haver mais coisas em movimento sob a superfície da sociedade, nos corredores subterrâneos de nossa consciência coletiva, do que até então concebemos. Como vamos ver, há neste livro poucos alertas mais importantes ou mais úteis quando se trata de avaliar a nova perspectiva de uma visão de mundo evolucionária.

Neste livro, até agora, estivemos basicamente explorando as manifestações mais convencionais do processo evolucionário: o desenvolvimento da tecnologia, a complexidade social, os arranjos cooperativos, a novidade e assim por diante. Nos capítulos seguintes, estarei deixando para trás essa trilha batida e examinando com o que a evolução se parece quando voltamos nossa atenção para os domínios interiores da consciência e da cultura. Atualmente, isso é mais do domínio da filosofia que da ciência, mas, como veremos, os princípios evolucionários que estão sendo revelados nessa dimensão interna são notavelmente coerentes com os que estão sendo mapeados por cientistas no mundo exterior. Encarando-os como guias nesse território intangível, estarei me aproximando da obra de uma série de indivíduos que tiveram um papel central nos presentes esforços para recontextualizar, tanto a consciência quanto a cultura, sob uma luz evolucionária.

A FILOSOFIA E A NOOSFERA

Ao retornar de minha temporada no cume da montanha espanhola, estava revigorado e inspirado. Sem dúvida, minha imersão espiritual no mundo interior da consciência havia se aprofundado consideravelmente durante o retiro, mas não desconfiava que minha própria compreensão filosófica do terreno estava prestes a dar também um salto à frente. O catalisador para esse salto foi o manuscrito de um livro que eu recebera recentemente — *Integral Consciousness and the Future of Evolution* [Consciência Integral e o Futuro da Evolução], de Steve McIntosh, um homem que provaria ser um guia astuto para a dinâmica do que ele chamava "o universo interno".

McIntosh é o fundador do Now & Zen, um pequeno negócio em Boulder, no Colorado, que tem conhecido um sucesso modesto vendendo "relógios digitais Zen", extremamente trabalhados, nas últimas duas décadas. Formado originalmente em Direito, ele frequentou a Universidade da Virgínia, de grande prestígio, onde treinou a mente nos caminhos da lei e se deteve nas obras do grande fundador da universidade, Thomas Jefferson. Lá, junto às belas trilhas que o próprio Jefferson ajudara a projetar, McIntosh pensou nas grandes realizações de nossos pais fundadores. Adquiriu uma admiração mais profunda por como tinham assumido a nova visão de mundo do modernismo, que estava apenas começando a ser aceita na cultura do século XVIII, e a aplicado ao governo, ajudando a criar a primeira nação construída a partir das bases lançadas pela filosofia do Iluminismo. Décadas mais tarde, foi seu contínuo interesse pela política que levou a nossas primeiras conversas — eu estava trabalhando num artigo sobre seus esforços para despertar interesse por um novo tipo de governança global. Assim que nos comunicamos pela primeira vez ao telefone, o efeito foi como o de uma vela de ignição dando a partida. Houve uma conexão instantânea que transformaria breves telefonemas em explorações filosóficas de muitas horas. E foi nessas conversas que comecei a compreender mais diretamente a relação entre coisas efêmeras, como a consciência, e coisas práticas, como a política.

"Podemos dizer que cada problema no mundo de hoje é, antes de mais nada, um problema de consciência", McIntosh me explicou em nosso primeiro telefonema, "e cada solução envolve o despertar da consciência." Não fique, porém, com uma ideia errada. Por "despertar da consciência", McIntosh não se referia a ficar sentado em volta de fogueiras de acampamento, com grupos de encontro, explorando nossas sensações. Não, ele estava falando sobre a evolução real do "universo interno", como o chamou, o desenvolvimento de nossos valores e visões de mundo, compartilhados. Afinal, muitos problemas de nosso mundo são, como discutimos, problemas de visões de mundo — dos conflitos entre elas e das limitações impostas por elas. Esses poderosos sistemas de cultura inevitavelmente condicionam, para o bem ou para o mal, nossa perspectiva sobre a vida. Se houvesse um modo de compreender com maior precisão como e por que certas visões de mundo se formam, as relações entre elas e as dinâmicas de sua estrutura interna, esse conhecimento seria de valor inestimável para influenciar positivamente a evolução cultural ao redor do globo.

Como muitos de sua geração, McIntosh teve experiência direta da mudança cultural. Fora criado em Los Angeles, no rastro dos anos 1960, quando o que é frequentemente mencionado como visão de mundo pós-moderna estava apenas desabrochando na cultura. Ele se destacou em Venice Beach* e teve "lealdades contraculturais", mas estava mais interessado em se ligar e se sintonizar do que em se desligar. Decidido e motivado, estava interessado em ver como a tremenda vibração e inspiração geradas pelos movimentos contraculturais da época se traduziriam

* Praia muito frequentada pelos *hippies* nos anos 1960. (N.T.)

em verdadeiro progresso social. Quando a energia revolucionária dos anos 1960 se dissipou no individualismo da década de 1970, e a Era de Aquário se transformou na Nova Era, McIntosh buscou o lado espiritual do movimento com grande vigor, mostrando interesse pela interseção emergente entre ciência e espírito — "que foi, desde então, uma base para meus interesses intelectuais", diz ele.

Mas, no correr das décadas seguintes, McIntosh começou a ver que, em meio a toda a vibração do movimento da contracultura, os problemas também estavam se tornando evidentes. A promessa original de uma tradição espiritual de mente aberta, inclusiva, cruzando culturas, intelectualmente rica, parceira da ciência, fora enterrada sob uma montanha de ideias esotéricas, credos interesseiros e filosofias cada-um-na-sua, deixando muita gente insatisfeita, que buscaria sustento espiritual em outro lugar. E, além do mais, a mentalidade "deixa rolar" do movimento o estava tornando cada vez mais fragmentado e ineficaz como força de progresso social. Tudo isso fez McIntosh pensar mais profundamente sobre como a cultura realmente evolui. O que é uma autêntica evolução cultural? O que a torna sustentável e duradoura? O que a torna espiritualmente rica — boa, bela e verdadeira? Qual era a diferença, por exemplo, entre os incríveis voos filosóficos da Grécia clássica, que a cultura da época acabou não conseguindo levar à frente, e a inspirada racionalidade do Iluminismo europeu, que foi capaz de lançar uma raiz duradoura, desdobrando-se numa rica e nova visão de mundo, que transformou cada instituição da sociedade, alterando permanentemente a cultura humana e, finalmente, permitindo que um aristocrata sulista, chamado Thomas Jefferson, reescrevesse as regras da política, fazendo arrancar um novo tipo de nação?

Houve também outra influência na vida de McIntosh, uma influência que, como vimos, se mostra em algum momento da vida de praticamente todo evolucionário: Teilhard de Chardin. Aqui está um pensador que adotou a ciência com paixão, mas cujas raízes estavam na dimensão espiritual e religiosa da vida. E McIntosh ficou particularmente impressionado pelo uso que Teilhard fazia de uma palavra incomum — *noosfera*.

"Noosfera" é um termo crucial quando se trata de compreender a relação entre consciência e evolução. De fato "noosfera" e "intersubjetividade", como veremos, estão muito relacionadas. Ambas apontam para aquela dimensão subestimada e, em certos casos, não reconhecida da evolução: o interior do coletivo.

"Essa ideia nos permite ver a evolução cultural de uma perspectiva espiritual e também de uma perspectiva cientificamente informada", recordou McIntosh.

"Noosfera" era a palavra de Teilhard, embora ele não tivesse sido o primeiro a usá-la numa publicação. Essa distinção cabe ao cientista russo Vladimir Vernadsky, que tirou o termo dos jesuítas. É uma ideia evocativa e tem inspirado muitos líderes culturais de hoje, de Mario Cuomo e Al Gore a Marshall McLuhan. A palavra é um composto da parte "esfera" de atmosfera, litosfera, estratosfera, biosfera, e assim por diante, e do termo "noético", que significa o domínio do conhecimento. Teilhard usava o termo "noosfera" para descrever aquilo a que se referia como a "camada pensante" que cerca o planeta como um envoltório fino, invisível, de consciência coletiva, representando a soma total da vida interior da humanidade. Assim como a evolução formou primeiro a biosfera, um invólucro de organismos vivos envolvendo o planeta, a noosfera, segundo Teilhard, representa o patamar seguinte para o avanço da evolução. E à medida que a evolução cultural progride, a própria noosfera se torna mais densa e complexa, mais rica e intensa, mais concentrada e cheia de camadas, com todas as qualidades interiores — boas e más — de uma sociedade em evolução. A evolução cultural acontece bem aqui, na vida interior coletiva da humanidade. "Temos de perceber que a evolução saltou para além do contexto biológico", explica McIntosh.

Para Teilhard, existe sempre uma relação entre a evolução da consciência interior e a evolução da complexidade exterior. "O Físico e o Psíquico, o Fora e o Dentro, Matéria e Consciência, tudo está [...] funcionalmente ligado num processo tangível", ele escreveu. Por exemplo, o cérebro humano, olhado de fora, é uma das coisas mais complexas que conhecemos em todo o universo. Olhado do interior, ele também aloja a forma mais avançada de consciência que conhecemos em todo o universo. Essas observações dão peso à ideia de que há uma relação importante entre a evolução da complexidade física no exterior e a evolução interior da consciência. Teilhard chamou isso de "lei da complexidade e consciência". E, para ele, a lei se aplicava não apenas a organismos físicos, mas também a grandes coletivos. Segundo essa lei, à medida que a noosfera progredisse, veríamos uma correlação entre a complexidade de nossos sistemas tecnossocioeconômicos e a sofisticação de nossa consciência coletiva. E, como discutimos, muitos apontam para a evolução das comunicações e da tecnologia da informação como demonstrativa dessa mesma tendência e ficam maravilhados com a antecipação de Teilhard.

O nascimento da noosfera, segundo Teilhard, coincidiu com o nascimento do *Homo sapiens sapiens*, o nascimento do pensamento autorreflexivo nos primatas superiores, o nascimento do animal que sabe que sabe e tem uma vida interior diferente de todas que o mundo vira até então. A ciência hoje não pode dizer exatamente quando esse limiar de autoconsciência foi cruzado ou mesmo se limiar é a palavra correta. Foi um momento repentino e solitário, uma ruptura dramática e imediata? Ou um processo gradual? Tudo que sabemos com certeza é que 40 mil a 60 mil anos atrás, algo muito espetacular aconteceu na evolução da mente hominídea. Como diz o psicólogo Robert Godwin, "a existência, misteriosamente, se torna experiência". Durante essa fase da história, os primeiros humanos ultrapassaram um ponto evolucionário decisivo. Arte, criatividade, linguagem, autoidentidade e novas tecnologias, tudo isso entra de repente em cena, uma explosão cultural criativa que era, ao mesmo tempo, sem precedentes e inesperada.

"Por que, da noite para o dia, humanos por todo o globo começam a expressar uma urgência de criar, de dar vida a belos artefatos que não servem a qualquer propósito utilitário?", pergunta Godwin. Para Teilhard, pelo menos, a resposta tinha relação com um tipo muito específico de avanço que fora alcançado durante esse período de tempo. À medida que se tornavam cada vez maiores, nossos cérebros conservavam a aptidão para um crescimento da consciência, para a interioridade, a subjetividade e a percepção psíquica. E devagar (embora um tanto rapidamente em tempo evolucionário), enquanto os primeiros primatas superiores faziam sua jornada da África para terras inexploradas e para os novos cumes mentais do *Homo erectus*, dos australopitecos e do homem de Neandertal, a consciência estava se intensificando. A complexidade das vidas interiores estava aumentando. Por fim, num determinado primata, a consciência atingiu um apogeu. A temperatura crescente atingiu o ponto de ebulição. Não conhecemos as circunstâncias ou razões precisas. Mas sabemos que algo sem precedentes aconteceu. Teilhard evoca esse momento em *O Fenômeno Humano:*

> ... por toda parte, as linhas filéticas ativas se animam conscientes em direção ao topo. Mas numa região bem definida no interior dos mamíferos, onde os cérebros mais poderosos jamais fabricados pela natureza haveriam de ser encontra-

dos, elas ficam muito vermelhas. E bem no centro desse brilho arde um ponto de incandescência.

Não devemos perder de vista essa linha que a aurora torna rubra. Após milhares de anos se erguendo sob o horizonte, uma chama irrompe num ponto estritamente localizado.

O pensamento nasceu.

Brian Swimme, em *The Hidden Heart of the Cosmos*,* tenta imaginar o momento em que a percepção consciente de si mesmo surgiu pela primeira vez no que ele chama de "Comunidade da Terra", tenta descrever "um hominídeo pioneiro na aurora da história humana", despertando para a realidade assombrosa da consciência. "Algum animal entrou na experiência sem compreender o que estava ocorrendo", ele especula, "pois nenhum outro animal havia estado antes nesse modo de existência." Godwin imagina "uma luminosa fenda [...] o alvorecer de um horizonte interno num universo agora dividido em oposição a si mesmo, a abertura inimaginável de uma janela sobre o mundo".

Se essas caracterizações estão ou não corretas na representação que fazem dos acontecimentos de 40 mil anos atrás, é algo secundário ante o fato de que temos ainda de examinar, de forma completa, as implicações do miraculoso salto evolucionário que teve lugar nesse período de tempo. Teilhard o descreve como o nascimento de outro mundo. "Abstração, lógica, escolha pensada e invenções, matemática, arte, cálculos de espaço e tempo, ansiedades e sonhos de amor — todas essas atividades da vida interior nada mais são que a efervescência do centro recentemente formado que explode sobre si mesmo", ele escreve. E passa a fazer a distinção crucial de que a consciência humana que reflete sobre si mesma, quando comparada à consciência animal que a precedeu, "não é meramente uma mudança de grau, mas uma mudança de natureza, resultante de uma mudança de estado".

Teilhard não foi o único pensador do início do século XX que começou a suspeitar de que poderia haver um domínio dentro da mente coletiva da humanidade que conectava misteriosamente o espaço psíquico interno de uma pessoa ao de outra. De fato, o grande psicólogo suíço Carl Jung cunhou o termo "inconsciente

---

* *O Coração Oculto do Cosmos*, publicado pela Editora Cultrix, São Paulo, 1999. (fora de catálogo)

coletivo" para expor uma ideia semelhante. Jung começou a reconhecer que seus pacientes estavam se deparando com imagens, símbolos e forças psicológicas de suas vidas interiores, que ele suspeitou estarem conectados a uma camada mais profunda da experiência humana, correntes arquetípicas que transcendiam a psique pessoal de qualquer homem ou mulher isolado e sua história.

Essa percepção levou Jung a sugerir que, além da psique subjetiva, há uma dimensão coletiva da vida interior a que todos nós estamos conectados, e designou esse domínio interior como "inconsciente coletivo". Ele escreveu que existe um "sistema psíquico de natureza coletiva, universal e impessoal, que é idêntico em todos os indivíduos". À primeira vista, sem dúvida, o inconsciente coletivo de Jung e a noosfera de Teilhard podem parecer termos diferentes. Afinal, destinavam-se a descrever diferentes tipos de fenômenos. Um é explicitamente evolucionário; o outro não. Um tem implicações psicológicas; o outro tem implicações científicas. Mas, assim que ultrapassamos as diferenças superficiais, é difícil evitar a conclusão de que os dois grandes pensadores estavam, cada um ao seu modo e de acordo com uma linguagem própria, proclamando do topo da montanha exatamente a mesma novidade: que há uma dimensão *interior coletiva* da consciência. Quer a chamemos de noosfera, inconsciente coletivo ou intersubjetividade, ela é real. É parte integrante da dinâmica evolucionária da natureza e suspeito que ajudará a revolucionar nossa compreensão da evolução cultural no próximo século.

NÃO EU, NÃO ISTO, MAS NÓS

Embora o termo "intersubjetivo" possa parecer não familiar, o que ele indica absolutamente não o é. De fato, experimentamos com tanta frequência a dimensão intersubjetiva que a tomamos como evidente. Mas pense um minuto sobre isso. Se a consciência é inteiramente subjetiva — contida no cérebro individual —, como poderíamos nos relacionar um com o outro de forma tão íntima, tão intensa, tão profunda? Ken Wilber diz: "Como você pode entrar na minha mente e eu na sua, passando a estar um no outro a ponto de ambos concordarmos que podemos ver o que o outro vê? Seja como for que isso aconteça, é um milagre".

McIntosh, cujos escritos sobre o tema foram bastante inspirados pela filosofia de Wilber, escreve que "existem relações no espaço interno 'do entre nós', não inteiramente em nossas mentes e não inteiramente nas mentes daqueles com quem estamos relacionados, mas mutuamente dentro das mentes de ambos e com frequência simultaneamente. Essas estruturas de relacionamento são, parcialmente, independentes de nossa consciência subjetiva individual, mas são, ao mesmo tempo, internas e invisíveis".

Quando duas pessoas compartilham uma convicção política, quando dois amantes compartilham um momento de intimidade, quando dois colegas constroem um negócio juntos, cada um deles está, até certo ponto, criando um espaço universal real, intersubjetivo, participando dele, compartilhando-o. Podemos dizer que essas relações têm uma realidade independente no universo interno da noosfera. Passe algum tempo com um casal que se casou há muito e poderá realmente constatar isso. Sejam quais forem as personalidades dos indivíduos na relação, a relação tem vida própria, estrutura própria, suas próprias complexidades. É quase uma entidade em si mesma.

"As relações têm uma realidade ontológica que não está apenas em minha cabeça", McIntosh me explicou numa de nossas conversas. "Se tenho um relacionamento com um coelho de 1,80 m chamado Harvey, isso é uma realidade completamente subjetiva dentro de meu cérebro. Mas se você e eu estamos nos tornando amigos, há uma realidade independente de nosso relacionamento, que toma forma e tem uma existência sistêmica. Embora o relacionamento exista na superposição de nossa experiência mútua, podemos também começar a reconhecer que esse relacionamento tem, ele próprio, uma estrutura. É o que eu caracterizaria como um sistema de cultura."

"As pessoas acham que, como não podem vê-la, a cultura não existe", diz Grant McCracken, um antropólogo que se tornou conhecido convencendo líderes empresariais a repararem nessa dimensão. A cultura, ele nos diz, são "os significados e regras com os quais compreendemos o mundo e atuamos nele. Isso faz a cultura parecer amorfa e absurdamente abstrata, eu sei. Mas vamos colocar de outra forma. A cultura é o próprio conhecimento e as instruções que um dia colocaremos em robôs para torná-los criaturas socialmente sencientes. No momento, ainda os estamos ensinando a subir escadas". O trabalho de McCracken chama a atenção para uma verdade relacionada a essa dimensão com que os líderes empresariais lutam todo dia. As empresas, como os relacionamentos, têm sua própria subcultura, uma coleção independente de valores e atitudes que definem uma companhia e muito a influenciam. Troque algumas pessoas, até mesmo algumas centenas, e a cultura de modo algum necessariamente mudará. Mudar a cultura empresarial é difícil, qualquer consultor lhe dirá isso, porque você não está apenas lidando com indivíduos, mas com o impulso coletivo dessa estrutura cultural maior. Sim, ela foi certamente criada pela intenção de muitos indivíduos autônomos, mas, uma vez estabelecida, talvez pareça agir como um organismo em si mesmo — um sistema independente, intersubjetivo —, que pode exercer influência e resistir à mudança.

"De todas as dimensões que são fáceis de não ver, a intersubjetividade está no topo ou perto dele", escreve Wilber em *Integral Spirituality* [Espiritualidade Integral]. Nossos esforços científicos modernos têm, em sua maior parte, se concentrado fortemente no universo externo, físico, objetivo. A ciência tem lutado para explicar, através da lente limitada da biologia, como esses bípedes que fazem ferramentas foram capazes de desenvolver, em tão pouco tempo, uma cultura tão incrivelmente sofisticada. Na verdade, procurar uma explicação para a evolução cultural apelando somente para a biologia me lembra aquela piada sobre um cara procurando as chaves sob o lampião da rua. "Onde perdeu as chaves?", pergunta um estranho prestativo. "Perto do carro", o homem responde. "Então por que está procurando debaixo do lampião?", pergunta o estranho, confuso. "Porque é onde tem luz", o homem responde. Da mesma maneira, a ciência tendeu a ficar longe da consciência devido à natureza obscura e confusa do assunto, preferindo os domínios mais bem iluminados da biologia e da física. Mas, se quisermos compreender plenamente a natureza da evolução, e especialmente da evolução cultural, a consciência é onde estão as chaves.

Lembre-se, contudo, de que o tipo de consciência de que estamos falando aqui transcende o interior subjetivo do indivíduo isolado. A guerra entre ciência e espírito é com frequência forjada como uma guerra entre subjetividade e objetividade, entre o mundo privado, pessoal, do indivíduo, e o mundo externo da natureza, entre o "eu" e o "aquilo". Mas existe outro domínio, que é distinto de ambos. E a maioria das pessoas realmente não consegue vê-lo de modo algum.

Mas não o veem praticamente do mesmo modo como as pessoas "não viam" a gravidade antes de Newton. Ele está se escondendo em plena luz.

Para ajudar a contextualizar esse novo campo de pesquisa, McIntosh gosta de usar um exemplo tirado da história: o modo como compreendemos o corpo humano antes e depois da Renascença. Ele lembra que o interior do corpo costumava estar além dos limites da investigação; era considerado quase místico e havia muita superstição e incerteza associadas ao que se encontra sob nossa pele biológica. Não esqueça que Michelangelo teve de violar todo tipo de normas da Igreja e tabus culturais para realizar as dissecações necessárias à compreensão das estruturas musculares, compreensão que lhe permitiu retratar tão esplendidamente a forma humana. E pelos esforços dele e de outros, sabemos agora que não existe absolutamente nada de particularmente místico em atuação dentro de nossos corpos, só um conjunto de sistemas e estruturas extraordinariamente complexos, que estamos ainda investigando e definindo hoje.

O mesmo, possivelmente, se aplica a essa dimensão intersubjetiva. Ela pode parecer quase mística hoje, mas suspeito que novas investigações revelarão um universo interior que é complexo e sutil, mas que prontamente se rende à compreensão mais profunda. De fato, já está começando a fazê-lo. E assim como podemos olhar para o universo externo e ver todas aquelas "infindáveis formas belíssimas" de Darwin que evoluíram em nossa biosfera, o universo interno — a noosfera, a dimensão intersubjetiva — tem seus próprios sistemas, estruturas e formas complexas de consciência, que estão evoluindo. Assim como acabamos reconhecendo que o mundo físico é composto de um grau de complexidade verdadeiramente assombroso, que mesmo a estrutura aparentemente mais simples é composta de complexas configurações de redes de partículas e sistemas de energia cada vez menores, faríamos bem em não subestimar a complexidade do universo interno. Cada pensamento, cada sentimento, cada emoção com que reagimos, e cada visão complexa, cálculo cuidadoso ou percepção intuitiva, estão construídos sobre vastas redes de pensamentos entrelaçados e interdependentes, conclusões implícitas e explícitas, valores, percepções, acordos, perspectivas paradoxais, processos complicados de tomada de decisões, amálgamas de imagens e ideias, complexos psicológicos, padrões arquetípicos e múltiplas camadas de percepção. É verdadeiramente um vasto universo interno, e seu reconhecimento ajuda a explicar por que os correlatos físicos desta dimensão — os cérebros humanos — são, pelo que sabemos, as entidades mais complexas de todo o mundo.

Pode uma investigação desse universo interno ser realmente comparada à investigação científica do corpo físico? Para alguns, falar do espaço interno, inevitavelmente, toca nas fronteiras do espiritual. E até certo ponto eu compreendo isso. Aqui certamente se embaçam as linhas entre ciência e espírito. Há algumas razões, no entanto, pelas quais estou sempre hesitando em associar automaticamente essa dimensão interior com o espiritual. Primeiro, existem na noosfera valores e pensamentos os mais variados que não são, de modo algum, particularmente espirituais. Mas talvez a outra razão seja que as pessoas tendem a associar a palavra "espiritual" a coisas que estão, intrinsecamente, além da racionalidade, além da linguagem clara, coisas sobre as quais só podemos falar por meio de histórias e metáforas. Quantas pessoas extremamente brilhantes, sensíveis, já vi recorrer à linguagem mais estranha, esotérica, absurda, quando começam a falar sobre a chamada dimensão espiritual da vida? Abandonam inteiramente o bom-senso e abrem mão de sua sensatez — como se a espiritualidade implicasse, inevitavelmente, em imprecisão, silêncio ou irracionalidade.

Evidentemente, nada há de errado com a poesia, o mito e a metáfora quando se trata desse mundo interior. É um meio de representá-lo consagrado pelo tempo. E a percepção mística certamente envolve estados não conceituais, transracionais, do ser. Mas há uma enorme diferença entre estados, intuições e experiências espirituais genuinamente transracionais e áreas de conhecimento que podem ser sutis, complexas e relativamente inexploradas, mas dificilmente não naturais ou incognoscíveis. Jamais deveríamos fundir cegamente o não físico com o sobrenatural. Suspeito que, com o correr do tempo, descobriremos que a ciência desse universo interno, embora sutil em termos de nossas concepções atuais, está perfeitamente dentro da moldura de um universo plausível, compreensível. E assim como a compreensão do corpo que emergiu na Renascença alterou radicalmente nossa capacidade de melhorar a saúde física, uma nova compreensão das estruturas e sistemas que constituem o interior da cultura humana reforçará nossa capacidade de influir sobre a saúde da sociedade global.

De fato, seria errado dar a impressão de que esse universo interno está inteiramente inexplorado. Estamos sempre investigando aspectos desse mundo interior na sociologia, na antropologia, na hermenêutica e assim por diante. Os psicólogos, é claro, andaram explorando essa área com grande intensidade no século passado e principalmente os adeptos da psicologia profunda — sendo Jung apenas um exemplo. Místicos e visionários vêm sondando há milênios as profundezas espirituais do universo interior. Mais recentemente, certos filósofos analíticos com foco na linguística exploraram diretamente a natureza da comunicação simbólica entre pessoas como elementos constituintes essenciais de nosso tecido social. E isso é apenas uma pequena amostra das muitas pessoas que estão explorando — direta ou indiretamente, explícita ou implicitamente — esse espaço interior. Mas a maioria o tem feito sem o tipo de moldura filosófica que estou mencionando aqui. Como pioneiras numa nova terra, cada uma está seguindo pistas específicas e descobrindo diferentes características do terreno, mas nenhuma tem um mapa do conjunto, uma noção da enormidade do território e do padrão integrado de suas muitas dimensões. Tendem também a ser capturadas pelo encanto da solidez, faltando-lhes uma noção mais fértil de como nossos compartilhados interiores coletivos estão se movendo, se alterando e desempenhando um papel importante na dinâmica da evolução cultural.

Uma dimensão dessa discussão que se apresenta com destaque no discurso público é a ideia de visões de mundo. Mas embora nossos intelectuais de renome usem o termo em discussões de política e globalização, eles o fazem, basicamente, a partir de um ponto de vista superficial — observando os padrões de sintomas externos, mas sem uma noção das causas sistêmicas fundamentais que uma perspectiva em profundidade sobre a consciência e a cultura pode proporcionar. Visões de mundo podem ser mais que apenas um rótulo que aplicamos às características, valores e crenças comuns a qualquer grupo específico de pessoas que nossos cientistas sociais tenham observado em suas análises. Esses dados objetivos atestam verdades intersubjetivas mais profundas. Talvez essas visões de mundo tenham uma espécie de existência sistêmica, independente, que deva ser levada em conta se quisermos compreender como a cultura evolui e como influencia perspectivas individuais e coletivas do mundo. Em outras palavras, talvez elas sejam bastante reais — não materiais, mas ainda assim reais.

E se essa dimensão cultural interior é real, o que significa, para ela, evoluir? De fato, *o que* é realmente a evolução quando se trata da cultura humana? A resposta de McIntosh diz que é "a qualidade e quantidade de conexões entre pessoas, tomando a forma de sentidos, experiências e acordos compartilhados".

"Acordo" é uma palavra importante para compreender esse novo terreno. Retornando a uma metáfora biológica, acordos são, como diz McIntosh, "as células da noosfera". Com relação a isso, ele recorre à obra de Jürgen Habermas, o filósofo alemão que fez dos acordos linguísticos parte tão importante de sua obra. O que é, então, um acordo? Por exemplo, acordos quanto ao significado de certos sons e símbolos, que chamamos de linguagem, estão entre os mais básicos da civilização humana. Sem esses acordos, somos incapazes de nos comunicar, muito menos de formar uma cultura coesa. Acordos mais complexos seriam as ideias do que é certo e do que é errado, por exemplo, ou crenças religiosas como a noção de que um Deus transcendente está anotando as ações de cada indivíduo em algum diário de bordo celeste e, em função disso, pesará seus destinos no Dia do Juízo Final. É só o acordo tácito entre indivíduos que dá a tal noção seu poder cultural. Os que estão fora da tradição judeu-cristã não perdem o sono por causa de seus registros no Livro da Vida.

Podemos imaginar esses acordos ou "células culturais" como os tijolos das visões de mundo. É o acúmulo de acordos em constelações cada vez maiores que resulta, por fim, em enormes e complexas estruturas internas ou visões de mundo, compostas, em última análise, de milhares e milhares de acordos minúsculos, assim como um organismo é composto de milhares de células minúsculas. Alguns desses acordos serão básicos para a visão de mundo, outros serão mais cosméticos; alguns terão a ver com a lógica profunda, subjacente, dessa visão de mundo, e outros, com as manifestações comportamentais de superfície. Talvez, no entanto, o mais difícil de apreender seja que essas estruturas internas, uma vez formadas, têm uma realidade que existe independentemente de qualquer indivíduo particular, têm o seu próprio *momentum*. E é o reconhecimento dessa realidade que nos permite tratar essas complexas visões de mundo como legítimas estruturas internas de um desenrolar evolucionário que se atém a princípios claros e leis naturais.

UMA PERSPECTIVA QUE MUDA O JOGO

A evolução da visão de mundo é algo que é sempre muito mais fácil de ver em retrospecto. Por exemplo, é mais fácil ver, com uma visão de conjunto da história, como a evolução das religiões da Era Axial, começando no século V a. C., foi provavelmente uma resposta evolucionária natural à brutalidade da cultura da Idade do Ferro na Pérsia e no Oriente Médio. A clareza da percepção tardia revela como a moderna visão de mundo do iluminismo ocidental foi uma resposta evolucionária natural aos excessos, corrupção e deficiências da tradicional visão de mundo cristã da Idade Média. E à distância de décadas não é difícil ter noção de como os movimentos contraculturais dos séculos XIX e XX, culminando nas mudanças sísmicas dos anos 1960, foram uma reação aos muitos problemas criados pelos excessos da modernidade e da revolução industrial. Mas os evolucionários não estão apenas interessados no passado; estão interessados no futuro. E registrar a *próxima* emergência cultural exige muito mais que uma fértil percepção da história. Exige um conhecimento mais profundo de como a evolução opera no universo interno de valores, acordos e visões de mundo [...] e algum talento para a especulação bem informada. "Se me perdoar a comparação, eu e você somos como *beatniks* sentados num café em North Beach,* em 1952, tentando imaginar como seriam os anos 1960", me disse uma noite McIntosh, num jantar durante um evento na Califórnia. "Temos uma ideia vaga da coisa, mas ainda não temos estruturas culturais que sirvam de referência."

A primeira vez que McIntosh começou a ter uma indicação de como poderia ser uma nova visão de mundo, me disse ele, foi em 1999, no momento em que o inverno estava começando a descer sobre as encostas das montanhas Rochosas do Colorado. Ken Wilber, que também construíra sua casa na borda das Rochosas e que tanto fizera para trazer um pensamento evolucionário altamente sofisticado para o lado espiritual do movimento de contracultura, tinha acabado de abrir o Integral Institute e estava sediando reuniões de pensadores, escritores, eruditos e líderes espirituais simpatizantes em Boulder. Logo o nome de McIntosh estava na lista de convidados e ele penetrou numa nova esfera de relacionamentos, informada por novos valores e acordos. Começou a reconhecer que aquele nexo de ideias,

* Bairro de San Francisco, centro histórico da cultura *beatnik.* (N.T.)

pessoas e filosofias interagindo representava não apenas um *bip* no radar cultural, mas um movimento genuinamente novo, apoiado por uma moldura filosófica original que, nas palavras de Wilber, transcendia e incluía muitos dos problemas do movimento da contracultura.

Como a chegada da aurora numa paisagem escura, as vagas intuições de McIntosh dos problemas do movimento de contracultura foram iluminadas. Ele foi capaz de ver seus grandes pontos fortes: um respeito pela espiritualidade, uma tolerância com relação às outras culturas e fés, uma capacidade de levar em conta as perspectivas dos outros, um intenso interesse pelo meio ambiente, um recém-descoberto respeito pelas culturas indígenas, uma profunda compaixão pela sina das vítimas da sociedade e uma paixão pelos direitos das minorias. Ao mesmo tempo, ele podia ver agora, mais claramente que nunca, as muitas fraquezas desse movimento cultural: o individualismo do "deixa rolar", a tendência ao narcisismo, a resistência patológica a todas as hierarquias, o idealismo social combinado com impotência política e a perigosa propensão para encarar de maneira romântica as culturas, povos e credos pré-modernos. Pôde ver todas essas coisas por dentro. Afinal, a contracultura era a sua cultura. Compartilhou seus acordos e viveu seus valores — explorou seus limites, cedeu às suas oportunidades, sofreu os desapontamentos e incorporou seus sonhos. Mas agora estava mudando e começando a reconhecer uma nova e poderosa verdade — que a visão de mundo pós-moderna, contracultural, era apenas isso, uma visão de mundo. Não era o ponto máximo e final da evolução cultural. "Eu estava apenas cheio de seu clima de entusiasmo", ele me explicou. "Estava começando a ver, com mais clareza que nunca, que visões de mundo, essas estruturas da cultura, tinham uma realidade evolucionária. Tinham uma existência que era independente do que escrevera ou pensara qualquer pessoa específica."

À medida que as conversas com McIntosh se aprofundavam, fui tomado pelo mesmo clima de entusiasmo. Começando a refletir sobre a realidade evolucionária dessas estruturas do universo interior, percebi que estava diante de uma das facetas de uma visão de mundo evolucionária com maior potencial para alterar o jogo, quando se tratava de auxiliar uma autêntica transformação social e cultural.

Pense nos grandes filósofos do iluminismo no século XVIII. Eles não apenas mudaram as instituições da sociedade; ajudaram a reinventar os acordos e valores subjacentes que a sociedade via como importantes. Finalmente, esses novos acordos exigiram novas regras, novas leis, novos governantes e instituições inteiramente novas. E, hoje, ainda estamos desemaranhando os contornos da visão moderna de mundo que eles ajudaram a gerar. Eles criaram, podemos dizer, novos acordos intersubjetivos e, por fim, uma visão de mundo inteiramente nova, uma nova forma de fazer sentido e, com isso, alteraram a cultura de um modo profundo e duradouro. Os problemas de sua época não eram apenas institucionais, materiais, econômicos ou políticos; eram também problemas de consciência e, assim, eles procuraram elevar a consciência da cultura europeia. Construíram novas instituições que refletiam essa mudança de valores.

Da mesma maneira, se queremos desenvolver nossa própria cultura tanto quanto compreender a evolução das culturas em geral, precisaremos entender mais profundamente como os acordos formam visões de mundo. Este livro é, de certo ponto de vista, uma tentativa de lançar luz sobre os tipos de acordos que estão informando e criando uma visão de mundo evolucionária. Além disso, se queremos ajudar outras culturas de nosso mundo globalizante a avançar, a transcender os padrões arraigados que criam disfunção política e social, precisaremos ser capazes de ver, por entre as instituições e conflitos de superfície, as estruturas mais fundamentais que se encontram subjacentes a elas e aprender a facilitar-lhes a chegada à maturidade. Há um alavancar cultural nesta perspectiva, um modo de podermos efetuar a mudança "de dentro para fora", por assim dizer, o que significa desenvolver os acordos, valores e visões de mundo básicos que influenciam tanto nossa consciência pessoal quanto as instituições coletivas de nossa sociedade. "Compreender a anatomia de um acordo", McIntosh prediz, "será uma das novas ciências da noosfera."

Embora eu não espere que as novas ciências da noosfera estejam fazendo, em breve, sua estreia nos currículos das grandes universidades, e consciência seja ainda um termo que evoque, compreensivelmente, mais associações com meditação e contemplação individual do que com pesquisa intersubjetiva e evolução cultural compartilhada, há mudanças significativas no clima intelectual de hoje que estão abrindo, como nunca antes, o mundo interior à análise objetiva. Dimensões antes esotéricas estão sendo tornadas transparentes aos nossos olhos indagadores, revelando novas verdades e derramando nova luz sobre as existentes.

O desenvolvimento biológico, estamos aprendendo, é apenas um dos truques na manga da evolução. Um belo dia, a evolução deu um passo, um salto e projetou-se para uma categoria inteiramente nova. A própria evolução evoluiu. Criou um novo espaço em que operar. Podemos dizer que a cultura humana, com toda a sua beleza e complexidade, é o resultado. Biologia e cultura, genes e memes não podem ser perfeitamente separados nem grosseiramente fundidos. São duas partes distintas e influentes da emergência em camadas da evolução. A consciência, isso fica claro, não é um mero espetáculo secundário na revolução da evolução. É parte integrante de uma compreensão abrangente da ideia favorita de Darwin.

Capítulo 9
EVOLUÇÃO DA CONSCIÊNCIA: A VERDADEIRA HISTÓRIA

Se aprendemos alguma coisa da crítica da razão que foi iniciada por Kant e completada por Hegel, é que as próprias categorias de nossa compreensão são historicamente condicionadas. Passamos a reconhecer que há estruturas mentais que determinam como compreendemos o mundo e nós mesmos e que essas estruturas evoluem na história.

— *David Owen,* Between Reason and History

Há alguns anos, quando participava da conferência "Rumo a uma Ciência da Consciência" em Tucson, Arizona, entrei por acaso na sala onde se realizava uma mesa-redonda da qual participava o teórico holandês Jan Sleutels. O tema era a "evolução da consciência" e sua apresentação particular era intitulada "Mudanças Recentes na Estrutura da Consciência". Sleutels deu início à palestra anunciando que ia expor uma das principais falácias em nossa compreensão da consciência — a suposição de que ela não mudou no decorrer da história humana. Chamava essa suposição de "a falácia dos Flintstones" — a ideia errônea de que a consciência humana tem sido essencialmente a mesma há milhares de anos, embora a tecnologia tenha se desenvolvido significativamente. Tendemos a imaginar que os humanos de épocas primitivas eram como os personagens do desenho animado *Os Flintstones* — mais ou menos como nós, apenas vestidos conforme modas mais antigas e carregando porretes em vez de celulares. O mundo exterior pode estar evoluindo, assim diz a falácia, mas o interior continua essencialmente o mesmo. "A consciência é geralmente vista como um ativo endógeno da mente/cérebro, que é sensível a pressões numa escala de tempo evolucionária, mas que basicamente não é afetada pela história cultural", declara Sleutels. "Mudanças substanciais na história recente são a priori desconsideradas."

Sleutels então sugeriu o que chamou de "uma possibilidade mais desconcertante": que há não mais de centenas de anos atrás podemos encontrar "mentes substancialmente diferentes da nossa, mas pertencendo a seres humanos *muito* semelhantes a nós. Tão semelhantes, de fato, que julgamos quase impossível acreditar que nosso vocabulário mental ordinário de crenças e desejos *não* deva se aplicar a eles tão literalmente quanto se aplica a nós".

A falácia dos Fintstones é, eu suspeito, uma das grandes suposições não examinadas de nosso tempo. E como Sleutels sugeriu naquele dia de calor no Arizona, é uma falácia que escora um grande número de suposições centrais que fazemos sobre a história humana. Não são apenas os Flintstones — filmes, romances históricos e mesmo estudos acadêmicos retratam regularmente nossos ancestrais como tendo essencialmente o mesmo repertório emocional e psicológico que temos hoje. Quantos de nós pensamos, seriamente, na possibilidade de que a consciência humana possa ter se alterado significativamente nos últimos 5 mil anos? Quinhentos anos? Duzentos anos? Voltamos, de novo, àquela percepção abrangente com que iniciamos o livro — a proposição pedra de toque de uma visão de mundo evolucionária. *Estamos em movimento.* Aquilo que pensávamos ser fixo, estático e relativamente imutável revela-se fluido, em movimento, mutável e maleável. É mais fácil, contudo, quebrar o encanto da solidez quando estamos olhando para um artefato externo, como uma peça de tecnologia ou mesmo um organismo físico. É muito mais difícil aceitar a mudança quando ela está tão perto de casa, quando é o senso mais profundo de nosso eu, nosso próprio universo interno que revela estar mudando, movendo-se, evoluindo.

Sleutels é um teórico que foi parcialmente inspirado por Julian Jaynes, autor de um dos livros mais populares, sobre a consciência, escritos nas últimas décadas, *The Origin of Consciousness in the Breakdown of the Bicameral Mind* [A Origem da Consciência no Colapso da Mente Bicameral]. Sua tese radical chocou leitores nos anos 1970, ao sugerir que a consciência, do modo como a compreendemos hoje, como um espaço interior introspectivo, só passou a existir em tempos relativamente recentes da história humana, talvez há 2.500 ou 3 mil anos. Ele sugeriu que, quando os antigos afirmavam ouvir vozes dos deuses, por exemplo, isso não era uma metáfora religiosa exótica. Estavam realmente ouvindo vozes que os mandavam agir. Eram, em certo sentido, incapazes de internalizar seus próprios impulsos instintivos dentro do contexto de uma estrutura do ego e, por isso, os manifestavam como forças exteriores. Era o que poderíamos dizer uma forma extrema de projeção, para usar o atual jargão psicológico — embora Jaynes a atribuísse às estruturas de desenvolvimento que ainda não tinham se formado no cérebro. Ele observou que boa parte da literatura antiga representa uma luta para encontrar um senso mais profundo de individualidade subjetiva, mas, de forma geral, os personagens simplesmente não se referem a si próprios de nenhum modo que sugira reflexão interna.

> Os personagens da *Ilíada* não se sentam e pensam no que fazer. Não têm mentes conscientes como nós dizemos que temos, e certamente não têm introspecções. [...] Os primórdios da ação não estão em planos, razões e motivos conscientes; estão nas ações e falas de deuses.

A tese de Jaynes sobre mudanças no cérebro continua sendo altamente especulativa, mas a ideia básica, juntamente com a de Sleutels — de que a consciência humana tem se modificado significativamente, mesmo durante o período da história escrita — faz eco às ideias que estão sendo expostas por uma série de outros teóricos evolucionários. Na verdade, se essas ideias estão corretas, as próprias aptidões de nossa consciência, as estruturas que constituem o universo interno, passaram por mudança, até mesmo mudança drástica, com o correr do tempo. E alguns levaram essa ideia um passo mais longe, sugerindo que, além de ter mudado, a consciência *tem evoluído através de uma série de estágios identificáveis.*

Para apreender a importância dessa distinção, imagine por um momento como os primeiros geólogos ou paleontólogos devem ter se sentido ao descobrir que as camadas numa face de rocha exposta eram não apenas decorações ao acaso da natureza, mas representavam distintas eras na história de nosso planeta — um padrão que podia ser encontrado repetido, de forma independente, em muitos locais diferentes e bem distantes uns dos outros. Uma camada de rocha revelaria os segredos geológicos e biológicos de uma época particular, enquanto outra camada revelava um mundo muito diferente. Estudando essas camadas de sedimento, podiam começar a compreender como nosso planeta se desenvolveu e a reconhecer que o *continuum* da evolução geológica não foi uma curva constante, mas uma série de camadas ou estágios específicos. O mesmo é verdade, estamos agora descobrindo, para o universo interno. Ele evoluiu com o tempo e essa mudança não foi casual ou errática, mas se desenrolou através de uma série de estágios claramente identificáveis.

O que é um estágio na evolução da consciência? Quando se trata do universo interno, há pelo menos dois modos de responder a essa pergunta, porque há diferentes modos de compreender a evolução da consciência. Um é o da perspectiva de um indivíduo, o outro, o da perspectiva do coletivo, e o complicador é que há muita superposição entre os dois. Da perspectiva do coletivo, podemos ver, como discutimos no capítulo anterior, o modo como as visões de mundo — essas constelações complexas de acordos e valores compartilhados — nos formam e nos influenciam no nosso espaço compartilhado, intersubjetivo, bem como por ele. Nesse sentido, um estágio seria uma visão de mundo estável. Ao contrário de um período geológico refletido nos estratos de uma face rochosa, um estágio cultural não é simplesmente uma era histórica particular, como o período clássico ou o iluminismo europeu. A razão de tais eras se destacarem vem do fato da lógica central, dos valores fundadores das novas visões de mundo terem nascido nesses tempos férteis. Mas uma visão de mundo particular pode se manter através de muitas eras históricas, encontrando diferentes expressões de superfície que refletem a sociedade do momento, enquanto a lógica estrutural subjacente se conserva consistente. Como escreve o filósofo David Owen: "Um estágio lógico de desenvolvimento pode estar na base de numerosas sociedades com elementos socioculturais muito diferentes". Portanto, um estágio cultural da consciência não é simplesmente um estágio da história. Ao mesmo tempo, a história mostra que certas visões de mundo foram, sem a menor dúvida, dominantes em determinadas épocas, e podemos, certamente, rastrear a evolução das visões de mundo dominantes no decorrer da história humana. Uma visão de mundo se consolida como a perspectiva primária de uma determinada sociedade, que depois, por diferentes razões, se desagrega e dá lugar a outra no longo fluxo da história. A natureza em estágios do processo é uma generalização que só se torna visível de uma certa distância — se nos perdermos nos detalhes de qualquer sociedade ou período de tempo específico, o padrão geral se dissolve. Tente traçar linhas perfeitamente nítidas entre duas visões de mundo e o esforço será em vão. Mas existem padrões significativos para aqueles dispostos a olhar através de uma lente histórica mais ampla.

O segundo modo de pensar sobre estágios na evolução da consciência é considerar a evolução psicológica subjetiva individual no decorrer de uma existência particular. Estamos acostumados a pensar nas crianças deste modo — de criancinha a adolescente, constatamos que elas atravessam "estágios" ou "fases" reconhecíveis temporárias, que (agradecemos) elas superam. O campo da psicologia do desenvolvimento mapeia níveis não só da infância, mas também da psicologia adulta, que também podem ser mencionados como importantes marcos na evolução da consciência.

Possivelmente, o grande desafio do território que estou explorando neste capítulo é o reconhecimento de que, embora essas duas dimensões de evolução interna — individual e coletiva — sejam distintas e tenham sido mapeadas separadamente pela maioria dos teóricos, há também uma extrema superposição e entrelaçamento entre elas. Há uma profunda relação entre a evolução da consciência num nível individual e a evolução da cultura num nível social, e podemos encontrar estágios reconhecíveis e mesmo paralelos em ambas.

Neste capítulo, quero dar uma olhada no que conseguimos compreender sobre os estágios através dos quais a consciência humana tem evoluído. Começarei com o filósofo Georg Hegel e os idealistas alemães, pois a visão evolucionária de Hegel exerceu grande influência ao lançar luz sobre uma lógica de desenvolvimento fundamental, ou sobre a dinâmica e processo dialético através dos quais a consciência evolui. Depois vou me deslocar para o domínio da psicologia do desenvolvimento, para mostrar como nossa compreensão cada vez mais sofisticada do desenvolvimento individual tem ajudado a confirmar a realidade de que a consciência de fato evolui por meio de estágios, inspirando pensadores sociais que se ocupam da tela mais ampla da evolução cultural. Ao explorar o território mais desafiador do desenvolvimento intersubjetivo, vou me voltar para um dos maiores guias da história para os vastos panoramas do universo interior: o filósofo do século XX Jean Gebser.

Essas ideias são sutis e exigem que pensemos de um modo novo sobre o eu e a cultura. Por mais difícil que fosse para os homens e mulheres da época de Darwin absorver mentalmente a ideia de que os seres humanos tinham desenvolvido sua forma e traços físicos durante uma marcha extraordinariamente longa da história natural, também é difícil para muitos de nossa época admitir a ideia de que a natureza mesma de nossa consciência, aquele sentimento interior de si próprio, que parece tão fundamental para nossa humanidade, evoluiu através da história cultural. Mas essa noção vem se desenvolvendo de mãos dadas com a filosofia evolucionária durante os últimos dois séculos.

De fato, a ideia de que a consciência humana não só evoluiu, mas o fez através de uma série ascendente de visões de mundo, por si só não é nova. Nossa história intelectual está cheia desses sistemas de estágios, muitos dos quais parecem bastante toscos e mesmo sem nexo quando observados de uma perspectiva de décadas ou séculos. Os intelectuais do século XIX tinham muitos sistemas desse tipo, que infelizmente tendiam a relegar raças e culturas inteiras à lata de lixo da história, indignas de respeito ou mesmo de simples tolerância. Nossa adesão mais recente à pluralidade e ideais igualitários foi, em grande parte, uma reação a tentativas muito desagradáveis de rotular certas pessoas como evoluídas e avançadas, e outras como primitivas e bárbaras. E, infelizmente, descaracterizações da ideia de evolução não desempenharam um papel pequeno nesses esquemas deploráveis. Com isso em mente, devemos ter o cuidado de incorporar muitíssimas nuances e sutilezas a essa investigação, reconhecendo os perigos reais de teorizar sobre evolução cultural. Mas, no mesmo momento em que reconhecemos esses fracassos da história, o pêndulo intelectual está voltando atrás e estamos começando a reexaminar a ideia de que pode haver diferenças legítimas entre variadas visões de mundo ou estágios de desenvolvimento cultural, que sejam perigosas de ignorar e cujo entendimento seja crucial. A ideia de evolução foi mais uma vez um poderoso impulsor, mas agora somos capazes de aceitar o termo de um modo que transcende em muito o etos da "sobrevivência do mais apto" dos darwinistas sociais.

Com o despontar do reconhecimento de que tanto a cultura quanto a psicologia estão envolvidas num movimento evolucionário, tem havido uma nova esperança de que possamos finalmente decifrar o código do desenvolvimento e compreender mais profundamente os processos que têm moldado e criado a cultura e a natureza humana como as conhecemos. Alguns sugeriram que as visões de mundo que constituem o universo interno desempenham um papel no desenvolvimento cultural que não é diferente da função que cumpre o DNA no desenvolvimento biológico. À medida que começamos a compreender os processos que atuam na evolução dos sistemas complexos (e o que é a mente humana senão um sistema muito complexo de processos?), vamos reconhecendo que o desenvolvimento nem sempre é lento e constante. O gradualismo pode ser a inclinação dominante em círculos científicos nos dias de hoje, mas tanto a psicologia do desenvolvimento quanto a teoria da complexidade sugerem que a evolução pode também se mover em saltos e sobressaltos, com períodos de relativa inércia misturados a períodos de rápida mudança. Uma estrutura organizadora domina até o sistema ser empurrado para seus limites. Tem lugar, então, um desenvolvimento rápido e um novo princípio organizador é formado — um novo "equilíbrio dinâmico", como o psicólogo Robert Kegan o descreve. Podemos ver esse processo em sistemas psicológicos e mesmo em sistemas biológicos. Os estágios, portanto, não são exatamente estranhos à dinâmica da evolução; muito pelo contrário.

A FILOSOFIA EVOLUCIONÁRIA DE HEGEL

"Quero escrever uma história não de guerras, mas da sociedade", escreveu o grande filósofo francês Voltaire. "Meu objeto é a história da mente humana, não um mero detalhar de fatos insignificantes." Voltaire foi um dos primeiros historiadores a se concentrar não no relato de datas e acontecimentos, mas na tentativa de narrar a história de dentro para fora, de penetrar no espírito da história e de compreender as ideias e motivos que impelem os seres humanos. Voltaire, possivelmente, representava o ponto culminante do Iluminismo europeu e estava por certo consciente, de alguma forma rudimentar, da história como processo de desenvolvimento progredindo através de estágios, embora a evolução não fosse ainda uma ideia atuante na cultura em geral. Ele escreveu que queria examinar os "passos que fizeram os homens passar da barbárie à civilização".

Mas, se estivermos procurando a primeira filosofia evolucionária realmente robusta que lançou as bases para uma compreensão dos estágios, precisamos avançar no tempo e no rumo nordeste — sair da Paris de Voltaire, cruzar o campo francês e belga, atravessar o Reno e chegar a uma cidadezinha alemã nas margens do rio Saale: Jena. Foi ali, meio século antes de Darwin, que os grandes idealistas alemães Georg Hegel, Friedrich Schelling e Johann Fichte, inspirados pelo espírito do poeta e filósofo Johann von Goethe, investigaram pela primeira vez como novas ideias de mudança, desenvolvimento e evolução poderiam afetar a história e a filosofia.* Nessa pouco atraente cidade, idealismo, romantismo, ciência natural, filosofia do iluminismo e inspiração religiosa se uniram numa nova síntese evolucionária. Como observou Robert Richards, filósofo e historiador da ciência da Universidade de Chicago, Schelling foi a primeira pessoa a descrever o conceito de evolução como hoje o compreendemos. E enquanto os exércitos napoleônicos combatiam nas ruas de Jena, Hegel completava sua primeira grande obra, *A Fenomenologia do Espírito*, em que declarava que "a verdade não é apenas o resultado [da filosofia]... a verdade é o todo no processo de desenvolvimento".

Vamos examinar essa última declaração por um momento. Hegel está, na falta de palavra melhor, *evolucionando* a ideia de verdade filosófica. *A verdade é o todo no processo de desenvolvimento.* Está libertando a verdade do encanto da solidez. A verdade não é apenas encontrada nesta percepção ou naquela revelação; deve ser encontrada no próprio processo de uma ideia dando lugar a outra, e sendo depois transcendida por outra na luta turbulenta da história. A verdade não é estática, ele está dizendo, é um processo, um desenrolar-se de desenvolvimento. Para avaliar qualquer ideia filosófica corrente, precisamos entender suas tributárias; precisamos identificar o processo de desenvolvimento que lhe deu vida. Precisamos levar em conta as trocas, os avanços e recuos, o processo "dialético", como Hegel o chama, quando um estágio de compreensão cede lugar a outro. "Hegel foi o primeiro a reconhecer que a consciência se desenvolve através de uma série de estágios dis-

---

* Embora eu me refira aqui, basicamente, à obra de Hegel, também concordo com a observação do estudioso Fred Turner de que "as ideias vivem menos nas mentes de indivíduos que nas interações de comunidades". Fichte, Schelling, Hegel e outros formaram a comunidade dos idealistas alemães da qual essas ideias brotaram e, embora Hegel possa ter sido o melhor sintetizador do feixe, é provavelmente errado dar crédito indevido a uma só pessoa.

tintos", escreve Steve McIntosh, "[e] está entre os primeiros a compreender que este processo de desenvolvimento, ou 'vir a ser', é o motivo central do universo."

Segundo Hegel, qualquer "verdade" cultural ou filosófica só se torna clara quando vista sob a luz de um quadro de desenvolvimento mais amplo. A visão de mundo de qualquer época da história era "tanto uma verdade válida em si mesma quanto um estágio imperfeito no processo mais amplo do [...] autodesdobramento da verdade". Assim como Theodore Dobzhansky diria, mais de um século depois, que "nada na biologia faz sentido, exceto à luz da evolução", de certo modo Hegel estava defendendo a mesma coisa acerca das ideias filosóficas. Elas só adquirem um verdadeiro relevo quando vistas à luz da evolução histórica mais ampla das ideias. "A verdade não é uma moeda cunhada", ele escreveu, "que possa ser dada e guardada pronta no bolso."

Hegel assinala que os filósofos que rejeitam um determinado sistema filosófico, em favor de uma nova versão melhorada, geralmente deixam de considerar a interdependência mútua de ideias contraditórias — como uma é construída com o material da outra no fluxo da história e como todas se encontram numa malha conectada, cada vez mais sintética, de proposições culturais e verdades. De fato, para captar o modo como um estágio de desenvolvimento se constrói sobre o estágio anterior — preservando as ideias centrais desse estágio anterior, mas também transcendendo-as e negando certas coisas —, Hegel emprega uma palavra alemã - *aufheben* - que significa tanto preservar quanto cancelar. Ele escreve:

> O botão desaparece no desabrochar da flor e seria possível dizer que o primeiro é rejeitado pela segunda; de modo semelhante, quando o fruto aparece, a flor se revela, por sua vez, como uma falsa manifestação da planta... Essas formas não são apenas distintas uma da outra, elas também substituem uma à outra como mutuamente incompatíveis. Contudo, ao mesmo tempo, sua natureza fluida faz delas momentos de uma unidade orgânica onde as duas não apenas não entram em conflito, mas na qual cada uma é tão necessária quanto a outra; e somente essa necessidade mútua constitui a vida do todo.

Talvez a tradução mais próxima em nossa época venha de Ken Wilber, que usa a expressão "transcender e incluir" para explicar de que modo um estágio engendra outro na marcha da evolução. É um princípio que se mantém verdadeiro para todos os tipos de atividades orgânicas e inorgânicas. Capta o modo como as moléculas transcendem e incluem átomos, por exemplo, que por sua vez transcendem e incluem partículas. Ou se poderia dizer que um estágio de cultura é construído sobre as percepções essenciais dos estágios que vieram antes, mas as ultrapassa. É um princípio universal de evolução que Hegel estava começando a vislumbrar no século XIX e é essencial para compreender os modelos mais sofisticados de evolução cultural hoje.

Hegel, Fichte e Schelling, no entanto, nem sempre foram amados por seus confrades filosóficos. Eram inovadores, e suas ideias complexas e obscuras nem sempre lhes traziam aclamação dos críticos. Arthur Schopenhauer se queixava de todos os três e escreveu que a filosofia de Hegel era um "sistema de puro disparate" e seria lembrada como um "monumento à estupidez alemã". Karl Popper chegou a ponto de acusar a filosofia de Hegel de contribuir para a ascensão do fascismo na Alemanha.

Pode perfeitamente ser verdade que, para grande parte de nosso mundo intelectual contemporâneo, a síntese dos idealistas alemães seja vista, mais provavelmente, como a última arfada de uma linhagem agonizante da filosofia. Como o filósofo Richard Tarnas escreve: "Com o declínio de Hegel, deixa a moderna arena intelectual o último sistema metafísico culturalmente vigoroso, afirmando a existência de uma ordem universal acessível à percepção humana". Mas, com a ascensão de uma visão de mundo evolucionária, podemos agora valorizar mais completamente esses extraordinários pioneiros e suas visões inaugurais, mas importantes, da evolução da consciência e da cultura. Hegel e seus confrades podem ter sido os últimos do antigo, mas foram também os primeiros do novo. Ajudaram a nos aclimatar à ideia de que a consciência evolui e que existem padrões discerníveis em seu desenvolvimento histórico. E embora alguns fossem abusar repetidamente dessa noção, buscando se situar como o ponto máximo de seus próprios esquemas evolucionários, a ideia semente permanece essencial. Podemos agora examinar as noções dos idealistas como as necessárias versões beta dos princípios evolucionários, que hoje, amadurecidos, estão se transformando em recursos mais pragmáticos com os quais entender tudo, de política à ecologia e à religião.

"AS LEIS DO PENSAMENTO SÃO AS LEIS DAS COISAS"

Em seu último livro, *Evolution's Purpose* [O Objetivo da Evolução], Steve McIntosh identifica a psicologia do desenvolvimento como "o ramo da ciência social que lida mais diretamente com a evolução da consciência". De fato, essa rica tradição, que começou estudando os processos e estágios através dos quais as crianças se desenvolvem, e mais tarde se expandiu para incluir também o desenvolvimento adulto, é crucial para a compreensão do tipo de pesquisa, pensamento e perspectivas que deram origem à nossa nova avaliação de como o universo interno evolui. De fato, após Hegel e os idealistas, foram os pioneiros desse campo, então novo em folha, que aceitaram a ideia de estágios na consciência, dando à noção um respaldo teórico e um peso empírico muito necessários.

A verdadeira lenda da área é o suíço Jean Piaget, psicólogo do desenvolvimento. Se você começa uma conversa sobre estágios do desenvolvimento humano, mais cedo ou mais tarde alguém vai levantar o nome dele. Seu trabalho inovador com crianças, criando um modelo "por estágios" de desenvolvimento cognitivo, teve um enorme efeito sobre a cultura. Ele mudou para sempre o modo como compreendemos as crianças e, por extensão, também os adultos. Mas, se você perguntar aos historiadores sobre os pioneiros da psicologia do desenvolvimento, outra figura desponta: o não celebrado primeiro herói da área. E o nome dele está muito mais diretamente associado à evolução: James Mark Baldwin.

Baldwin, um gênio do início do século XX, é provavelmente mais conhecido por um processo chamado "efeito Baldwin" ou "evolução baldwiniana". Ainda hoje levado seriamente em conta, ele sugere que é possível, para os indivíduos de uma espécie, alterar seu próprio genoma através de uma mudança sistemática de comportamento — para converter um hábito aprendido em instintivo. A ideia é que algumas mudanças comportamentais, se mantidas durante múltiplas gerações, podem finalmente se tornar herdadas, ficando realmente inscritas no código genético. O que começa como hábito pode acabar se tornando instinto. A tolerância à lactose é frequentemente usada como exemplo — inicialmente só era comum em crianças, mas, quando os humanos se tornaram pastoris e começaram a domesticar as vacas, a tolerância infantil à lactose acabou se estendendo para os adultos. As pressões da seleção darwinista começam a favorecer a tolerância à lactose.

No decorrer dos anos, a evolução baldwiniana foi sendo ora aprovada, ora desaprovada, mas em décadas recentes, particularmente com o surgimento da epigenética, a ciência passou a constatar um nível inteiramente novo de plasticidade na expressão do código genético. Como resultado, as propostas originais de Baldwin adquiriram recentemente relevância científica ainda maior e seu nome aparece cada vez mais na atual literatura evolucionária. Foi talvez o primeiro psicólogo para quem, nas palavras do escritor Henry Plotkin, "a evolução era uma perfeita âncora conceitual". Na realidade, ler Baldwin hoje é constatar o quanto ele estava realmente à frente de seu tempo.

Assim como Hegel explorou a ideia de uma noção fixa, estática, de verdade, Baldwin explorou a ideia de uma noção fixa e estática da mente. Observando o desenvolvimento da própria filha, viu que suas estruturas cognitivas estavam se desenvolvendo por meio de estágios específicos no decorrer da infância. A cuidadosa observação que Baldwin fez do processo e seu empenho em finalmente construir toda uma teoria de desenvolvimento cognitivo em torno dessas observações foi um dos grandes avanços na psicologia da época. Muita gente hoje não se dá conta de que, há meros duzentos anos, costumávamos tratar as crianças pequenas como se elas fossem adultos pequenos, com menos conhecimento mas essencialmente com as mesmas capacidades. Nosso entendimento contemporâneo de que as crianças atravessam um processo de desenvolvimento deve-se em parte ao gênio singular de Baldwin, combinado com sua profunda consideração pela força de uma perspectiva evolucionária.

Chamado por um historiador de "metafísico espiritualista", Baldwin e seus interesses tocaram em muitos mundos e sua obra tem sido descrita como uma ponte entre "teorias sociais e cognitivas de desenvolvimento", trazendo à memória teorias mais tardias, como a Dinâmica da Espiral (que investigaremos no capítulo seguinte), e a filosofia de Jürgen Habermas, que cruza as divisas entre esses dois domínios. Baldwin também quis acabar com a separação entre mente e natureza. "As leis do pensamento são as leis das coisas", ele um dia escreveu e, de fato, pode ter sido um dos primeiros a tentar pôr o desenvolvimento psicológico e o desenvolvimento biológico sob o mesmo guarda-chuva geral, antecipando a natureza interdisciplinar de uma visão de mundo evolucionária, em declarações como: "A biologia geral é hoje, principalmente, uma teoria da evolução, e sua auxiliar é uma teoria do desenvolvimento individual".

Alguns chegaram a sugerir que, se não tivesse havido um pequeno incidente num bordel em Baltimore (um bordel de gente "de cor", Deus nos livre), que fez Baldwin ser expulso da Johns Hopkins University e se exilar da América, hoje sua reputação poderia rivalizar com a de Piaget em termos de psicologia do desenvolvimento. O fato é que sua proposta inovadora de que os seres humanos evoluem através de uma série muito específica de estágios de desenvolvimento — que ele chamou de pré-lógico, quase-lógico, lógico, superlógico, hiperlógico, e mesmo estágios místicos de consciência — continua relativamente obscura, embora a evidência sugira que ela realmente ajudou a inspirar Piaget nos seus anos de formação.

Mais tarde, nas mãos de teóricos do desenvolvimento como Lawrence Kohlberg e Carol Gilligan, que estudaram o desenvolvimento moral, e Jane Loevinger, que mapeou o desenvolvimento do ego, a estrutura evolucionária essencial de Baldwin, de múltiplos estágios, ia crescer e se expandir, gerando modelos evolucionários mais sofisticados e empiricamente estudados. E com esses teóricos viria uma compreensão mais profunda de como a evolução realmente trabalha no interior do eu e o que exatamente é, afinal, esta coisa chamada "estágio de desenvolvimento". Mas, no início do século XX, no momento mesmo em que Piaget começava a apresentar ao mundo uma nova psicologia centrada em estágios, que se tornou imensamente influente, o nome de Baldwin saía de cena. E com ele foi-se a percepção crucial de que há mais que uma pequena conexão entre evolução, como ideia científica, como noção filosófica, e um padrão psicológico.

Hoje, no mundo acadêmico, se existe algum sucessor de Baldwin, trata-se do psicólogo Robert Kegan, de Harvard. Seu trabalho sobre estágios do desenvolvimento psicológico tem sido inovador, e seus livros, *The Evolving Self* [O Eu em Evolução] e *In Over Our Heads* [Sobre nossas Cabeças], são lidos por estudantes universitários de todo o país. O entendimento de Kegan sobre os estágios trouxe uma contribuição seminal e baseou-se no trabalho anterior de Baldwin e Piaget. Basta dizer que, quando observamos o desenvolvimento dessa área de estudos, de Baldwin a Piaget e a Kegan, vemos um reconhecimento emergente de que a consciência humana é plástica e maleável de um modo que continua, ainda hoje, a ser subestimado. A psicologia do desenvolvimento quebrou, sob inúmeros aspectos, o encanto da solidez. Primeiro, ajudou-nos a compreender que as crianças se desenvolvem, que não possuem mentes adultas pré-dadas, mas atravessam estágios psicológicos de crescimento na jornada para a idade adulta. E agora estamos começando a compreender que adultos também podem se desenvolver de formas notáveis. Como Kegan explica: "A grande glória dentro de minha área nos últimos 25 anos foi o reconhecimento de que existem essas paisagens psicológicas, mentais e espirituais, qualitativamente mais complexas, que nos esperam e para as quais somos chamados após os primeiros 25 anos de vida".

Qual é, então, a relação entre esses estágios individuais e as visões de mundo culturais? Como vimos em capítulos anteriores, não podemos pensar em visões de mundo como assuntos puramente individuais ou mesmo como um amálgama de mentes individuais. Elas são também organismos culturais. São constelações de valores que podem ser criados por humanos, mas que também possuem sua própria existência sistêmica. São, então, as visões de mundo que têm caracterizado, há milênios, o desenvolvimento da cultura humana, semelhantes às estruturas psicológicas por meio das quais o eu se desenvolve? Essa é a pergunta de 64 mil dólares.* Existe um paralelo individual/cultural para a velha ideia biológica de que "a ontogenia recapitula a filogenia"? Essa foi a frase famosa de Ernst Haeckel, o teórico evolucionário alemão, descrevendo o modo como o feto em desenvolvimento parece passar por estágios que se assemelham ao desenvolvimento evolucionário que a vida atravessou na jornada de células para peixes e depois mamíferos.** A ideia é que o desenvolvimento do indivíduo recapitula o desenvolvimento da espécie. A proposição de Haeckel tem sido refutada, como todo tipo de lei absoluta, mas ainda assim há uma correlação reconhecida. Do mesmo modo, tem havido muita especulação de que o desenvolvimento da mente individual recapitula a evolução da cultura. Os estágios de desenvolvimento psicológico de Piaget correspondem à evolução de visões de mundo culturais no decorrer da história? Sem dúvida, seríamos sensatos se evitássemos quaisquer correlações excessivamente simples ou determinantes. Mas, não obstante, existem paralelismos importantes. Como diz McIntosh: "Embora o desenvolvimento individual e a

---

* Referência ao programa de perguntas e respostas da TV, "The $64,000 Question", [A Pergunta de 64 mil dólares]. (N.T.)

** Para mais sobre Haeckel, ver *The Tragic Sense of Life*, de Robert Richards (Chicago: University of Chicago Press, 2008).

evolução cultural não sejam idênticos, a mente em desenvolvimento revela sem dúvida padrões em seu desdobrar-se, e esses padrões fazem eco ao desenrolar histórico da cultura que ocorre numa escala de tempo evolucionária".

O filósofo alemão Jürgen Habermas é um dos poucos teóricos do desenvolvimento a aceitar o desafio de construir uma ponte entre esses dois domínios. Ele argumenta que, tanto o desenvolvimento psicológico quanto o desenvolvimento cultural estão, em última análise, baseados em estruturas linguísticas, e foi demonstrado de forma convincente por Piaget, Kohlberg, Kegan e outros que, se existe uma lógica de desenvolvimento na maturação do ego individual, temos todas as razões para suspeitar que a evolução social exiba uma trajetória similar. A lógica de desenvolvimento que informa um, informaria naturalmente a outra, pois as mesmas estruturas subjacentes são responsáveis por ambos.

Habermas faz também a distinção crucial, a que nos referimos no último capítulo, entre as estruturas profundas que definem um estágio na consciência e as manifestações mais superficiais desse estágio, que podem variar grandemente de uma pessoa para outra, de uma sociedade para outra. Isso ajuda a responder a uma das preocupações comuns sobre uma visão de desenvolvimento cultural orientada por estágios — que não explica as diferenças significativas que existem entre culturas singulares ao redor do globo. Por exemplo, como estágios que podemos ver no desenvolvimento histórico da América do Norte e da Europa poderiam realmente ser aplicáveis num contexto asiático? A resposta é que duas culturas podem expressar formas e traços de conteúdo de superfície significativamente diferentes, baseados numa série de circunstâncias históricas singulares, e ainda assim serem construídas sobre a mesma subjacente visão de mundo central ou estrutura profunda de consciência. Quando a China e a Índia adotam formas nativas de modernismo, por exemplo, temos a oportunidade de observar esse princípio em ação, ver os modos pelos quais cada nação traz seu caráter singular para o salto que está dando e, no entanto, ao mesmo tempo, ambas exibem padrões que nos fazem lembrar muito bem do processo que a Europa e a América do Norte atravessaram nos últimos dois séculos.

Será necessária mais pesquisa para definir a relação entre a evolução da consciência individual e a evolução das visões de mundo culturais. Mas, independentemente de como essas dimensões possam estar conectadas, existe uma grande diferença quando se trata de estudá-las. É muito mais fácil examinar os estágios de uma mente individual no espaço de uma existência do que examinar os estágios culturais que emergiram nas embaçadas extensões da história. Onde devemos procurar evidência histórica do desenvolvimento de uma dimensão que é invisível ao olho humano e não facilmente discernível pelos instrumentos da ciência? Evolucionários que optam por estudar esse aspecto do desenrolar da vida enfrentam um desafio. "Ao contrário da paleontologia, em que os perfis de antigas formas de vida estão abertos ao estudo", escreve o estudioso do misticismo Gary Lachman, "ao tentar compreender como pode ter sido uma consciência anterior à nossa, chocamo-nos com o fato de que não existem 'restos fósseis' de consciências anteriores disponíveis para nossa inspeção." Temos de improvisar, ele sugere, estudando cuidadosamente as expressões exteriores da cultura humana, que naturalmente revelam alguma coisa sobre o caráter e a natureza da consciência humana. Nos artefatos da cultura, ele escreve, podemos ver "a marca da imaginação humana [...] a mente se imprimindo no mundo material". Temos de olhar para essas "impressões mentais" para captar um vislumbre da consciência que as criou.

Talvez o melhor desses arqueólogos da mente no século passado tenha sido o filósofo Jean Gebser. Embora com um início de vida tumultuado, conseguindo escapar por um triz tanto dos fascistas de Franco quanto dos nazistas de Hitler, foi capaz de penetrar na história, por assim dizer, para esquadrinhar o universo interior e começar a mapear o desenvolvimento das estruturas da consciência e da cultura de dentro para fora.

"UM CHAMADO À CONSCIÊNCIA"

Se James Mark Baldwin, como sugere o historiador Robert Richards, da Universidade de Chicago, foi uma pessoa espiritualmente dinâmica, que "sentiu a batida da consciência" em sua própria vida, Gebser deve ter experimentado a música da orquestra inteira. Foi, como William Irwin Thompson o descreveu, um "místico intelectual brilhantemente intuitivo", cuja inusitada teoria de como a cultura humana evoluiu através de quatro distintas "estruturas da consciência" nasceu de uma vigorosa epifania espiritual. Em 1931, Gebser, um pensador alemão enfrentando problemas, vivendo na Espanha, exilado da terra natal, passou por um despertar místico que o convenceu de que uma nova forma de consciência estava começando a surgir no Ocidente. Chamou essa consciência de "integral" e distinguiu-a de outras formas de consciência que tinham vindo antes — que rotulou de *arcaica, mágica, mítica e mental-racional.* No decorrer das duas décadas seguintes, essa visão singular influenciaria toda a sua obra e ele exploraria incansavelmente as implicações de seu despertar integral, produzindo enfim uma obra-prima de filosofia, misticismo e história, intitulada *The Ever-Present Origin* [A Origem Sempre Presente]. Para Gebser, a consciência integral é uma forma de consciência que está voltada para a "inteireza e, em última análise, para o todo". Distinguia essa consciência integral do estágio mental-racional que tinha atingido a maioridade na Renascença, com a "descoberta da perspectiva" e o espaço tridimensional. Amigo de Picasso, Gebser estava muito interessado na perspectiva e frequentemente usava a arte como janela para a consciência de qualquer período histórico dado. Sentia que a descoberta artística da perspectiva no espaço estava ligada a "toda a atitude intelectual da época moderna" e era essencial para o mundo científico-tecnológico que habitamos hoje. Para Gebser, a aurora da consciência integral serviria para reintegrar o mundo mental-racional, que ficara tão fragmentado, e também para permitir que estágios anteriores de consciência voltassem à tona em nossa percepção. Eles se tornariam "presentes em nossa percepção em seus respectivos graus de consciência".

Surpreendentemente, Gebser não foi um entusiasta da evolução. Referia-se a suas "estruturas de consciência" não como estágios evolucionários, mas como mutações. Via a evolução, através da janela estreita de seu próprio tempo, como uma concepção limitada, materialista, da visão de mundo mental-racional dominante. E assim rejeitou o termo. É só em retrospecto que podemos ver suas ideias como evolucionárias no mais fértil e amplo sentido da palavra.

Ler Gebser é como estudar uma tela impressionista; o efeito não está nos detalhes do argumento construído cuidadosamente, passo a passo, mas nos clarões repentinos de revelação que recebemos quando Gebser pinta um retrato evocativo de como a consciência evoluiu através dos milênios. Ao contrário de muitos outros pensadores, Gebser não está atraído pela falácia dos Flintstones. Na verdade, ele nos permite dar uma olhada no interior de estruturas de consciência que estiveram ativas há centenas e milhares de anos atrás, produzindo visões que nos surpreendem pela estranheza, ao mesmo tempo que provocam lembranças e vislumbres familiares. Vale a pena observar que, embora Gebser reconheça que muitos desses estágios continuem presentes na consciência e na cultura de hoje, seu talento particular está dando vida a uma percepção das versões originais desses primeiros estágios, de como teriam sido experimentados quando emergiram pela primeira vez nos longínquos confins do tempo, não mediados pela capa da evolução subsequente. Foi deixado para outros teóricos, como veremos no capítulo seguinte, lançando luz sobre as expressões contemporâneas dessas estruturas e nos ajudar a conceber um modo de percorrê-las.

A estrutura mais remota no modelo de Gebser é chamada *arcaica*. É antiga e difícil de analisar por meio de dados históricos, pois qualquer referência a ela já está vindo de uma perspectiva que começou a ultrapassá-la. "O testemunho escrito é em si mesmo indicativo de um período de transição", ele escreve. O homem arcaico era indistinguível do mundo e do universo, Gebser sugere, vivendo num estado de consciência em que, simplesmente, não há diferenciação da natureza. Ele menciona apenas algumas fontes de informação sobre esses primeiros humanos, em especial a declaração de Chang Tzu sobre os antigos no século IV a. C.: "Sem sonhos, os verdadeiros homens dos tempos mais antigos dormiam". Sem sonhos sugere o torpor de um certo nível de percepção consciente.

A estrutura seguinte é *mágica*. Gebser reconhece que esses estágios são fluidos entre diferentes culturas e períodos de tempo, que não há divisas claras entre um e outro, apenas momentos de transição. O traço distintivo do estado mágico é que os humanos foram agora libertados da "harmonia ou identidade com o todo". É uma época em que o ser humano luta para se apartar da natureza, para se libertar da inércia da natureza, para ficar independente da natureza. "Tenta exorcizá-la, guiá-la", Gebser escreve. "Esforça-se para ficar independente dela; depois começa a ficar consciente de sua própria *vontade*."

Essa é uma época de impulso e instinto, de forças vitais e ego grupal, de ritual e dança da chuva, de totens e feitiços, de milagres e tabus, e dos primórdios mais rudimentares da individuação. Quanto mais esse homem mágico é capaz de se libertar dessa "consciência que parece sono", mais se transforma num indivíduo, numa unidade, como diz Gebser. Nesse ponto ele é incapaz de "reconhecer o mundo como um todo, vendo apenas os detalhes que alcançam sua consciência que parece sono e que por sua vez representam o todo. Por isso o mundo mágico é também um mundo[...] em que a parte pode representar, e de fato representa, o todo". Essa associação entre o todo e a parte leva em consideração um mundo em que tudo "se entrelaça e é permutável" — um mundo de símbolo, um mundo em que a imagem do bisonte e o bisonte podem ser fundidos, assim como espetar uma boneca de vodu pode fazer surgir uma reação na pessoa representada, ou um sacrifício ritual pode fazer surgir um sofrimento real, mas indireto.

Como sempre, Gebser usa a arte para ilustrar, demonstrar e dar suporte às suas descrições básicas. Ele observa, por exemplo, que a arte ilustrando essa estrutura tem vários traços interessantes. Primeiro, há uma interessante "ausência de voz" em esculturas primitivas e obras de arte do período. Humanos mágicos, ou pelo menos suas primeiras expressões, tinham pouca necessidade de linguagem, visto que o ego grupal e a ausência geral de ego dos indivíduos permitem uma certa comunicação e submissão telepáticas às necessidades vitais do clã. Os sons são mais importantes nessa estrutura. A linguagem ainda está em seus primeiros estágios. "Só quando o mito aparece, aparece a boca — para pronunciá-lo", escreve Gebser, traçando paralelismos entre esse estágio e estágios pré-verbais de desenvolvimento na infância. Ele também faz comentários sobre o modo como a arte primitiva ilustra a fusão que prevalece entre humanos e o mundo natural. Algumas pinturas parecem, inclusive, ter humanos e natureza essencialmente mesclados neste mundo "sem espaço nem tempo", um aspecto que ele mostra repetidas vezes em imagens representativas do período de tempo. Novamente aqui, vemos o encaixe primordial do humano mágico na natureza e a luta para ser livre.

> Essa libertação da natureza é a luta que escora cada ímpeto significativo de força de vontade e, num sentido muito exato, cada impulso trágico pelo poder. Isso capacita o homem mágico a se destacar contra o poder superior da natureza, para que possa escapar da força aglutinante de sua fusão com ela. Com isso ele realiza esse salto adicional na consciência, que é o tema real das mutações da humanidade.
>
> Esse impulso notável e profundamente arraigado de ficar livre de milagres, tabus, nomes proibidos, que, se pensarmos sobre o período arcaico, apresenta na magia um definhar da totalidade outrora prevalecente; essa ânsia pela liberdade e *a necessidade constante de ser contra alguma coisa* resultante dela (porque somente

este "ser contra" cria separação e, com ela, possibilidades de consciência), podem ser a resposta reativa do homem, posto à deriva na Terra, ao poder da Terra. Pode ser maldição, bênção ou missão. Seja como for, pode significar: quem quer que deseje prevalecer sobre a Terra tem de se libertar de seu poder.

A seguir, no esquema de Gebser, está o estágio *mítico*. Nele também são reconhecidas fases de transição e há, inevitavelmente, variações de *timing* entre diferentes culturas e regiões geográficas. A evolução cultural humana não é um tipo de movimento monolítico para a frente, todos juntos em passo de marcha. Esse é um aspecto importante e, em geral, mal compreendido pelos críticos. Além disso, Gebser sugere que há expressões tanto positivas quanto negativas de cada um desses estágios, períodos de tempo em que estão crescendo, ganhando vitalidade e toda a energia de uma nova emergência, e períodos de tempo em que estão se debilitando, perdendo vitalidade, entrando num período mais "deficiente".

Com a chegada da cultura humana mítica, temos também o começo da história, literalmente falando. O mágico é pré-histórico; encontra-se "antes de nossa consciência do tempo", como diz Gebser. A história registrada é em si mesma um indício da emergência de uma nova consciência, um indício de que a consciência atemporal da cultura mágica está cedendo lugar a um novo sentido de tempo e história. O tempo está começando a penetrar na percepção humana, um senso emergente de temporalidade, que levará a novas histórias das origens humanas e a cosmologias míticas. E com esses novos mitos e cosmologias, há um novo sentido de linguagem e palavras para expressá-los, uma nova tradição oral que dá ênfase ao poder da "narrativa mítica vocalizada" ("no início era o Verbo"). As palavras assumem grande significado na estrutura mítica, como transmissoras de significado rico em termos psíquicos e conteúdo impregnado de vitalidade. Mesmo hoje, Gebser observa que a estrutura mítica existe como um mundo imaginoso, pictoricamente rico, caracterizado pela natureza imagética do mito, que alterna entre "atemporalidade mágica e o despontar da percepção da periodicidade cósmica".

Gebser, como mencionei, era fascinado pela perspectiva artística e observa que os humanos míticos desenvolveram um novo senso de perspectiva, uma polaridade bidimensional "aperspectiva" expressa pelo círculo, um modo de pensar cíclico que "abrange, equilibra e amarra todas as polaridades quando o ano, no curso de seu ciclo perpétuo de verão e inverno, se volta sobre si mesmo, quando o curso do Sol inclui meio-dia e meia-noite, luz do dia e escuridão, quando as órbitas dos planetas, em sua ascensão e ocaso, abrangem trilhas visíveis assim como invisíveis e retornam sobre si mesmas". E essa polaridade é captada não só como expressão física, mas também como realidade psíquica e religiosa. Por exemplo, na invocação do "subterrestre Hades e [...] do superterrestre Olimpo". Mais tarde, é claro, vemos essa mesma polaridade na crença num céu acima e no inferno embaixo.

A emergência do mítico representa um novo reconhecimento do universo interno, o mundo da alma, como Gebser explica. A percepção está aumentando; o mundo interior está se tornando mais amplo, mais rico e mais consciente. Um sinal dessa consciência crescente, ele observa, é a inclusão da irritação e da ira humana na literatura antiga, uma demonstração de uma nova individuação e autoafirmação, que sinaliza o ego humano lutando para se livrar dos laços restritivos do grupo, do coletivo, do clã. Vemos isso na ira de Moisés, "o homem que despertou a nação de Israel" e nas mitologias de herói, como a *Ilíada* — talvez a obra mais antiga da literatura ocidental —, que realmente começa com a declaração: "Cante, oh deusa, a cólera de Aquiles, filho de Peleu". Sob tal luz, podemos ver como este mítico "valeu, Aquiles!" é simultaneamente um tributo ao despertar de um senso autônomo do eu ou, como diz Gebser, um "chamado à consciência".

A estrutura *mental* da consciência é mais familiar para nós, pois ainda representa o estágio dominante de nossa cultura hoje. Tendo a me referir a ela neste livro como *modernista*, a fase da consciência ou visão de mundo que atingiu a maioridade na cultura em geral durante o Iluminismo europeu. Gebser situa, contudo, seu verdadeiro início na Era Axial, na Grécia helênica, fonte primeira da mente ocidental. É a emergência da mente racional, do pensamento dirigido e discursivo, outro passo na longa jornada do ego individuado para libertar-se do domínio da natureza, dos laços vitais do clã e das energias psíquicas do mito. Gebser, sempre o sutil mitologista, cita não apenas os filósofos de Atenas como berço do mental-racional, mas também o nascimento de Atena, deusa da sabedoria, que nasceu da cabeça fendida de Zeus. Essa deusa do "pensamento claro [...] brilhante", uma divindade com olhos de coruja, que pode enxergar o inconsciente, a escuridão não despertada, é a homônima da mente ateniense e está destinada a se tornar uma protetora das ciências. É aqui, como Gebser observa, falando da perspectiva da mente europeia no meio de duas desastrosas guerras mundiais, que o "mundo mental-racional passou a existir, este nosso mundo que talvez esteja agora chegando a um fecho. Qualquer um que perceba o fim, e saiba de suas agonias, devia saber do começo".

Gebser observa que o pensamento ou "formas de pensamento" na maneira como pensamos hoje em mentalidade, é realmente um traço dessa nova estrutura mental-racional. Não podemos, realmente, falar de pensamento como o conhecemos na estrutura mítica original, ele sugere. As formas de pensamento, nessa estrutura mais primitiva de consciência, são diferentes, são mais como formas "sendo-pensamentos" — uma designação que ilustra o caráter mais contido da consciência individual na estrutura mítica. No estágio mental, há um "eu" sem ambiguidade produzindo o pensamento ("penso, logo existo"), mas no mundo mítico os humanos não podiam distinguir tão facilmente suas instâncias conscientes das formas de pensamento que ocupavam suas psiques. "Enquanto o pensamento mítico, até onde pode ser chamado de pensamento", ele escreve, "era uma moldagem ou um desenhar de imagens na imaginação, o pensamento discursivo é, fundamentalmente, diferente. Não é mais de tipo polar, contido [...] mas antes dirigido para objetos [...] e tirando energia do ego individual". E na estrutura mágica perdemos ainda mais dimensionalidade; aqui, Gebser chama as formas de pensamento de "sendo-em-pensamento" — expressão de um ego menos individuado, de mais imersão; um mundo não de pensamento discursivo, representativo, ou de experiências psíquicas, mas de experiências vitais, em que o ser individual é quase completamente eliminado.

A estrutura *mental* é uma estrutura dominada por homens, mentalidade, matéria e materialismo, na qual nos movemos da mitologia para a filosofia, em que "o homem é a medida de todas as coisas" e mede todas as coisas. O surgimento desse novo estágio é de extrema importância, na medida em que "rompe o círculo psíquico protetor do homem e a harmonia com o mundo psiconaturalista-cósmico-temporal de polaridade e cerco... O homem saiu da superfície bidimensional para o espaço, que tentará dominar com seu pensamento. É um evento sem precedentes, um evento que, fundamentalmente, altera o mundo".

Além de oferecer essa descrição singular e, na maioria dos aspectos, sem precedentes de estágios da consciência, Gebser também capta as agonias e êxtases da luta heroica da evolução humana, as vitórias difíceis de nossa consciência crescente e a crescente liberdade e dimensionalidade de nossa experiência. Para ele, trata-se, inquestionavelmente, de um processo espiritual, e nossa reflexão sobre ele sendo uma oportunidade para perceber os verdadeiros "brotos do futuro", que iluminarão o caminho para a próxima emergência. E isso revela, ao mesmo tempo, as maravilhosas e terríveis consequências de nossa complexa jornada, da unidade de uma fusão primordial com a natureza para a liberdade, luz e poder de um universo conceitual, racional.

> E seria bom para nós sermos obedientes à realidade de uma pessoa: embora a ferida na cabeça de Zeus cicatrizasse, já fora uma ferida. Todo pensamento "original" abrirá feridas... Todos que estão determinados a sobreviver — não só à Terra, mas também à vida — com mérito e dignidade, e viver em vez de aceitar passivamente a vida, devem mais cedo ou mais tarde atravessar as agonias da consciência emergente.

Por meio da escrita evocativa de Gebser, podemos começar a ver a evolução humana através dessa rica tapeçaria de estágios e estruturas. O que acontece quando visões de mundo colidem? Quando vemos acontecimentos históricos pela lente da evolução da consciência, isso muda, sob aspectos importantes, nossa perspectiva. Ficamos menos concentrados nas manifestações materiais da visão de mundo e mais concentrados nas dimensões interiores, nas estruturas internas e onde elas estão situadas no tempo evolucionário. Por exemplo, num trecho particularmente evocativo que ilustra essa perspectiva, Gebser descreve as razões pelas quais a civilização asteca do México cedeu tão facilmente aos conquistadores espanhóis no século XVI. Como tão poucos puderam conquistar tanta gente, tão facilmente? Ele começa se referindo a um antigo relato asteca de como Montezuma tentou enviar seus feiticeiros para lançar feitiços contra os espanhóis. O fracasso deles não foi apenas um fracasso de vontade, esforço, tecnologia, potencial humano ou armamento, mas de consciência, ele explica. A cultura asteca era representativa dos estágios mágicos e míticos de Gebser, enquanto os espanhóis estavam mais enraizados no mental-racional. Montezuma mandou seus lançadores de feitiços, sacerdotes e adivinhos interceptar os espanhóis, mas, como narra o manuscrito, eles "não puderam alcançar seus intentos contra os espanhóis; simplesmente não conseguiam ter êxito". Teóricos atuais podem atribuir isso a uma superstição por parte dos astecas, mas Gebser sugere que "um autêntico lançamento de feitiço, elemento fundamental da consciência coletiva para os mexicanos, só é eficiente para os membros sintonizados com a consciência do grupo. Simplesmente não atinge os que não estão ligados ao grupo ou não lhe são favoráveis. A superioridade dos que vinham da Espanha, que compeliu os mexicanos a se renderem quase sem luta, resultava, primariamente, de sua consciência da individualidade, não do armamento superior. Se a possibilidade de abandonar uma atitude carente de ego estivesse ao alcance dos mexicanos, a vitória espanhola teria sido menos certa e, sem a menor dúvida, mais difícil".

O relato feito por Gebser desse choque entre culturas dá uma indicação do que significa começar a olhar para a história pela lente da evolução interior da consciência, não por uma concentração exclusiva no mundo mais material da tecnologia, economia, ciência ou política.

Além de esboçar esses estágios da história, Gebser estava também interessado no despertar de uma nova visão de mundo — uma visão de mundo que tinha vislumbrado quando rapaz e rotulado de "integral". Mas o novo também diz respeito ao antigo, no sentido de que o despontar da consciência integral inclui despertar novamente nosso conhecimento histórico e conexão interior com estruturas anteriores, tornando-as mais conscientes, mais transparentes, mais acessíveis. Mas isso não é nem um retorno nem uma regressão. Não podemos voltar; o caminho para a frente é mais consciência, não menos. Não devemos tentar habitar de novo estruturas culturais inadequadas a nosso tempo, nem romantizá-las. Vemos isso acontecer, por exemplo, na quase obsessão na sociedade pós-moderna pela sabedoria e pela ligação com a natureza das culturas indígenas, que era realmente, como Gebser nos mostra, uma *imersão* na natureza. E vemos isso naqueles que se refugiam em visões de mundo míticas e religiosas, procurando a segurança estabelecida de um sentido aceito e um senso de lugar.

Eu lembraria, mais uma vez, que embora Gebser admita, prontamente, que podemos ver esses primeiros estágios ativos em nossas próprias psiques e que eles podem ser proeminentes e mesmo dominantes em certas culturas hoje, seu caráter histórico original teria sido significativamente diferente de sua expressão em nosso tempo. Uma cultura no estágio mítico, quando representava a verdadeira frente avançada da evolução humana, lutando valentemente para se libertar da imersão no estágio mágico, estaria, inevitavelmente, mundos distantes de uma visão de mundo mítica existindo no contexto de um mundo globalizante pós-moderno, grande parte do qual deixou a consciência mítica bem para trás, nos nevoentos confins do passado. Cada uma dessas estruturas continua a entrar em mutação e a evoluir, algumas de forma bastante significativa, mesmo se certos elementos centrais, as estruturas mais profundas de consciência que respaldam cada estágio, permanecem, em termos gerais, as mesmas. Essa distinção entre as profundas estruturas subjacentes desses estágios da consciência e suas expressões de superfície mais relativas, mutáveis, contingentes, é um aspecto crucial de uma robusta visão de evolução cultural. Mais importante ainda, ela ilumina o mundo ao nosso redor. Explica, por exemplo, por que podemos ter o reacionário fundamentalismo islâmico, que é tanto uma resposta bastante contemporânea à modernidade, quanto expressa, ao mesmo tempo, elementos centrais de uma estrutura mítica de consciência muito antiga.

Gebser continuaria, durante toda a sua vida, a procurar exemplos da nova consciência *integral* emergindo na cultura do mundo. Viajaria, finalmente, para a Índia, onde uma segunda iluminação espiritual ocorreu-lhe em Sarnath, local do primeiro ensinamento de Buda. Gebser descreveu-a como uma "transfiguração e irradiação da indescritível, sobrenatural, transparente 'Luz'". Na introdução à segunda edição de *The Ever-Present Origin*, publicada em 1966, ele mencionou, num trecho que reforça suas credenciais como importante evolucionário, que, entre exemplos desse novo estágio de consciência, "os escritos de Sri Aurobindo e Teilhard de Chardin se destacam".

As férteis e extraordinárias percepções de Gebser estavam inspiradas por seus próprios lampejos iniciais de consciência integral. E sua obra deu uma contribuição extremamente significativa ao acervo de pensamento filosófico que hoje está emergindo em torno da noção de estágios de desenvolvimento cultural. Gebser também abriu caminho para que toda uma geração de pensadores pesquisasse, completasse e refinasse os padrões básicos que havia identificado, e começasse a trabalhar com eles quando aparecem hoje na cultura. Como veremos no capítulo seguinte, compreender a consciência de ontem é essencial não só para constatar o fato de que a consciência *realmente* evoluiu, mas também para capacitá-la *a* evoluir em nossa própria época, mesmo em alguns dos locais mais voláteis de nosso planeta cada vez menor.

Capítulo 10

DINÂMICA DA ESPIRAL: A INVISÍVEL ARMAÇÃO DE ANDAIMES DA CULTURA

Um cérebro se desenvolvendo é uma espécie de leviatã cognitivo, crescendo como bola de neve, que se adapta a toda e qualquer coisa que estiver perto dele. Aprender é um aspecto de extrema plasticidade, e a criatividade, outro. Qualquer espécie que possa fazer coisas como jogar com o mundo, imaginá-lo, recordá-lo e expandir seus círculos de experiência [...] acabará fazendo experiências com seu próprio destino.

— *Merlin Donald,* A Mind So Rare

Em minhas viagens pelo mundo espiritual e filosófico progressista nas últimas duas décadas, encontrei muitos personagens notáveis, contraditórios, cativantes e surpreendentes, mas nenhum chegou realmente a me preparar para o encontro com Don Beck — um ativista acadêmico texano de palavras duras, com uma perspectiva singular sobre evolução cultural. De fala arrastada, baixa, e uma mistura de presunção e fascínio, Beck ajudou a aprofundar minha avaliação daquela vigorosa ideia que investigamos no capítulo anterior: que consciência e cultura evoluem através de estágios e estruturas identificáveis. É uma proposta corajosa e polêmica, mas que vale, sem a menor dúvida, o tempo e o investimento para compreendê-la. E, nas mãos de Beck, essa percepção assume uma relevância cultural particular. Enquanto grande parte do trabalho de Jean Gebser estava focado em visualizar formas de consciência à medida que emergiram pela primeira vez em nosso passado cultural, Beck está preocupado com aqueles estágios em que elas continuam hoje a se manifestar. Como mencionei, as visões de mundo que definem a trajetória do desenrolar da cultura não são simplesmente traços de nossa história — elas ainda existem como sistemas de organização estáveis para sociedades ao redor do mundo. Compreender a realidade e natureza dessas visões de mundo é uma daquelas ideias, como se costuma dizer, cuja hora chegou e desconfio que desempenhará um papel crucial para garantir que os seres humanos não repitam nos séculos XXI e XXII os erros do séculos XIX e XX.

Embora o sistema de Beck incorpore algumas das ideias básicas de Gebser, de Hegel e da psicologia do desenvolvimento, a Dinâmica da Espiral, como é conhecida, é o modo mais prático e pragmático de olhar para a evolução das visões de mundo. É fruto da imaginação do psicólogo independente Clare Graves, que até morrer, em 1986, foi amigo e mentor de Beck. A ideia básica da Dinâmica da Espiral é bastante simples — enganosamente simples. Há oito estágios, "sistemas de valor" ou visões de mundo (Beck costuma se referir a eles como "códigos"), que formam as estruturas básicas da psicologia humana e da sociologia. Esses estágios constituem uma espiral evolucionária ascendente, que tanto os indivíduos quanto a cultura atravessarão enquanto se desenvolvem — psicológica, social, moral e espiritualmente. Beck se refere a eles como sistemas "biopsicossocial-espirituais", que formam uma espécie de armação invisível de andaimes em nossa consciência, estruturas cognitivas ocultas, mas influentes, que condicionam nossas perspectivas e nossos valores de forma análoga ao modo como o DNA influencia, mas não determina exatamente, as formas e os traços de um organismo. Na verdade, assim como Abraham Maslow, o psicólogo pioneiro de meados do século XX, estava rastreando uma hierarquia de necessidades, a Dinâmica da Espiral rastreia uma hierarquia de valores. De fato, a relação entre esses dois sistemas de desenvolvimento ultrapassa a mera semelhança sistêmica; os próprios Maslow e Graves eram amigos e colegas.

Encontrei-me pela primeira vez com Beck em 2002, quando ele visitou a sede da *EnlightenNext* em Massachusetts. Beck estava na faixa dos 70 e eu na faixa dos 30, mas por acaso tínhamos algumas coisas em comum mais importantes que a idade — uma paixão pela dinâmica da evolução e um amor pelas partidas de futebol americano.

Como fui criado em Oklahoma, conheço alguma coisa sobre essa espécie única de homem americano conhecida como "texano". Primeiro, os texanos tendem a ter um temperamento provocador e uma índole independente. Beck possui, num grau considerável, ambas as coisas. E, em segundo lugar, eles adoram futebol. Assim, durante aqueles primeiros encontros com Beck e a Dinâmica da Espiral, eu e meus colegas passaríamos horas e horas discutindo as minúcias dos estágios evolucionários com o dr. Beck e, de repente, ele e eu escapulíamos, achávamos uma televisão e assistíamos ao futebol universitário.

Sem dúvida, como minha esposa britânica atestará, quando assisto futebol, principalmente o futebol da Universidade de Oklahoma, passo por uma alteração de personalidade um tanto alarmante. Deixo temporariamente para trás meu jeito habitualmente cordato e toda uma subpersonalidade toma a frente de minha consciência. É como se eu estivesse entrando em contato com minhas raízes tribais, com valores bélicos de poder, vontade e dominação que não são tão proeminentes em minha personalidade habitual. Uma atitude inteiramente nova emerge em minha consciência, que, eu suspeito, está mais relacionada a antigas guerras tribais que a qualquer coisa com que eu esteja atualmente envolvido. É também uma predileção que está presente na família (assim como no estado). Quando minha esposa encontrou pela primeira vez um de meus primos, que ainda mora em Oklahoma, ele nos deu os parabéns pelo casamento recente e logo perguntou a ela, com alguma preocupação: "Você já o viu assistindo futebol?".

Felizmente, ela já tinha visto e continuamos felizes em nosso casamento, mas o ponto mais importante é que minha temporária mudança de personalidade depõe a favor da teoria da Dinâmica da Espiral. A Dinâmica da Espiral sugere que, como Gebser também acreditava, cada um dos grandes sistemas de valores representa uma estrutura interna que existe dentro de cada um de nós. Essas estruturas podem ser reativadas a qualquer hora, dependendo das circunstâncias de nossas vidas. Estou vendo futebol e por duas horas posso experimentar, de um modo rudimentar, os valores e emoções mais intimamente associados a um mundo tipo "lei do mais forte", de Átila, o huno, que a uma democracia moderna. Bem, isso não significa que eu perca todo o controle e me transforme num guerreiro tribal, mas significa que, dadas as circunstâncias certas, qualquer um de nós, em maior ou menor grau, pode tornar a invocar ou a se alojar em perspectivas e atitudes cujos traços mais explícitos foram formados em épocas primitivas. Assim como a psicologia evolucionária argumenta, com vigor, que grande parte dos hábitos, traços e impulsos que constituem nossa personalidade moderna formaram-se, originalmente, bem no fundo de nosso passado evolucionário, a Dinâmica da Espiral argumenta que muitos de nossos valores pessoais são realmente bastante impessoais, formados no caldeirão evolucionário da história humana.

"As pessoas estão presas na história e a história está presa nelas", escreveu o grande escritor americano James Baldwin. Baldwin estava falando sobre raça, mas a afirmação também capta o modo como a história evolucionária da espécie está inevitavelmente refletida no interior de nossa psicologia individual. De fato, segundo a Dinâmica da Espiral, não somos páginas brancas em que podemos escrever o drama que nos convier. Não, estamos vivendo *no* drama de desenvolvimento da história e, quanto mais cedo reconhecermos os verdadeiros contornos desse texto, mais influência podemos ter no desenrolar do espetáculo. Nesse sentido, "estar preso" é a expressão errada; estamos vivendo na história e a história está vivendo em nós.

Como discutimos no capítulo anterior, um dos desafios para os teóricos do desenvolvimento é compreender a relação entre indivíduo e coletivo, entre visões de mundo culturais e estágios psicológicos de desenvolvimento. A Dinâmica da Espiral é interessante porque parece, pelo menos até certo ponto, se aplicar a ambos. Mas seus defensores também têm sido criticados por embaçarem as distinções e traçarem correlações não provadas. Nas páginas que se seguem, eu mesmo serei sem dúvida culpado disso, mas o faço conscientemente, pela necessidade de esclarecer os aspectos verdadeiramente cruciais dessa perspectiva, e peço que os leitores não se prendam excessivamente a certas colocações.

O próprio Beck era professor de sociologia na University of North Texas quando se deparou com a obra de Graves em 1974, num artigo da revista *The Futurist* intitulado "A Natureza Humana se Prepara para Importante Salto". Ficou imediatamente interessado pelas ideias contidas no ensaio. A natureza evolucionária de final aberto da teoria de Graves o impressionou — a sensação de que a natureza humana não era um acontecimento fixo esperando para ser mapeado e compreendido, mas um sistema inacabado, maleável, evolutivo, que estava ainda em processo, ainda se adaptando, ainda mudando. De fato, poderíamos dizer que ele sentiu na obra de Graves um despedaçamento do encanto da solidez em relação à cultura humana. "O erro que a maioria das pessoas comete quando pensa nos valores humanos é presumir que a natureza do homem é fixa e que há um único conjunto de valores humanos pelos quais ele deveria viver", Graves declarava logo no início do artigo de 1974. "Tal suposição não se ajusta à minha pesquisa. Meus dados indicam que a natureza do homem é um sistema aberto, em evolução constante, um sistema que avança por saltos quânticos de um sistema de estado estacionário para o próximo, através de uma hierarquia de sistemas ordenados." Não sendo de ficar contemplando de longe pessoas e grandes ideias, Beck logo estava num avião rumo ao norte do estado de Nova York, onde encontrou-se com o homem que estava por trás desse fascinante e novo modelo. Deram-se bem de imediato (Graves também gostava de esportes) e passaram horas juntos discutindo o significado da nova teoria.

A viagem esteve longe de ser improdutiva. Quando voltou ao Texas, Beck alterou completamente o rumo de sua pesquisa, para explorar melhor as implicações do modelo teórico de Graves. Mas ele também descobriu um novo interesse por outros modelos relacionados de desenvolvimento psicológico e moral que há décadas, desde a Segunda Guerra Mundial, estavam pipocando. Então, pôs a caminho suas botas de caubói modelo Texas e foi ao encontro dos grandes teóricos do desenvolvimento daquele período, como a lendária psicóloga do ego Jane Loevinger e Lawrence Kohlberg, o famoso teórico de Harvard do desenvolvimento moral. Mas, apesar dessas visitas iluminadoras, não encontrou trabalho que tivesse a profundidade da teoria de Graves. Por isso se manteve em estreito contato com seu novo mentor, desenvolvendo uma amizade que atravessaria o resto da vida do homem mais velho e definiria a carreira do mais novo.

Graves era um rebelde cujas ideias contrariavam as teorias dominantes do behaviorismo da época e mesmo a orientação mais progressista da psicologia humanista. Ele atribuía parte da originalidade de seu pensamento, seu nível de conforto interdisciplinar e "sua capacidade para ver diferenças" à inabitual diversidade de perspectivas que encontrou durante seus anos na Western Reserve University. Tal experiência formativa pode ter sido parte da preservação intelectual de Graves, talvez forjando aquela perspectiva generalista característica de tantos evolucionários. Mas ele nunca alcançou a reputação ou teve a influência de outros teóricos de peso. E, não fosse pelos esforços de Beck e de outro colega importante, Chris Cowan, que trabalhou com Beck para dar às ideias de Graves uma forma mais contemporânea, a abordagem do desenvolvimento humano de Graves, notavelmente integrada, poderia ainda permanecer pouco conhecida. À luz da história, podemos dizer que a rejeição de Graves por seus pares foi simplesmente resultado de ele estar muito à frente de seu tempo. Contudo, isso também aponta para um dos mais destacados aspectos de sua teoria — que as "condições de vida" desempenham um papel crucial no desenvolvimento. À medida que os tempos mudam e a cultura evolui, o tipo de pessoa que ocupa o centro do palco cultural também muda. Na guerra, precisamos de generais e homens dispostos a lutar. Em tempo de paz, celebramos realizações muito diferentes. De modo semelhante, à medida que a cultura evolui, apreciamos de maneira nova aqueles teóricos e teorias cujas contribuições correspondem mais às necessidades de nosso próprio momento que às da época em que os primeiros estavam vivos. Hoje, uma teoria evolucionária como a Dinâmica da Espiral está repleta de novas formas de força explanatória, que são mais adequadas a nos ajudar a seguir através de conflitos culturais e do chamado "choque de civilizações". E assim poderíamos dizer (usando linguagem darwinista) que ela se tornou mais adequada e "apta" para o ambiente cultural do século XXI.

SISTEMAS BIOPSICOSSOCIAIS REVELADORES, EMERGENTES, OSCILANTES, ESPIRALADOS

"Em suma, o que estou propondo", Graves escreve no artigo que apresentou a Beck sua obra, "é que a psicologia do ser humano maduro é um processo revelador, emergente, oscilante, em espiral, marcado por uma subordinação progressiva de sistemas de comportamento mais antigos, de ordem mais baixa, a sistemas mais novos, de ordem mais elevada, quando se alteram os problemas existenciais do homem."

A espiral do desenvolvimento cultural*

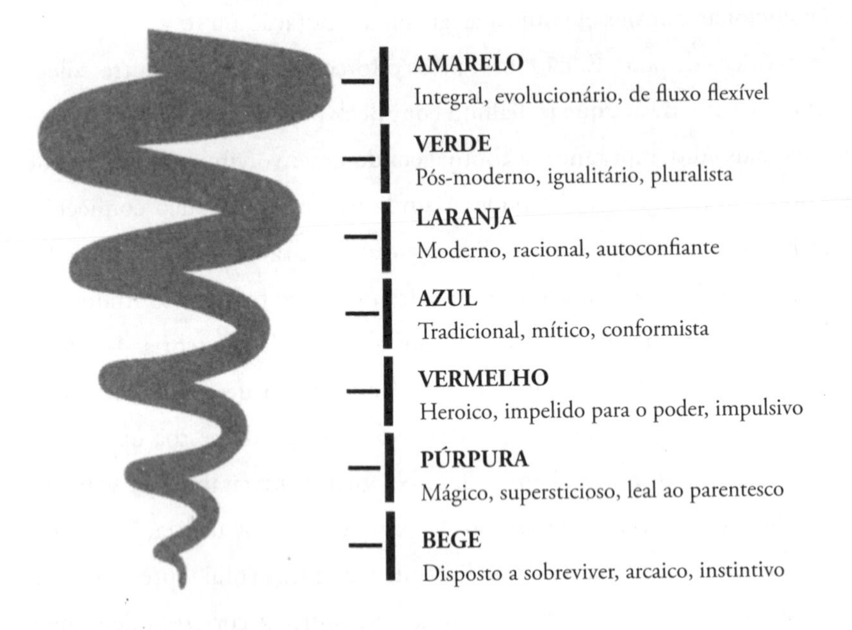

Por sistemas "mais antigos, de ordem mais baixa" e "mais novos, de ordem mais elevada", Graves estava se referindo aos sistemas de valores ou visões de mundo que foram desenvolvidos no cadinho histórico da passagem evolucionária da humanidade dos hominídeos pré-históricos aos humanos modernos. No modelo da Dinâmica da Espiral, há ao todo oito, embora os dois últimos sejam mais especulativos, não tendo ainda penetrado na corrente cultural dominante e estando ativos basicamente em raros indivíduos. Na década de 1990, Beck e Cowan tomaram a decisão insólita de dar um código de cores a esses sistemas, tornando-os mais fáceis de serem recordados. Podemos ver na Dinâmica da Espiral muitos paralelismos com o modelo de Gebser, embora ela acrescente mais estágios. Parte da novidade de uma visão de mundo evolucionária está em começar a ver teóricos de contextos extremamente diferentes examinando um território similar. Os nomes dos estágios podem ser diferentes, a sequência exata pode variar, mas podemos ver semelhanças profundas e importantes nos padrões que estão sendo reconhecidos e na dinâmica evolucionária sendo observada.

---

* As cores se referem ao modelo da Dinâmica da Espiral, baseado no trabalho de Clare Graves, Don Beck e Christopher Cowan.

O primeiro sistema de Graves (bege), a que Beck agora se refere como Disposto a Sobreviver, é uma espécie de sistema baseado no clã, instintivo, impulsivo, no qual o objetivo é continuar vivo — um nível de consciência de quase pré-linguagem, que é anterior à emergência dos humanos contemporâneos. É similar ao estágio arcaico de Gebser.

O segundo sistema (púrpura) refere-se, essencialmente, a um estágio semelhante à estrutura mágica de Gebser, embora seja essencial observar que as descrições de Gebser são de como o sistema emergiu pela primeira vez em nosso passado longínquo. A dinâmica básica dessa visão de mundo ainda pode ser vista em muitas populações indígenas e está hoje fartamente representada em culturas antigas do mundo inteiro. Temos aqui um senso mais profundo de vínculo afetivo humano, visto que os indivíduos acabam se identificando com pequenos clãs e tribos; há um novo sentido da dinâmica de causa e efeito — "a primeira noção do metafísico", como diz Beck —, pois os primeiros humanos tentam explicar a dinâmica imprevisível de seu mundo. Beck afirma que há uma espécie de profunda conectividade humana nesse sistema, uma herança positiva daquele senso quase pré-ego de vínculo afetivo. Vi Beck tocar um dia a canção "Stand by Me" [Fique do meu Lado] numa conferência, para captar a qualidade relacional desse sistema de valores. Temos aqui o animismo e tendências para pensar "ritualisticamente, de forma supersticiosa e através de estereótipos, [tentando] assim controlar por encantamento, totens e tabus". Há nesse nível, como Graves descreve, "um nome para cada curva do rio, mas nenhum para o rio". Nas últimas décadas, vimos a redescoberta de um interesse pela contribuição positiva e sabedoria desse sistema de valores, que se revela no fascínio generalizado pelo xamanismo e pelas culturas indígenas.

Para o terceiro sistema de valores (vermelho), temos a emergência do "eu egocêntrico em estado bruto — o renegado, o herético, o bárbaro, o não-conte-comigo, o eu-sou-o-tal, o hedonista", como Beck explica. Temos o eu individual se libertando da família, do clã, das estruturas seguras do lar e lareira. Temos aqui o tribalismo em suas muitas formas e o etnocentrismo, juntamente com os primeiros impérios. Nesse sistema de valores, encontramos bastante fúria e rebelião, mas também criatividade e heroísmo. Pense em microculturas de gangues e do crime organizado dentro das cidades, mas também em campeões atléticos e astros do rock. Podemos dizer que há uma vitalidade, energia e autoexpressão tremendamente positivas nesse sistema de valores.

Os três sistemas seguintes se alinham, aproximadamente, com as três visões de mundo mais comuns, hoje ativas no planeta: *tradicionalismo (azul), modernismo (laranja) e pós-modernismo (verde)*. Beck gosta de chamá-las Forças Sagradas, Mercadores Livres e Igualitários. Pense em Billy Graham, Bill Gates e Oprah. Ou na direita religiosa, nos libertários e nos ambientalistas. Ou Opus Dei, IBM e Greenpeace. Graves é apenas um dentre as dezenas, senão centenas, de teóricos e pesquisadores desta questão que identificaram uma série mais ou menos similar de visões de mundo ativas hoje, embora deva ser destacado que ele foi um dos primeiros a identificar claramente o "pós-modernismo" ou o que chamou de sistema "relativista, existencial". Como esse sistema de valores só conseguiu penetrar de fato na corrente principal de pensamento a partir dos anos 1960, é compreensível que teóricos anteriores não conseguissem identificá-lo de forma tão explícita.

O sétimo nível, que mais tarde passou a ser chamado de "integral", marcou uma mudança significativa, segundo Graves, e é uma visão de mundo até agora desconhecida no mundo, pelo menos em grande escala. No nível integral, os valores são influenciados menos pelo interesse próprio e mais por um desejo de ver o bem-estar do todo, a sobrevivência e o sucesso do projeto integral da existência humana. Beck descreve esse sistema como de "fluxo flexível", um modo de agir talvez mais bem descrito por Graves:

> O modo adequado de se comportar é aquele que resulta de se trabalhar dentro da realidade existencial. Se é realista ser feliz, então é bom ser feliz. Se a situação pede autoritarismo, então é adequado ser autoritário, e se a situação pede democracia, é adequado ser democrático. O comportamento é correto e adequado se está baseado na melhor evidência possível de hoje; nenhuma vergonha deve ser sentida por quem se comporta dentro desses limites e fracassa. Essa ética prescreve que o que foi certo ontem pode não ser visto como certo amanhã.

As visões de mundo da Dinâmica da Espiral podem ser pensadas como complexos sistemas de valores. Como Beck a descreveu numa entrevista: "A Dinâmica da Espiral está baseada na suposição de que temos [...] inteligências complexas, adaptativas, contextuais, que se desenvolvem em resposta a nossas circunstâncias de vida e desafios". Elas têm sido eventualmente chamadas "valores-memes", às vezes abreviado para "memes" (não deve ser confundido com o uso que Richard Dawkins faz do termo).* Ken Wilber, que incorporou a Dinâmica da Espiral a seu próprio trabalho, juntamente com muitos outros modelos de desenvolvimento, pensa nesses estágios ou códigos como "ondas de desenvolvimento" — quase como ondas de frequência através de uma faixa eletromagnética, estágios distintos que se confundem e se misturem um com o outro como cores no espectro visual. Não são "níveis rígidos, mas ondas fluindo", Wilber escreve, "com muita sobreposição e entrelaçamento".

Penso nelas como complexos sistemas de inteligência que ajudam a organizar nossa vida interna, praticamente, do mesmo modo como o sistema esquelético ou o sistema nervoso ajudam a organizar nossa vida biológica. O decisivo poder e influência subjacentes a esses sistemas de valores não devem ser subestimados e, no entanto, é importante adotar uma atitude bastante flexível quando pensamos neles, reconhecendo que não são distinções rígidas ou absolutas, mas generalizações significativas, que nos capacitam a tirar um sentido muito maior da experiência humana. Representam posições profundas na consciência, elementos naturais de atração, que tendem a chamar para si ecossistemas de valores que ressoam com os princípios fundamentais da visão de mundo. Graves acreditava que eles também representassem diferentes níveis de ativação em nosso equipamento neurológico, sugerindo que essas visões de mundo não são meramente psicológicas e sociais, mas neurológicas.

Beck gosta de salientar que esses sistemas de valores representam não exatamente tipos de pessoas, mas tipos *em* pessoas. Cada um de nós pode expressar valores associados a muitos desses sistemas e, no entanto, os valores da maioria das pessoas tenderão a se aglutinar ao redor de uma visão de mundo primária, seu "centro de gravidade", como gostam de dizer os que defendem essa posição. É também errado pensar nesses sistemas como intrinsecamente maus ou bons. Eles são conjuntos de valores que se adaptam para atender a certas condições de vida. E pode haver, em cada sistema, expressões comportamentais saudáveis ou insalubres. O relativismo cultural extremo seria uma expressão insalubre de

* Richard Dawkins definiu o termo como "unidade de transmissão cultural", em *The Selfish Gene* (Nova York, N.Y.: Oxford University Press, 1989), 192.

pós-modernismo (verde), enquanto a sensibilidade ecológica e a igualdade de gênero seriam uma versão sadia desse mesmo sistema de valores. Você pode ter um egomaníaco expressando uma visão de mundo cultural muito sofisticada e uma pessoa decente, de boa índole, expressando os valores essenciais de uma visão de mundo muito "mais baixa" na escala evolucionária. Faça com que a segunda pessoa um dia desses jante comigo! Temos de desconfiar da ideia fixa de que "o mais elevado é sempre melhor". Tudo é muito mais complexo. Como Graves expressou de forma eloquente: "O que estou dizendo é que, quando uma forma de ser é mais coerente com as realidades da existência, trata-se então da melhor forma de vida para essas realidades... Quando uma forma de existência deixa de ser funcional para as realidades da existência, alguma outra forma, mais elevada ou mais baixa na hierarquia, é o melhor estilo de vida". A não violência de Gandhi foi uma bela e eficiente resposta ao colonialismo, mas desconfio que teria sido menos bem-sucedida diante de Gêngis Khan. O regime militar pode ser uma estrutura de governo apropriada para um país à beira da anarquia tribal, mas seria um elemento de retrocesso e desastre numa cultura mais modernizada.

Quem dentre nós quer estudar esses estágios ou transições por meio dos quais nossa consciência e cultura têm se movido, mas carece de poderes extraordinários de percepção do passado, não precisa desesperar. Podemos ver esses estágios de desenvolvimento cultural não apenas olhando para trás, mas simplesmente olhando em volta. Como Robert Godwin escreve: "Não precisamos de uma máquina do tempo [...] porque em nosso mundo atual, do ponto de vista da psicologia, o tempo de desenvolvimento é espaço cultural". O que isso significa? Falando diretamente, significa que os indivíduos e culturas hoje existentes em diferentes áreas do mundo estão em diferentes estágios de desenvolvimento. Embora grande parte do mundo desenvolvido possa ter alcançado estágios modernos ou pós-modernos, há muitas outras nações e continentes que continuam a viver num estágio tradicional ou mesmo tribal. E, mesmo dentro de países como os Estados Unidos, uma série desses diferentes sistemas de valores está, claramente, ativa ao mesmo tempo. Na verdade, as culturas jamais são monolíticas, particularmente num mundo globalizante, e dentro de qualquer país haverá indivíduos habitando diferentes estágios de desenvolvimento, e também se deslocando entre eles.

Assim, embora nosso sistema político goste de usar distinções como direita *versus* esquerda, ou conservadores *versus* liberais, como categorias que tudo abrangem quando se trata de valores públicos, "tradicional", "moderno" e "pós-moderno" são realmente termos muito melhores para analisarmos movimentos sociais e políticos. Por exemplo, quando Richard Dawkins e os novos ateus atacam crentes religiosos, não se trata apenas de ateísmo *versus* religião, ou esquerda *versus* direita. É modernismo *versus* tradicionalismo. Quando cientistas atacam criacionistas, é modernismo *versus* tradicionalismo. Quando ambientalistas atacam as empresas "nocivas", é pós-modernismo *versus* modernismo. Quando meus pais me mandaram para uma escola primária católica porque a escola era boa, mas lamentavam que o filho protestante liberal pudesse ficar sob a influência de crenças católicas, estavam receosos de que os valores modernos que tanto estimavam fossem minados por valores mais tradicionais. Minha irmã e seu marido estão enfrentando o mesmo dilema em Houston. Os filhos adolescentes frequentam um colégio particular dirigido por uma organização cristã. As crianças são intelectualmente desafiadas e estimuladas pela disciplina, pelas altas expectativas e o clima rico em valores de uma escola voltada para a realização pessoal. O efeito sobre as personalidades delas também parece positivo. Fico sempre impressionado vendo como eles são amáveis e respeitosos para com os adolescentes, que, ao que parece, não são afetados pelo cinismo, atitude carregada de ironia e relativismo excessivamente liberal que quase certamente encontrariam num colégio convencional, mais pós-moderno. E, no entanto, quando passamos o Natal juntos e os garotos me dizem que o professor de ciências levanta dúvidas sobre a veracidade da biologia evolucionária, viro um tio preocupado com os compromissos envolvidos.

Conflitos culturais são um fenômeno antigo. Podemos vê-los na mitologia, quando os "deuses" de um sistema de valores combatem os "deuses" de outro. Quando a cultura tradicional e as religiões monoteístas emergiram, lutaram séculos contra o paganismo e o politeísmo. Muitas de nossas batalhas atuais têm sido travadas desde a emergência do modernismo, lá pelos tempos de Voltaire. Cada visão de mundo emergente está, como Hegel nos disse, numa relação dialética com a que veio antes e é uma resposta aos problemas criados pelo estágio anterior. Cada uma também transcende e inclui os valores do nível anterior de desenvolvimento. Os valores científicos e o etos orientado para a realização pessoal do modernismo foram uma reação e, em certo sentido, uma resposta aos problemas criados pela autonegação, superstição e caráter sobrenatural do tradicionalismo, praticamente do mesmo modo como a solidariedade grupal religiosa ("qualquer um pode ser cristão") e constrangimentos morais da religião tradicional ajudaram a mitigar o caos tribal e a violência étnica de um período de tempo mais antigo (um processo de desenvolvimento que vemos ocorrer de novo em lugares como Ruanda). Cada estágio, lembremos, depende muito das condições de vida do momento. Nós, pós-modernos, lamentamos e ridicularizamos com frequência a moralidade opressiva e as atitudes restritivas da religião tradicional, mas, se fôssemos criados entre as guerras tribais do Congo, onde o estupro e a pilhagem se tornaram parte do tecido de uma sociedade fragmentada, podíamos chegar a apreciar e até mesmo a defender o papel que atitudes religiosas restritivas desempenham para estabelecer sólidas fronteiras morais ante o ímpeto da violência e sexualidade desenfreadas. Sem dúvida, diferentes visões de mundo são reações a diferentes condições de vida. Este não é um mundo tamanho único.

"EU ESTAVA RESPONDENDO A PERGUNTAS QUE NINGUÉM ESTAVA FAZENDO"

Beck se identificou com a teoria de Graves em parte devido a seus próprios antecedentes. Em particular, ela ajudava a dar nova perspectiva à reflexão que fazia e à luta que travava naquele momento com um traço definidor da vida americana — raça. Beck foi criado em Purcell, Oklahoma, e embora Oklahoma nunca tenha sido parte da Confederação, ou "velho Sul", o preconceito e a segregação raciais ainda eram parte importante da vida na zona do petróleo da América. Beck recorda um momento decisivo para sua formação, em 1953, quando era um jovem estudante e jogava basquete no ginásio do colégio, que tinha janelas altas rodeando um dos lados da quadra. Não eram admitidos negros no ginásio, mas, em determinado ano, durante o acúmulo dos *play-offs*, quando as pessoas do lugar adquiriam um interesse apaixonado pela sorte da equipe jovem, ele reparou que apareciam rostos nas janelas altas. Sem saber o que, exatamente, estava acontecendo, saiu e descobriu que garotos negros estavam subindo em escadas altas só para dar uma olhada no jogo. A imagem daqueles garotos negros, do colégio segregado do outro lado da cidade, fazendo o maior esforço para ver o time branco jogar, deixou uma impressão na mente de Beck e revelou a dolorosa e brutal tragédia das relações de raça nos Estados Unidos.

Alguns anos mais tarde, essa experiência atuaria sobre Beck na Universidade de Oklahoma, quando ele escolheu a Guerra Civil como tema da tese de doutorado. Influenciado por um de seus professores, o renomado psicólogo social Muzafer Sherif, estudou os processos de polarização que fizeram da Guerra Civil um resultado inevitável das posições extremas assumidas no país no século XIX. Muitas vezes imaginava o que poderia ter feito, com seu conhecimento atual, para dar um curto-circuito na tensão da época. E se pudesse ter sido ouvido por Lincoln em 1859? Poderia a guerra ter sido evitada? Mal sabia ele que, mais de um quarto de século mais tarde, teria a chance de influir numa situação similar.

Em 1980, Beck estava fazendo uma apresentação sobre a Dinâmica da Espiral numa conferência em Dallas. Havia entre o público, nesse dia, um sul-africano que havia trabalhado tanto ao lado de negros quanto de brancos nas minas de carvão da terra nativa. "Você simplesmente explicou meu país", ele exclamou diante de Beck, depois da palestra, convidando-o de imediato a falar numa conferência industrial em Sun City.* Essa foi a primeira viagem. Beck faria mais de sessenta na década seguinte, pois ficou apaixonado pela personalidade única de um país onde quase todos os sistemas de valores de Graves pareciam estar vivos e ativos na cultura, disputando atenção e poder. "Era um microcosmos do planeta", ele explica.

Quando Beck diz que todos os sistemas de valores ou visões de mundo de Graves estavam ativos na cultura sul-africana, está realmente falando sério — com a possível exceção do primeiro estágio (bege), uma visão de mundo baseada na sobrevivência, que geralmente só é vista em circunstâncias desesperadas. Por exemplo, a visão de mundo mágica (púrpura) estava viva e ativa entre os zulus, com sua rica cultura e lugares sagrados. "A visão de mundo púrpura está fortemente carregada das chamadas tendências do lado direito do cérebro", ele explica, "como intuição intensificada, vínculos emocionais com lugares e coisas, e um senso místico de causa e efeito. Eu mesmo tenho um senso púrpura bem desenvolvido, pois passei muito tempo com os zulus." De fato, foi na África que Beck começou a compreender, ele me contou, a "majestade e dignidade" desse sistema de valores,

* Resort de luxo situado na África do Sul. (N.T.)

um sistema raramente visto nos Estados Unidos, pelo menos não fora da cidade de Nova Orleans ou das culturas americanas nativas sobreviventes.

Com o trabalho de Graves plenamente internalizado, Beck conseguiu outra peça fundamental do quebra-cabeça, quando teve de decifrar o preconceito racial com que havia lutado em sua vida. De fato, enquanto lia os jornais e via televisão na África do Sul, absorvendo aos poucos o clima cultural e a polarização política que estava ocorrendo, percebeu uma verdade surpreendente — uma verdade que poderia ter parecido absurda para o não iniciado, mas que representava uma perspectiva radicalmente diferente acerca das tensões políticas do país. "Oh meu Deus", ele percebeu. "Isto não é um problema de raça."

Para a maioria dos sul-africanos, as linhas de fratura comunitária estavam claras. Era o negro contra o branco, o africano contra o europeu. Mas, para Beck, a coisa não era tão simples. Essa luta realmente mascarava um conflito mais profundo, um conflito entre sistemas de valores. Sim, na superfície certamente parecia que os africânderes simplesmente se ressentiam dos africanos negros e sua cultura, e os depreciavam. Mas, segundo essa nova perspectiva, havia outra camada de conflito que, em si mesma e por si mesma, não tinha qualquer relação com raça, e que ocorria entre visões de mundo. Então Beck começou a instruir seu público sobre a importância desses sistemas de valores interculturais, mostrando que havia outros meios de ver as diferenças entre os povos que não através da lente da cor. Cada raça tinha indivíduos espalhados por toda a espiral de desenvolvimento. Nem todos os africânderes eram iguais. Nem todos os negros eram iguais. Percebeu que, se pudesse fazer as pessoas verem isso, novos caminhos para alianças seriam criados por entre as fronteiras de cor. Além de transcender distinções raciais, a Dinâmica da Espiral tinha mais poder explicativo. "E os paradigmas só mudam quando o novo paradigma traz maior poder explicativo que aquele que ele substitui", Beck observa.

Ele aceitou o desafio da evolução cultural da África do Sul com a paixão de um verdadeiro crente, a obstinação de um texano e o vigor de um garoto criado menos de uma década após a Depressão e o Dust Bowl.* "Tive de me adaptar à

---

* O *Dust Bowl* (tigela de pó) foi um período de severas tempestades de areia que, na década de 1930, causaram grande prejuízo ecológico e agrícola em campos americanos e canadenses. O fenômeno foi causado por seca prolongada em combinação com métodos agrícolas obsoletos. (N.T.)

África do Sul", ele explica. "Por exemplo, eu mais respeitava do que condenava os africânderes. O único modo de ter diálogo com o africânder é através da religião ou do rúgbi, e escolhi o rúgbi... Minha função era alterar as categorias que as pessoas estavam usando para descrever os aglomerados sul-africanos de 'raça', 'etnicidade', 'gênero' e 'classe' nos padrões naturais do sistema de valores, permitindo uma nova dinâmica de mudança. Muitos foram capazes de se conectar em meio a essas grandes linhas divisórias raciais e encontrar a base para uma noção de ser 'sul-africano'." Ele aparecia na TV (especialmente em *Good Morning Africa*, o equivalente a *Good Morning America*), escrevia artigos para jornais e procurava se introduzir em todas as discussões de alto nível sobre o futuro do país. Fez um grande número de amigos e mais que uns poucos inimigos, alguns entre estrangeiros progressistas que achavam que estava conciliando em excesso com a estrutura de poder branca. Beck queria encontrar soluções que levassem em conta cada uma das muitas visões de mundo ativas na política do país, o que não era bem visto entre muitos liberais. "Eu estava defendendo uma solução diferente daquela que o sistema pós-moderno exigia, que era a imediata redistribuição de poder, já que a única razão para as divergências europeias-africanas em desenvolvimento [segundo esse sistema de valores] era o racismo brutal."

Até que ponto, exatamente, Beck influiu na transformação que ocorreu na África do Sul e na possibilidade de evitar a guerra civil, é incerto dizer. Sem dúvida, foi uma voz importante entre as muitas contendas pelo poder e influência naquele país, no final dos anos 1980. O que sabemos é que a ideia emergente de estágios e visões de mundo na evolução da consciência humana e da cultura teve por fim seu lugar ao sol na política. Ela se estendera das teorias de alcance geral dos hegelianos às pesquisas dos psicólogos do desenvolvimento, das intuições de Gebser às construções de Habermas. Nas mãos de um imprevisto defensor, ela foi tirada dos escaninhos da teoria e pesquisa e autorizada a circular em público. E, muito importante, desempenhou um papel pequeno, mas talvez não insignificante, em evitar uma guerra civil que teria feito a África Austral retroceder gerações.

Francamente, quando li pela primeira vez sobre a Dinâmica da Espiral, fiquei sem saber o que pensar. Toda a ideia parecia muito pouco plausível. "Não é simplista demais?", pensei comigo mesmo. "Um ato de inacreditável arrogância e reducionismo? Como pode a extraordinária complexidade da cultura humana ser abreviada em, praticamente, oito estágios de desenvolvimento? Não é exatamente o tipo de ideia que nos permite maltratar e marginalizar pessoas de outras raças, credos e culturas?" Mas, quando comecei a compreender a tremenda sutileza e complexidade da teoria, fui capaz de ver sua verdade em minha experiência diária. E, à medida que identificava os códigos culturais em mim mesmo e nas pessoas ao meu redor, passando a valorizar a rica filiação intelectual dessa perspectiva evolucionária, meus medos iniciais eram abrandados. Por fim, comecei a perceber, naturalmente, o mundo através deste espectro de visões de mundo. Longe de ser reducionista, essa ideia fundamental estava enriquecendo minha compreensão da condição humana. Comecei a ver esses diferentes conjuntos de valores não meramente como boas ideias ou dicas úteis, mas como verdades importantes — não verdades absolutas, não verdades finais, não verdades científicas, mas "generalizações orientadoras", como Ken Wilber gosta de dizer, que ajudam a tirar um sentido profundo da experiência humana.

Finalmente, encarei meus medos de frente. Comecei a ver como era canhestro, imprudente e até perigoso agir no mundo — em termos sociais, espirituais, políticos e, especialmente, militares — ignorando essas visões de mundo básicas que estruturam e condicionam nossas vidas. Francamente, é como usar medicamentos do século XIX num mundo do século XXI. Em vez de veículo para marginalizar outros povos e culturas, passei a ver essa perspectiva como um recurso essencial para *impedir* que outros povos e culturas fossem maltratados.

Não obstante, a ideia continua polêmica e levará algum tempo para que o compreensível estigma associado a estágios e hierarquia consiga abrir caminho por entre as correntes intelectuais de nossa época. Por ora, sem dúvida, isso ajuda a manter um certo contexto. Em termos evolucionários, não se passou tanto tempo desde que os seres humanos usavam sanguessugas nos doentes ou sacrificavam bebês para apaziguar os deuses. Um dia, desconfio, vamos olhar para trás e sentir a mesma coisa em relação à compreensão que tivemos do desenvolvimento cultural em nossa própria época. Isso não é sugerir que seja fácil fazer a transição da teoria à prática quando se trata da nova perspectiva sobre evolução. Os problemas são muito complexos. De fato, quando se trata de aplicar os valores de uma visão de mundo a uma sociedade impregnada dos valores de outra, é mais fácil causar mais prejuízo que benefício. O bárbaro de uma pessoa é o antepassado indígena de outra. A mutilação genital de uma pessoa é o ritual sagrado de outra. Como e onde fazemos as distinções, traçamos as fronteiras? E, no entanto, a ideia de que deveríamos adotar, unilateralmente, uma política de lavar as mãos quando se trata de outras culturas é uma pretensão a que dificilmente poderíamos nos dar ao luxo no mundo de hoje.

Assim, invadimos o Iraque e achamos que eles seriam capazes de adotar imediatamente as liberdades do modernismo e começariam a valsar para um futuro democrático. Ficamos espantados quando não nos recebem de braços abertos, e chocados com o conflito sectário que irrompe. Muito nos empenhamos para compreender a natureza da dinâmica tribal no Afeganistão. Com as cicatrizes de nossos fracassos, retiramo-nos para uma política de viver-e-deixar-viver ou para um isolacionismo protegido, e torcemos pela paz. Ou talvez recorramos ao ceticismo e adotemos visões pessimistas da história. Só que isso também não funciona e outro Pearl Harbor, ou um 11 de Setembro nos faz despertar do devaneio, insistindo para sermos proativos no mundo. Imaginamos, então, em nossa arrogância, que podemos rapidamente reconstituir culturas à nossa própria imagem, instituindo modernismo e democracia como um Johnny Appleseed* global, agora distribuindo nossa ideia de liberdade pelo cano de uma arma bem-intencionada. E assim alternamos entre um idealismo ingênuo, liberto da história, que acredita que tudo é possível, e um realismo carregado de história, que não tem fé no futuro. Uma visão de mundo evolucionária nos permite avançar entre esses extremos, adotando os melhores atributos de ambos. Os evolucionários expressam um idealismo que diz que o futuro está em aberto e é radicalmente possível que haja extraordinária mudança e desenvolvimento. Mas eles também precisam adotar um realismo que reconheça que a evolução leva tempo e que ocorre dentro

* Johnny Appleseed (Joãozinho Semente de Maçã — 1774-1845) foi um herói folclórico americano. Percorreu o Meio-Oeste semeando sementes de maçã e difundindo os ensinamentos de Emanuel Swedenborg. Era vegetariano e se preocupava com os animais. (N. T.)

do contexto de padrões históricos complexos e profundamente enraizados. Simplesmente, desviar-se deles, contorná-los, ou fingir que não existem, é trabalhar negando as verdadeiras forças que estão moldando as marés da história.

A Dinâmica da Espiral também nos permite, como Beck assinala repetidamente, perder essa mania de esperar que as pessoas sejam diferentes de como são e que possam mudar de visão de mundo da noite para o dia. Esse não é o caminho para uma evolução cultural global viável, pragmática — pelo menos não no curto prazo. "Não estou tentando mudar as pessoas", afirma Beck com frequência, pretendendo dizer que não está tentando manipular a visão de mundo básica do indivíduo. "As pessoas têm o direito de ser quem são." Mas há expressões saudáveis e insalubres de cada código em seu sistema de espiral, e algumas funcionam melhor com outras em nosso cada vez mais repleto cadinho global. Na verdade, há uma enorme diferença entre a visão de mundo tradicional de um Billy Graham e a de um Osama bin Laden; entre o espírito modernista que manda pessoas para a Lua ou aquele que fecha os olhos para a destruição ambiental.

Naturalmente, essa perspectiva cultural nunca vai ser tão simples ou tão fácil de definir como psicologia individual. Sistemas evolucionários como o de Beck, ou aqueles de outros teóricos avançando por território similar, certamente não constituem proclamações finais sobre a natureza da cultura humana. Mas já não são simples relíquias teóricas ou conjecturas tipo tiro-no-escuro sobre como a consciência e a cultura evoluem. Estudos de ciência social indicam, claramente, que pelo menos três visões de mundo ou sistemas de valores dominantes estão ativos nos Estados Unidos. Podem não chamá-los de tradicional, moderno e pós-moderno, mas os dados confirmam amplamente as descrições dos desenvolvimentistas. Como vamos negociar a dinâmica entre essas visões de mundo nos anos futuros? Especialistas em política frequentemente evocam as lembranças dos bons e velhos tempos das décadas de 1950 e 1960, quando os políticos eram mais bipartidários e éramos capazes de conseguir uma legislação mais positiva por meio de um congresso mais amistoso. Tenho minhas dúvidas quanto à precisão de suas róseas memórias, mas, ainda assim, eles estão certos sobre uma coisa. A paisagem cultural é diferente hoje. A visão de mundo pós-moderna tornou-se uma força nos Estados Unidos no final dos anos 1960 e mudou permanentemente o caráter cultural e político de nosso país. Devíamos nos concentrar em compreender a nova dinâmica de um mundo mais complexo, em vez de ansiar por um consenso modernista que desapareceu para sempre.

A Dinâmica da Espiral, juntamente com outras novas teorias de evolução cultural, representa alguns dos novos frutos do esforço para compreender este mundo mais complexo. Mas caberá às futuras gerações usar esse conhecimento emergente para reformar e transformar os contornos de nossa cultura global — esperemos que realmente para melhor.

Capítulo 11
UMA VISÃO INTEGRAL

Nosso primeiro passo decisivo para sair de [...] nossa mentalidade normal é uma ascensão para uma mente mais elevada [...] apta para a formação de uma multidão de aspectos do conhecimento, modos de ação, formas e significados de vir a ser... [Seu] movimento mais característico é uma ideação de massa, um sistema de totalidade da visão da verdade num só olhar; as relações de ideia com ideia, de verdade com verdade, não estão estabelecidas pela lógica, mas preexistem e já emergem vistas por si mesmas no todo integral.

— *Sri Aurobindo,* The Life Divine

"Passageiros Carter Phipps e Ellen Daly, por favor, compareçam ao embarque no Portão 14. É a última chamada do voo 567 da American Airlines para Chicago."

Eu e minha esposa disparamos pelo aeroporto de Denver, passamos correndo por um cordão especial na área de segurança, atiramos às pressas *laptops* e acessórios variados nas bandejas de plástico. Finalmente, fomos liberados e, enquanto corríamos pelo saguão do aeroporto, deixando para trás restaurantes e bancas de jornal, senti-me por um momento como O. J. Simpson naqueles antigos comerciais da Hertz, pulando sobre cadeiras de engraxate, numa corrida louca para pegar seu voo. Eu nunca fora chamado num alto-falante de aeroporto e não queria perder o voo — especialmente agora que todo o aeroporto era testemunha de nosso drama.

Era um dia quente de verão na Mile-High City* e, mesmo no meio da louca corrida de obstáculos para o avião, eu era um homem feliz. Nosso atraso era justificado. Nossa demora valia aquele preço. Tínhamos acabado de passar várias horas no *loft* de Ken Wilber, no centro da cidade, e, francamente, não é todo dia que se consegue jogar conversa fora com um dos grandes filósofos de nossa época. A American Airlines podia esperar.

Se você não está familiarizado com o trabalho de Wilber, não se preocupe. Ele não tem um perfil de destaque na cultura contemporânea, preferindo se manter longe dos refletores e da cultura dos trancos e barrancos dos *talk shows*, que é a trilha habitual para a fama de nossos intelectuais de renome. Você, então, não o verá conversando com líderes mundiais na CNN. Não o verá batendo papo com políticos em Davos. Não verá entrevistas com ele em *60 Minutes*, *Frontline* ou C-SPAN. Você pode ser um cidadão educado, sério, bem-informado do mundo ocidental e jamais ter ouvido o nome dele. Mas não duvide, Wilber é importante. Suas obra e ideias — ele as chama de "filosofia integral", mas elas poderiam sem a menor dificuldade se enquadrar na categoria de filosofia evolucionária — estão, discretamente, afetando o modo como centenas de milhares de pessoas pensam sobre o mundo em que vivem. Desde a publicação de seu primeiro livro, *The Spectrum of Consciousness*,** em 1977, o trabalho de Wilber foi tirando lascas das vigas mestras filosóficas de nossa era pós-moderna, removendo contradições e confusão, articulando novos modelos e mapas de realidade que podem moldar os contornos de nosso futuro. Se o pós-modernismo pode ser definido, segundo a famosa declaração de Jean-François Lyotard, como "incredulidade com relação a metanarrativas", então o trabalho de Wilber é um legítimo antídoto. Com livros chamados *A Brief History of Everything* [Uma Breve História de Tudo] e *A Theory of Everything*,*** Wilber tem procurado criar uma espécie de Santo Graal das grandes narrativas, uma vasta moldura filosófica que tenta integrar todas as categorias do conhecimento humano e a história do desenvolvimento cultural humano. Ele tenta colocar religião, arte, moralidade, economia, psicologia e todas as principais

---

* Isto é, "cidade a uma milha de altitude", alcunha de Denver. (N.T.)

** *O Espectro da Consciência*, publicado pela Editora Cultrix, São Paulo, 1990.

*** *Uma Teoria de Tudo*, publicado pela Editora Cultrix, São Paulo, 2003.

ciências sob o guarda-chuva de uma teoria, uma metaperspectiva. Quando usa o termo "integral", Wilber pretende dizer isso mesmo.

Aquela foi minha segunda viagem a seu apartamento em Denver. Wilber, então no meio da faixa dos 50, parecia notavelmente em forma e cheio de energia, embora eu soubesse que a realidade era mais complicada. Anos antes, ele fora exposto a produtos químicos tóxicos num grave derramamento perto do lago Tahoe, o que resultou numa enfermidade autoimune que, vez por outra, irrompia e o deixava alguns dias ou mesmo semanas nocauteado. Na verdade, dois anos depois da nossa visita, a doença levaria temporariamente a melhor e uma crise convulsiva generalizada mandou-o para a sala de emergência. Ele conseguiu uma recuperação impressionante, mas, embora sua mente esteja de todo intacta, o corpo constitui um desafio diário.

Com um talhe alto, bem definido, musculação trabalhada, Wilber certamente não lembrava um intelectual livresco, embora não houvesse como negar seus dons cognitivos. Nascido em Nebraska e criado como um autodenominado "pirralho de militar", cuja família vivia se mudando de um ponto para outro do país, ele ainda tem alguma coisa daquela hospitalidade do Meio-Oeste, um espírito cordial que desmente as queixas de seus críticos de que é uma personalidade arredia, observando friamente a cultura de sua casa nas alturas de Denver. Pelo contrário, ele foi franco e cativante, fazendo nós dois, eu e minha esposa, nos sentirmos como colaboradores próximos, apesar de aquele ser apenas nosso segundo encontro. Ele tem, sem dúvida, uma propensão evidente a dizer palavrões como um marinheiro, como se quisesse apagar qualquer sinal de que é um personagem de torre de marfim.

A obra de Wilber adotou a insígnia perdida da filosofia, aquela que diz "A Verdade o Libertará", e se engalfinhou com esse grande demônio da era da informação: a proliferação explosiva de conhecimento, a ponto de criar uma sobrecarga mental. Pouco a pouco, apresentou perspectivas novas, esclarecedoras e liberadoras para nos ajudar a navegar nesse contexto caótico.

Naturalmente, num ambiente contemporâneo que frequentemente exaltou o sentimento e a intuição, contra o discurso crítico e a iluminação conceitual, Wilber certamente granjeou um acentuado ressentimento, assim como louvor. Além disso, a adoção das noções evolutivamente inspiradas de objetivo e progresso, assim como a colocação da espiritualidade no centro de sua moldura filosófica, não lhe trouxeram a estima da cética *intelligentsia* ocidental. Desde o início da carreira, no entanto, ele sabia que sua filosofia correria contra as correntes intelectuais dominantes do momento:

> Uma coisa estava muito clara para mim enquanto eu lutava para descobrir qual o melhor meio de proceder num ambiente intelectual dedicado a desconstruir qualquer coisa que cruzasse seu caminho: eu teria de voltar atrás, começar do princípio e tentar criar um vocabulário para uma filosofia mais construtiva. Além do relativismo pluralista está o integralismo universal; eu, portanto, procurei esboçar uma filosofia de integralismo universal.
>
> Falando de outro modo, procurei uma filosofia universal. Procurei uma filosofia *integral*, que costurasse de forma verossímil os inúmeros contextos pluralistas da ciência, da moral, da estética, da filosofia, tanto oriental quanto ocidental, e das grandes tradições de sabedoria do mundo. Não no nível de detalhes — isso é definitivamente impossível; mas no âmbito das generalizações orientadoras: um meio de sugerir que o mundo é realmente uno, não dividido, um todo, relacionado sob cada aspecto consigo mesmo; uma filosofia holística para um Kosmos holístico; uma filosofia universal, uma filosofia integral.

Wilber não é o primeiro a usar o termo "integral" nesse sentido. Essa distinção pode ser mais bem colocada aos pés do sábio indiano Sri Aurobindo, do sociólogo de Harvard Pitirim Sorokin ou, talvez, de Jean Gebser. Steve McIntosh sugere que todos eles começaram usando-o mais ou menos ao mesmo tempo no início do século XX, um desconhecendo o trabalho do outro. Seja qual for o caso, Gebser e Aurobindo exerceram bastante influência sobre Wilber. Gebser, com a ênfase nas estruturas da consciência e cultura, ajudou a elucidar a sucessão do desenrolar evolucionário, que exploramos no capítulo anterior e que Wilber tornou central em sua filosofia. Sob outros aspectos, o conjunto da obra de Wilber se parece com a filosofia do "Yoga Integral" de Aurobindo, pelo menos em sua visão evolucionária abrangente. Evidentemente, Wilber é um filósofo, não um visionário espiritual, e sua obra incorpora muitos avanços do século XX, dos quais Aurobindo teve pouco conhecimento. Em particular, Wilber recorre generosamente ao extraordinário progresso da psicologia no último século, tornando-se uma das primeiras vozes filosóficas a incorporar a psicologia do desenvolvimento, assim como a psicologia profunda, a uma moldura integral.

Seria um exercício inútil tentar transmitir toda a contribuição de Wilber nos limites estreitos de um único capítulo. Além disso, sua obra está sempre evoluindo rapidamente, colhendo novas correntes de conhecimento e integrando-as a seu modelo abrangente, tornando logo obsoleta qualquer declaração definitiva. Mas, de fato, espero mostrar como sua filosofia ajuda a integrar muitas ideias discutidas em capítulos anteriores, assim como a organizar suas complexidades e contradições num quadro mais facilmente compreensível. Nestas breves páginas, vou procurar transmitir por que acredito que não há contexto teórico mais poderoso que a filosofia integral para nos ajudar a compreender o que a evolução realmente significa no universo interno.

Neste livro, estou chamando essa nova visão de mundo de "evolucionária". Wilber, como mencionei, prefere o termo "integral". Cada nome enfatiza uma dimensão ou aspecto diferente desse estágio emergente da cultura, mas sem dúvida existe aqui superposição suficiente para sugerir que esses termos estão apontando, no mínimo, na mesma direção, senão mais ou menos para a mesma ideia. O sistema evolucionário de Wilber é *integral?* Ou seu sistema seria integral *evolucionário?* Sem dúvida as duas coisas são verdadeiras. O filósofo integral e escritor Terry Patten descreve a filosofia integral como "metassistêmica". Ela une os pontos, ele explica, "e, quando você une os pontos, a única história essencial que emerge da complexidade, de outro modo desnorteante, de nosso mundo é a *evolução* — a incrível história multidimensional do desenvolvimento de nosso universo, gradualmente se acelerando — evolução a princípio cósmica, a seguir biológica, depois cultural e noética". Integrais, evolucionárias ou ambas as coisas, as inusitadas perspectivas de Wilber sobre o desenvolvimento do "eu, cultura e natureza" são seminais para quem estiver procurando encontrar o caminho de avanço num mundo pós-moderno.

UMA REALIDADE, QUATRO PERSPECTIVAS

No início da década de 1990, Wilber sentou-se para escrever seu mais abrangente trabalho filosófico até então, *Sex, Ecology, Spirituality* [Sexo, Ecologia, Espiritualidade]. Foi sua primeira tentativa de formular o que poderia ser legitimamente chamado "uma teoria de tudo". Custou-lhe três anos e, durante esse prolongado retiro para escrever, ele se defrontou com um grande problema. O problema era sério, mas simples — todos tinham uma diferente sequência de estágios em seus sistemas de desenvolvimento. Examinamos apenas algumas dessas sequências nos capítulos precedentes, mas Wilber estava examinando centenas, em inúmeros campos de conhecimento.

Cada escola de pensamento, cada sistema de conhecimento, cada campo de estudo parecia ter um diferente conjunto de suposições quanto ao que constituía as hierarquias do mundo natural e da cultura humana. "Havia hierarquias linguísticas, hierarquias contextuais, hierarquias espirituais", escreve Wilber na introdução de suas *Collected Works* [Obras Completas] (uma coleção em dez volumes de livros incrivelmente vastos, publicada em 2000). "Havia estágios de desenvolvimento em fonética, sistemas estelares, visões de mundo culturais, sistemas autopoiéticos, modos tecnológicos, estruturas econômicas, desenvolvimentos filogenéticos, percepções superconscientes... E eles, simplesmente, se recusavam a concordar uns com os outros."

À medida que os dias e meses passavam, Wilber procurava dar ordem a esses múltiplos sistemas de conhecimento. Trabalhando sozinho, antes que o Google permitisse acesso instantâneo à informação, ele lia, lia, lia. E, enquanto lia, começou a fazer listas de todas as variadas hierarquias que constituíam a estrutura particular de um dado sistema de pensamento. Essas listas, finalmente, começam a se amontoar como peças dispersas de roupas por todo o chão da casa, uma coleção caótica de dados à espera de ordem e clareza, manifestação visível de um enigma muito contemporâneo — conhecimento demais, contexto de menos. Wilber descreve a cena:

> A certa altura, eu tinha mais de duzentas hierarquias anotadas em blocos espalhados por todo o chão, tentando imaginar um meio de encaixá-las. Havia as hierarquias da "ciência natural", que eram as fáceis, pois todos concordavam com elas: de átomos a moléculas a células a organismos, por exemplo. Eram fáceis de compreender porque eram bem nítidas: organismos realmente contêm células, que realmente contêm moléculas, que realmente contêm átomos...

As outras séries razoavelmente descomplicadas de hierarquias eram as descobertas pelos psicólogos do desenvolvimento. Todos eles falavam de variações na hierarquia cognitiva, que vai de sensação a percepção, a impulso, a imagem, a símbolo, a conceito, a norma. Os nomes variavam e os esquemas eram ligeiramente diferentes, mas a história hierárquica era a mesma — cada estágio que se sucedia incorporava os precedentes e depois lhes acrescentava alguma nova aptidão. Isso parecia muito semelhante às hierarquias da ciência natural, exceto que elas ainda não combinavam de qualquer maneira óbvia. Além disso, podemos realmente ver organismos e células no mundo empírico, mas não podemos ver estados interiores de consciência da mesma maneira. Não é absolutamente óbvio como essas hierarquias estariam — ou mesmo poderiam estar — relacionadas.

Arquimedes teve seu momento na banheira, quando descobriu a teoria do deslocamento da água; Newton teve o lendário momento com a maçã; Einstein teve o que chamou de "pensamento mais feliz de minha vida", uma ideia que levou à teoria da relatividade. A gênese da visão inovadora de Wilber não envolveu uma iluminação repentina. De fato, foi mais coragem que graça (parafraseando o título de outro de seus muitos livros*). Mas, embora possa ter faltado à epifania de Wilber o "lampejo de visão" daqueles outros grandes momentos na história do conhecimento humano, não fique surpreso se, quando a poeira assentar e pudermos olhar para trás com a lente isenta da história, sua compreensão inicial possa ser favoravelmente equiparada a eles. Pouco a pouco, enquanto juntava as peças, a resposta finalmente se encaixou no lugar.

A resposta foi chamada "os quatro quadrantes", tornando-se a base da teoria integral e da filosofia evolucionária de Wilber. Ele percebeu que todas as muitas hierarquias e sistemas de conhecimento podiam realmente ser divididos em quatro grandes categorias. Algumas hierarquias estavam se referindo a coletivos, outras a indivíduos. Algumas estavam se referindo a realidades exteriores, outras a realidades interiores. De fato, parecia que cada hierarquia em sua lista estava se referindo a um indivíduo ou a um coletivo, e a dimensões interiores (subjetivas) ou exteriores (objetivas) da realidade. Tudo se encaixava quando as variadas es-

* *Graça e coragem* (*Grace and Grit* no original em inglês). (N.T.)

colas e sistemas separavam-se em seus respectivos quadrantes, e logo ele teve um mapa bem traçado — que contextualizava e incorporava todas essas correntes de conhecimento aparentemente conflitantes, um mapa que transcendia e, no entanto, incluía a cacofonia de teorias que se completavam, acomodando-as numa unidade integrada. Ele havia começado com um amálgama complexo, confuso, de dados fragmentados e isolados de centenas de sistemas de conhecimento díspares, e acabara com um mapa do cosmos (ou Kosmos, o termo que prefere)* relativamente simples, coerente.

Quatro Quadrantes de Ken Wilber

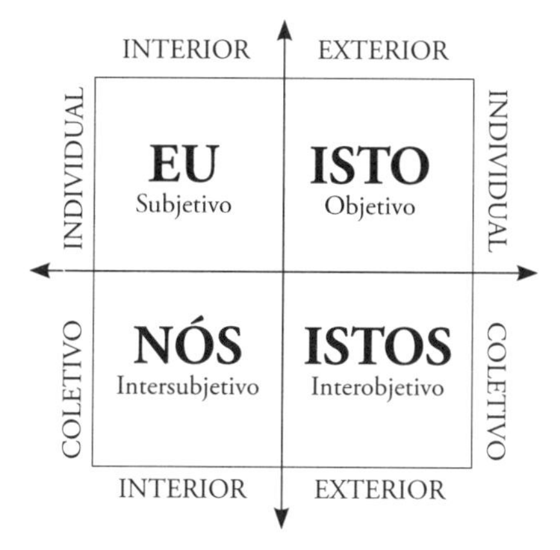

Para Wilber, cada acontecimento no mundo manifesto pode ser encarado de uma dessas quatro perspectivas: interior-individual (eu), interior-coletiva (nós), exterior-individual (isto) e exterior-coletiva (istos).

Vamos me tomar como exemplo. Tenho uma *perspectiva individual, interior* — meus pensamentos, psicologia e experiências espirituais cairiam nessa categoria no quadrante superior esquerdo de Wilber. Eu também tenho uma *dimensão coletiva interior*, a cultura que compartilho com outros, incluindo visões de mundo, valores e sistemas de crença. É a dimensão "nós", o domínio *intersubjetivo*, que corresponde ao quadrante inferior esquerdo. Depois tenho uma *dimensão*

* Wilber reivindicou o termo grego *Kosmos* porque, como ele explica, "o significado original de Kosmos era a natureza ou processo padronizados de todos os domínios da existência, da matéria à matemática e a *theos*, e não meramente o universo físico" (ver *Sex, Ecology, Spirituality*, nas *Obras Completas*, volume 6, p. 45). Em outras palavras, ele quer que a definição de Kosmos inclua o universo interno, assim como o externo.

exterior, física — meu cérebro, corpo e sistema nervoso, assim como os modos objetivos como me comporto no mundo — isto é o quadrante superior direito. E eu participo dos *sistemas exteriores coletivos* — sistemas econômicos, sistemas políticos, arranjos sociais e assim por diante, que caem no quadrante inferior direito. E aqui está a chave. A evolução, segundo Wilber, acontece em *todos os quatro quadrantes.*

Vamos tomar um exemplo do mundo biológico: a explosão no tamanho do cérebro hominídeo que ocorreu nos últimos vários milhões de anos. A evolução do neocórtex, segundo esse mapa, não estaria confinada a um só quadrante. O cérebro físico não evolui sozinho. Haveria, de fato, uma evolução correspondente também nos quadrantes esquerdos, um aumento na consciência e nas capacidades de nosso tão estimado hominídeo (superior esquerdo) e uma mudança correspondente na cultura que ele ou ela era agora capaz de compartilhar com outros (inferior esquerdo). No quadrante inferior direito veríamos uma evolução nos sistemas sociopolíticos que esse hominídeo compartilha com outros — dos primitivos arranjos tribais à economia e comércio globais, por exemplo. Na verdade, é uma versão mais sofisticada do ponto em que tantos evolucionistas têm insistido — a evolução do interior corresponde à evolução do exterior; a evolução do subjetivo corresponde à evolução do objetivo; a evolução da complexidade corresponde à evolução da consciência. Só que agora não temos duas perspectivas das quais examinar este processo; temos quatro.

Vamos recorrer a um exemplo mais mundano. Imagine que atravesso um despertar religioso. Nasço de novo. Passo de sujeito ruim, vulgar criminoso de rua, a cristão íntegro, temente a Deus. Encontro Jesus e minha vida é para sempre transformada. Isso é uma notável evolução do eu e se refletirá em cada um dos quatro quadrantes. Como?

Primeiro, o despertar religioso é uma enorme modificação na consciência e meu mundo interior será transformado. Essa evolução significará que minha visão de mundo vai se modificar e tender a exercer uma pressão ascendente nos relacionamentos que compartilho com outros. Será menos provável que eu ande com traficantes de drogas e mais provável que forme um espaço "comum" com os que compartilham minha nova visão de mundo. Os pontos de referência cultural e a qualidade de meus relacionamentos pessoais serão afetados, espera-se que para melhor. Depois, nos quadrantes do lado direito, veríamos também mudanças. O despertar religioso terá efeitos não só em minha consciência, mas em meu cérebro físico. Novos circuitos serão criados à medida que meu comportamento se altera e a estrutura de minha matéria cinzenta se altera junto com ele. Pesquisadores falam sobre "centros de Deus" no cérebro. Talvez eu venha a me conectar também com esses aspectos da química cerebral. Seja qual for o caso, as coisas vão mudar em minha vida, tanto física quanto mentalmente.

Por fim, há o inferior direito, a dimensão "istos" da evolução. Como ela será afetada por minha conversão religiosa? Bem, imagine a sociedade que é criada nos guetos da cidade velha como fruto de um lumpesinato criminoso marginalizado, mergulhado na pobreza. Ele cria seu próprio sistema social, seu próprio sistema econômico, suas próprias estruturas de poder e ordem política. E essas coisas geralmente não são saudáveis. Mas o despertar religioso muda isso — começo a participar de novos e diferentes sistemas sociais, empreendimentos econômicos, estruturas de poder, e a dar suporte a sua criação. Minha transformação começa a exercer uma pressão ascendente, positiva, nas estruturas do quadrante inferior direito de minha vizinhança escolhida. Quando a cultura interna que compartilho com outros evolui, o mesmo acontece com os sistemas sociais externos de que participo. Como sempre, minha evolução não é só minha; estou afetando aqueles ao meu redor. Todos nós estamos, *sempre*, participando de todos os quatro quadrantes da realidade.

Poderíamos ter longas discussões sobre que quadrante "lidera" o processo evolucionário. Para Marx, as estruturas econômicas (inferior direito) eram a chave da evolução cultural. Tudo mais era "superestrutura", significando mais ou menos um resultado secundário das mudanças nas condições econômicas. Para alguns, a consciência é primária. Tudo se atém a modificações na consciência pessoal dos indivíduos (superior esquerdo). Para mudar o mundo, diriam eles, devemos primeiro mudar a nós mesmos e daí tudo se seguirá. Mas, seja qual for nossa preferência particular, o que é talvez mais importante é ver como esses quatro quadrantes representam uma espécie de teia de conexão, uma matriz de estruturas interconectadas. Faça pressão em qualquer um dos quadrantes e toda a matriz dinâmica começa a se deslocar. A mudança em qualquer área faz pressão evolucionária positiva também sobre os outros quadrantes.

Infelizmente, muitas correntes de pensamento que põem ênfase num determinado quadrante sequer reconhecem a existência de outras correntes de pensamento e, assim, chegamos ao que Wilber gosta de chamar "absolutismo do quadrante" — pessoas que acham que seu canto particular de realidade é o caminho, a verdade e a luz. Vemos isso em certas correntes de reducionismo científico — elas afirmam que quase tudo pode ser reduzido ao quadrante superior direito. Jogam todas as ricas realidades interiores do superior esquerdo — pensamentos, emoções, estruturas psicológicas, experiências espirituais e assim por diante — no superior direito ("tudo é apenas química cerebral"). Ou, em correntes do marxismo, tudo é reduzido a estruturas econômicas, o quadrante inferior direito. E vemos a mesma coisa em correntes de misticismo ou idealismo, que reivindicam que tudo pode ser reduzido à consciência, o quadrante superior esquerdo. Vemos isso em filosofias que sustentam que todo comportamento pode ser reduzido a profundas influências sociais e culturais, o quadrante inferior esquerdo. Uma noção básica tem servido de luz orientadora na obra de Wilber: a maioria das correntes de pensamento não está certa nem errada; elas são "verdadeiras, mas parciais", o que significa que estão certas em seu limitado canto do universo, mas deixam de levar em conta o oceano mais vasto de ideias onde nadam. Assim, mesmo estando certas, podem ser horrivelmente cegas. Mesmo sendo verdadeiras, podem ser parciais. "A verdadeira intenção do que escrevo não é dizer: 'Você deve pensar deste jeito'", Wilber explica. "Meu trabalho é tentar abrir espaço no Kosmos para a totalidade das dimensões, níveis, domínios, ondas, memes, modos, indivíduos, culturas e assim por diante, *ad infinitum*. Tenho uma regra maior: *Todos* estão certos. Mais especificamente, todos — incluindo a mim — têm alguns pedaços importantes da verdade... Mas cada abordagem, eu sinceramente acredito, é essencialmente verdadeira, embora parcial, verdadeira, embora parcial, verdadeira, embora parcial. E, em minha lápide, espero realmente que um dia escrevam: Ele foi verdadeiro, mas parcial."

Os quatro quadrantes foram muito úteis para ajudar Wilber a tirar sentido da desordem pelo chão da casa e do conhecimento em sua mente. E embora eles tenham notável amplitude, também têm outra dimensão importante: profundidade. Wilber foi um dos mais destacados defensores da ideia central que estamos explorando nesta seção, a ideia de que a evolução individual e a coletiva progridem através de uma série de estágios discerníveis de consciência e cultura. E ele é, talvez, o primeiro a reparar exatamente quanto de base comum existe entre teóricos e pesquisadores de áreas extremamente diferentes — dos estágios de evolução social de Habermas aos estágios psicológicos de Baldwin, aos estágios cognitivos de Piaget, aos estágios morais de Kohlberg e Gilligan, aos estágios culturais de Gebser, aos estágios sociológicos de Paul Ray, aos estágios de desenvolvimento do ego de Loevinger e Susanne Cook-Greuter, aos estágios da teoria da mídia de Marshall McLuhan, aos estágios espirituais de Sri Aurobindo, aos estágios culturais com código de cores da Dinâmica da Espiral e muito, muito mais.

Reunir todos esses variados sistemas sob o mesmo teto deixou claro para Wilber que, embora essas teorias do desenvolvimento, evolucionárias, estejam seguindo a pista de diferentes realidades, há um nítido padrão evolucionário em ação. Não estamos vendo centenas de sistemas de desenvolvimento diferentes, todos discrepantes e desconectados. Apesar de suas variadas disciplinas, contextos e campos, eles têm uma notável área em comum. De fato, Wilber reparou, exibem uma série consistente de sete ou oito nítidas e distintas visões de mundo, ondas, níveis ou estágios, encarados de muitas perspectivas diferentes.

Ele começou a chamar seu mapa de "AQAL"— todos os quadrantes, todos os níveis.* Só adotando todas essas verdades, só pelo reconhecimento de todas essas importantes facetas da realidade, passou Wilber a acreditar, podemos pelo menos começar a ter uma discussão razoável, não distorcida, sobre o conhecimento humano, a cultura humana e sobre como encaminhar os muitos problemas de nosso mundo. Para Wilber, esse é o teste de qualquer perspectiva numa era evolucionária, integralmente informada: será que ela inclui uma percepção de todos os quadrantes, de todos os níveis de realidade — pelo menos de todos os que exploramos coletivamente até agora na jornada humana? E embora Wilber nunca tenha se afastado, temeroso, da hierarquia que tal esquema implica, ele também reconhece, juntamente com Gebser, Graves e os mais sofisticados teóricos do desenvolvimento, que, em nosso progresso ascendente pela trilha da evolução, devemos ter cuidado para não tirar rápidas conclusões morais sobre o que tudo isso significa. Ele escreve:

---

* Em inglês: *all quadrants, all levels*, donde a sigla "AQAL". (N.T.)

Isso não quer dizer que o desenvolvimento não seja nada além de suavidade e luz, uma série de promoções maravilhosas numa escada linear de progresso. Pois cada estágio de desenvolvimento traz não somente novas capacidades, mas a possibilidade de novos desastres; não só potenciais inusitados, mas patologias inusitadas; novas energias, novas doenças. Na evolução como um todo, novos sistemas emergentes sempre se defrontam com novos problemas: cachorros pegam câncer, átomos não. Irritantemente, há um preço a ser pago por cada crescimento na consciência e essa "dialética do progresso" (boas notícias, más notícias) precisa sempre ser lembrada. Contudo, o que interessa por ora é que cada onda de consciência se desenvolvendo traz pelo menos a possibilidade de uma maior extensão de cuidado, compaixão, justiça e clemência, a caminho de um abraço integral.

"Em cada obra de gênio", escreveu Emerson, "reconhecemos nossos próprios pensamentos rejeitados; eles voltam para nós com uma certa majestade alienada." A obra de Wilber não é exceção. Sua teoria tem essa característica inigualável de explicar o mundo de um modo que parece completamente original, mas, ao mesmo tempo, de alguma forma familiar. Assim que internalizamos profundamente a força desse mapa simples da realidade, ele se aloja em nossa mente como um mecanismo mental de filtragem, um princípio organizador natural, que começa a esclarecer e contextualizar dados recebidos quase antes do pensamento. Qualquer tentativa de reduzir o processo evolucionário a uma dimensão única desse mapa de quatro partes começa a parecer uma forma perigosa de fundamentalismo — talvez não religioso, mas ainda assim limitado e problemático — uma distorção da realidade que leva, inevitavelmente, a todo tipo de enigmas e confusões, cujo resultado desastroso vemos salpicado nas manchetes de cada dia do ano.

UMA NOVA PERSPECTIVA SOBRE EVOLUÇÃO

"O curso da evolução tem ido, neste planeta, do barro aos sonetos de William Shakespeare. Como pode alguém não ver um sentido nisso?", Wilber exclamou para mim e para Ellen em seu apartamento, naquele dia em Denver, a voz se elevando como num minidiscurso sobre o estado atual da teoria evolucionária. "Como se pode fechar os olhos para esses extraordinários estágios mais elevados de desenvolvimento? Como alguém pode olhar para o barro numa das mãos e a música de Bach na outra e dizer: 'Oh, ambos são fenômenos igualmente sem sentido'? Que tipo de pessoa poderia chegar a essa conclusão?".

Wilber é, de fato, apaixonado pela natureza repleta de significado da evolução e dedicou parte significativa de sua obra filosófica a compreender exatamente como a evolução trabalha nas dimensões mais profundas do *self*, da cultura e da natureza. Como já mencionei neste livro, a natureza da evolução através de uma lente particular, refletindo uma determinada maioria dos evolucionários vê a visão das dimensões mais profundas da realidade. Alguns falam sobre a evolução dos genes, outros sobre a evolução da cooperação, outros ainda sobre a evolução da consciência, outros sobre a evolução da informação, outros sobre a evolução dos valores, outros sobre a evolução da economia, outros sobre a evolução da empatia, e assim por diante. Embora essas abordagens possam ser complementares, cada uma reflete o ponto de vista fundamental de seu proponente. Nesse sentido, a visão evolucionária de Wilber não é diferente. Embora esteja tentando integrar muitas dessas várias correntes de pensamento numa mesma estrutura, ele também privilegia uma abordagem muito particular do processo evolucionário como sendo, talvez, mais verdadeira, mais precisa, mais crucial. Qual é o aspecto da evolução que ele encara como o elemento mais essencial desse processo cósmico? As *perspectivas.*

Wilber estuda a jornada evolucionária como um desenvolvimento de perspectivas. Sua filosofia integral "substitui *percepções* por *perspectivas*", como ele diz. Isso "redefine o domínio manifesto como o domínio de perspectivas, não de coisas, nem acontecimentos, nem estruturas, nem processos, nem *vasanas*, nem *dharmas*, nem arquétipos, porque todos eles são perspectivas antes de serem qualquer outra coisa, e não podem ser adotados ou mesmo afirmados sem primeiro assumirmos uma perspectiva".

É um modo vigoroso e original de pensar na evolução. E aponta para aptidões que admitimos hoje como evidentes, mas que podem não ter existido sempre como possibilidades em termos de consciência. Para Wilber, cada passo evolucionário na cultura, cada nova onda de consciência, cada nova visão de mundo — de tribal a tradicional, a moderna, a pós-moderna, ou de egocêntrica a etnocêntrica, a mundocêntrica — é também uma perspectiva fundamentalmente nova, uma nova posição estratégica a partir da qual ver o mundo.

Para ilustrar isso, gosto de pensar na imagem icônica da Terra vista do espaço. Essa imagem, sob todas as suas muitas formas, tem ajudado a nos dar uma nova e surpreendente perspectiva sobre a vida de nosso sistema planetário. Além da beleza estética que possui, a imagem representa algo importante, talvez um senso de unidade, uma percepção do sistema do qual somos todos parte, nossa casa comum, e do destino que compartilhamos neste incrível planeta azul-esverdeado. Ela representa quase uma nova aptidão da consciência, a capacidade de encarnar a perspectiva, de um modo rudimentar, do próprio planeta. Podemos olhar para as coisas a partir da perspectiva de como elas influenciam, beneficiam, afetam ou prejudicam o sistema planetário integrado total e todos os seus habitantes. Podemos dar um passo além de nossa perspectiva pessoal ou da perspectiva de qualquer espécie específica e assumirmos, ao menos temporariamente, um ponto de vista crítico que nada tem a ver com nossas preocupações do dia a dia. Nem todos que hoje vivem são capazes ou estão dispostos a adotar uma tal perspectiva. De fato, isso é ainda uma capacidade rara e, em outras épocas da história humana, simplesmente não era possível pensar na vida dessa maneira. Tal perspectiva planetária provavelmente nem estava disponível para a consciência humana, exceto talvez por meio de algum notável salto cognitivo individual. Isso não é denegrir nossos antepassados. É, na realidade, lembrar que subestimamos continuamente nossas realizações evolucionárias. E uma grande realização é a capacidade de incorporar perspectivas mais abrangentes, mais inclusivas e mais integradas.

Existe outra implicação, desta "ontologia de perspectivas", que talvez nos deixe mais humildes. Ela indica que estamos sempre inseridos numa perspectiva. No verdadeiro mundo interior de minha consciência, não sou apenas um sujeito apreendendo objetos na consciência. Eu, o sujeito, estou também inserido em perspectivas muito reais que, com frequência, continuam não sendo vistas pela visão interior de minha mente. Em outras palavras, posso achar que tenho uma relação objetiva com os acontecimentos que percebo, que estou vendo a realidade "como ela é", mas isso é um truque, uma ilusão da consciência em primeira pessoa. Minha percepção é sempre condicionada por uma perspectiva. Essa é uma ideia que se choca com uma suposição fundamental das tradições meditativas e contemplativas: que o conhecimento obtido por meio da introspecção é confiável. Wilber lembra que pensadores pós-modernos, como o filósofo francês Michel

Foucault, observaram com exatidão que isso era uma falácia endêmica às tradições introspectivas. Estamos sempre inseridos em estruturas culturais intersubjetivas que influenciam nossa percepção "objetiva" da realidade. Por exemplo, se um monge cristão tem uma visão de Jesus, ele pode acreditar que está vendo uma realidade espiritual objetiva. Mas ele não consegue reconhecer, nos dizem esses pensadores, que sua visão — mesmo que seja espiritualmente autêntica — está sendo inevitavelmente influenciada por um condicionamento cultural e social muito intenso, que está ocorrendo completamente antes e fora de sua percepção imediata. Como um hindu testemunhando uma visão de Krishna ou um tibetano experimentando a poderosa visita de um *bodhisattva*, ele está confundindo um arquétipo cultural com uma percepção objetiva.

Nos capítulos precedentes, investigamos como visões de mundo e estruturas de consciência intersubjetivas e invisíveis condicionam nossa percepção em grau maior do que a maioria das pessoas percebe. Muitos de nós somos porta-vozes involuntários de visões de mundo sutis, mas incrivelmente influentes — gostemos disso ou não, concordemos com isso ou não. Podemos achar que percebemos a realidade como ela é, mas de fato somos antes como o protagonista de nossa versão pessoal de *O Show de Truman: o Show da Vida* e não podemos ver as forças culturais mais sutis que estão, invisivelmente, moldando todas as nossas percepções — inclusive nossas mais valorizadas experiências espirituais.

E qual é a boa notícia? A boa notícia é que mesmo nossa capacidade de compreender essa verdade mostra a evolução em ação. Estamos adquirindo a capacidade de adotar perspectivas cada vez mais amplas, abrangentes, sofisticadas e sutis. Veja como avançamos nos últimos 50 mil anos. Se em tempos idos dificilmente poderíamos fazer mais que avaliar e apreender nossas experiências vitais, lentamente desenvolvemos perspectivas novas e sem precedentes. Pegue, por exemplo, a capacidade de "sairmos de nós mesmos" e pensarmos sobre nossa experiência com um nível maior de objetividade. É um extraordinário salto para a frente em termos evolucionários. Mais recentemente, desenvolvemos métodos para investigar o mundo natural com os recursos da ciência. Isso também é uma perspectiva — que desengatou-se o suficiente do mundo natural para começar a analisá-lo. Essa capacidade nem sempre foi parte da experiência humana, sendo antes o resultado arduamente conquistado da evolução de perspectivas no decorrer do tempo.

Finalmente, desenvolvemos a capacidade de nos colocarmos no lugar de outra pessoa, de imaginar, por meio de um extraordinário salto de consciência, como poderia ser experimentar suas emoções, compreender seu sofrimento, interessarmo-nos por suas alegrias e tristezas, mesmo em circunstâncias extremamente diferentes da nossa. É outro grande dom da evolução, que, aliás, nem todo indivíduo do planeta realmente desenvolveu. E a evolução continua. Estamos desenvolvendo perspectivas cada vez mais sutis — por exemplo, a capacidade de assumir a perspectiva da própria espécie, de imaginar o que poderia ser bom ou mau para o futuro da humanidade como um todo. Desenvolvemos, inclusive, a capacidade de assumir as perspectivas de outras espécies, de começar a imaginar os atributos de suas consciências e a adaptar nossas atividades humanas para levar em conta a existência delas. E agora, nas últimas poucas décadas, estamos começando a desenvolver, como temos visto neste livro, a extraordinária capacidade de assumir a perspectiva da própria evolução, de penetrar na inteligência do processo, digamos assim, e investigar a realidade a partir dessa perspectiva tão notável e reveladora. Isso simplesmente aconteceu [...] num evolucionário piscar de olhos. Portanto, não subestime o poder das perspectivas e o efeito de sua evolução em cada mínima dimensão de nossa vida.

AS TRILHAS CÓSMICAS DA EVOLUÇÃO

Pensar em Ken Wilber me faz lembrar de outro filósofo americano que não recebe a atenção que devia. Charles Sanders Peirce foi louvado por seu contemporâneo William James, elogiado como o maior filósofo dos Estados Unidos por Bertrand Russell, declarado o "Aristóteles americano" por Alfred North Whitehead e respeitado por uma infinidade de outros intelectuais dos séculos XIX e XX. Seu legado, contudo, é relativamente obscuro e suas contribuições ao pensamento evolucionário são pouco reconhecidas. Como Wilber hoje, ele foi, em sua época, um dos importantíssimos pensadores de que o cidadão americano educado médio jamais ouvira falar. E, quando se tratava de evolução, sua filosofia era igualmente inovadora. De fato, Pierce propôs um modo de pensar sobre o assunto que, mais de um século depois, inspiraria um dos aspectos da obra de Wilber que acho extremamente útil para a compreensão de uma visão de mundo evolucionária.

Peirce teve uma vida estranha e, sob certos aspectos, trágica. Nascido em 1839, filho de um professor de Harvard, foi um estudante bem-sucedido, mas a história nos conta que suas aptidões interpessoais — a inteligência emocional, poderíamos dizer — não se equiparavam inteiramente a seu QI. Parecia vítima de uma personalidade difícil (parte da qual derivava de sua condição física), que lhe rendeu muitos inimigos poderosos e complicou seus esforços para obter respeitabilidade e credibilidade acadêmicas. Mas, quaisquer que fossem as limitações físicas e psicológicas, sua mente vivia em outro plano e seus volumosos escritos (na maior parte não publicados em seu tempo de vida), o brilho eclético e o pensamento inovador estavam muitas décadas à frente de seu tempo. Embora só tivesse entrado em contato com a obra de Peirce mais de uma década após a morte do filósofo, Whitehead identificou naquele pioneiro evolutivamente inspirado um espírito afim, vendo semelhanças importantes com seu próprio trabalho. Como Whitehead, Peirce estava na vanguarda de uma mudança no modo como compreendemos o universo, vendo evolução, movimento e processo onde outros viam apenas leis fixas, matéria morta e inércia eterna.

Achei incrível descobrir, no curso de minha pesquisa, que, desde o início do século XIX, Peirce estava questionando o encanto da solidez, então aplicado às vacas mais sagradas das ciências físicas: as leis da natureza. Para Peirce, o universo inteiro e todas as suas forças e criações estavam sujeitas à evolução. Na verdade, a obra de Peirce foi uma das primeiras a teorizar de que forma algo tão ostensivamente absoluto como uma lei poderia ser criado através dos processos de evolução. Talvez as leis da natureza não sejam imutáveis, aplicando-se eternamente a tudo, ele sugeriu. Talvez não sejam anteriores ao universo. Talvez tenham também evoluído juntamente com as formas e estruturas de nosso cosmos.

Peirce suspeitava que muitas das estruturas aparentemente fixas de nosso universo são de fato mais bem descritas como *hábitos* — hábitos que se tornaram tão profundamente entranhados na natureza que se mostram como leis, fixas e inalteráveis. Em 1915, a *Mid-West Quarterly*, uma publicação da Universidade de Nebraska, publicou a seguinte descrição das ideias de Peirce, como apresentadas em suas conferências na Johns Hopkins University.

Será que as leis do universo não são os hábitos adquiridos do universo? Será que não pode haver uma possibilidade de modificação desses hábitos? Não pode haver a possibilidade, eterna, de formação de novos hábitos, novas leis? Não pode a lei ter evoluído de um caos primordial, um universo de acaso? No jogo do acaso ainda visível, será que não podemos ver a contínua renovação da vida do universo, uma contínua renovação da capacidade de formação e desenvolvimento do hábito?

Peirce sugeriu tudo isso antes que a ciência tivesse qualquer noção de evolução cosmológica, da história de desenvolvimento cósmico de nosso universo. Questões que dizem respeito às leis da física são ainda mais fascinantes hoje, particularmente no contexto de nossa compreensão atual da teoria do *big-bang*. As leis existiam em algum vácuo fora do tempo, anterior à emergência cósmica inicial? Elas pipocaram para a existência no momento dessa grande conflagração? Seriam dádivas, talvez, de um universo anterior, uma espécie de DNA informacional, cosmicamente herdado, destinado a ajudar a estruturar a evolução de nosso reino de tempo e espaço? Quando se trata desses problemas que chegam ao centro de nossas origens cósmicas, ainda temos muito mais perguntas que respostas.

O biólogo Rupert Sheldrake é outro pensador que tem sugerido que as leis da natureza podem não ser imutáveis e eternas; podem ser mais parecidas com hábitos. E assinala que a maioria dos físicos não pensou profundamente sobre essas questões à luz de nossa nova cosmologia. "Embora a cosmologia seja agora evolucionária", ele escreve, "os velhos hábitos de pensamento custam a morrer. A maioria dos cientistas toma como evidente que a Natureza tenha essas leis eternas — não porque tenha pensado sobre elas no contexto do *big-bang*, mas porque não pensou." Recentemente, ao que parece, mais alguns físicos entraram no circuito com especulações interessantes sobre a fonte das leis da natureza, como o ganhador do prêmio Templeton, Paul Davies, e o autor de ensaios científicos James Gardner. Mas seja onde for que tais especulações acabem nos levando, o importante para nossa discussão é que, mais uma vez, o encanto da solidez é quebrado e podemos pelo menos começar a considerar a possibilidade de que certas características do universo, que parecem imutáveis e inalteráveis, possam ser mais bem consideradas como evolucionárias — coisas que se desenvolvem no tempo por meio de repetição habitual e vão ficando cada vez mais consolidadas. Finalmente, numa ilusão cognitiva que nos engana repetidamente, elas parecem fixas, eternas e imutáveis, quando na realidade não são nada disso. Minha posição, não vamos esquecer, é não insistir em questões de física ou fazer quaisquer suposições sobre o que aconteceu nas longínquas extensões de tempo cósmico, mas iluminar um meio de pensar sobre evolução que se torna particularmente interessante quando o aplicamos — como Wilber faria — ao universo interno.

Mas, primeiro, Sheldrake tentaria aplicá-lo à biologia, com uma teoria que chamou de "ressonância mórfica". Em 1981, ele publicou *A New Science of Life*,* sugerindo que um novo tipo de campo de informação, um campo "morfogenético" ou "mórfico", pode ser crucial para ajudar a determinar as formas e estruturas de sistemas vivos. Um campo mórfico é um local onde a informação é armazenada, onde a memória informacional ou "hábitos" de formas e estruturas passadas residem e influenciam a forma e o conteúdo do presente. "Segundo essa hipótese", escreve Sheldrake, "os sistemas estão organizados do modo como estão porque sistemas similares foram organizados desse modo no passado. Por exemplo, as moléculas de uma substância química orgânica complexa se cristalizam num padrão característico porque a mesma substância se cristalizou desse modo antes, uma planta assume a forma característica de sua espécie porque antigos membros da espécie assumiram essa forma, e um animal age instintivamente de uma determinada maneira porque animais semelhantes se comportaram previamente assim."

Podemos ver uma versão nada esotérica dessa ideia de que "a repetição cria o hábito" na notável plasticidade do cérebro. Nossa atenção contemporânea à neurociência nos diz que, quando agimos de modo original, estamos criando novas conexões no cérebro que dão suporte a esse determinado comportamento novo. Repita o comportamento e as conexões neurais serão reforçadas. Cada vez que agimos ou pensamos desse modo particular, as trajetórias neurais ficam um pouco mais consolidadas. O hábito está lentamente se formando. Estamos desenvolvendo novos circuitos no cérebro, novos hábitos mentais, que por sua vez correspondem a novos modos de pensar e viver. Obviamente, há limitações sobre até que ponto o cérebro pode mudar, mas o ponto básico se mantém: novos

* *Uma Nova Ciência da Vida*, publicado pela Editora Cultrix, São Paulo, 2014.

comportamentos criam novos circuitos que se transformam em hábitos e talvez, finalmente, em instintos.

Na década de 1980, as propostas de Sheldrake foram sumariamente rejeitadas pelas autoridades científicas e seu livro foi mencionado, por uma das mais respeitáveis revistas científicas, como o "melhor candidato à fogueira que recebemos em muitos anos". Isso aconteceu em parte porque não há lugar, na teoria biológica existente, para campos de informação não físicos ou muito sutis, que influenciem o desenvolvimento da forma biológica (embora, como Sheldrake assinala, a área da física esteja muito mais aberta a essas possibilidades). Ele reeditou recentemente o livro original com dados atualizados, propôs uma série de experimentos testáveis para dar apoio a suas ideias e realizou-os com resultados variados. Conquistou alguns adeptos, mas pouco fez para convencer os céticos.

Seja qual for o destino científico da ideia na física ou biologia, de novo o princípio evolucionário é importante — como Wilber reconheceu. Ele sugeriu que os campos mórficos de Sheldrake são similares a estruturas profundas de consciência no universo *interno*. Assim, os estágios de desenvolvimento que discutimos nos capítulos anteriores se tornam, dessa perspectiva, "sulcos", como Wilber gosta de chamá-los, psicológicos, sociais e culturais — "hábitos Kósmicos" que se desenvolveram na noosfera. Citando a observação comum de que, assim que uma certa tarefa - como moléculas complexas sendo sintetizadas ou ratos tomando conhecimento de um determinado labirinto - foi cumprida numa parte do mundo, ela pode ser cumprida mais facilmente em outro lugar, Wilber traça um paralelo com a emergência das formas psicológicas: "No desenvolvimento histórico, assim que... [um estágio de desenvolvimento] emergia de forma consistente em qualquer lugar do mundo, também começava a aparecer mais facilmente em outras partes do mundo. Um surgimento difícil, original, criativo, se convertera num hábito Kósmico".

Para ilustrar a posição de Wilber, gosto de imaginar que estou caminhando numa terra inexplorada. Para ir do ponto A ao ponto B, tenho de escolher uma determinada rota. No curso que sigo, deixo um rastro, mas que mal se vê; há só uma leve marca de meus passos, que um viajante que venha depois poderia notar. Na verdade, o segundo viajante pode ver ou não essa trilha que segui, mas podemos dizer que há uma chance ligeiramente aumentada de que ele ou ela seja levado a viajar pelo mesmo caminho. A cada viajante subsequente, essa probabilidade aumenta; à medida que a trilha fica mais batida, a memória fica mais estável, o sulco na terra entra mais fundo. Finalmente, depois de milhões de indivíduos terem passado por esse caminho, a trilha, agora um caminho bem assentado, atua como um poderoso elemento de atração sobre qualquer viajante que siga a mesma rota. Pareceria quase absurdo não segui-la. Podemos acrescentar ligeiras modificações ao caminho existente, mas, quando se trata da trilha básica, a estrutura é relativamente estável e em sua maior parte inalterável — um forte molde encaixado no universo interno. De fato, é como se ela fosse um "molde rígido" permanente que sempre esteve lá. Essa é a natureza dos profundos sulcos Kósmicos. Podemos não ser capazes de vê-los do modo como vemos um rastro no chão, mas, ainda assim, estão profundamente gravados em nossa consciência e exercem o mesmo poder de atração sobre nós. E quanto mais antigo o caminho, mais antiga a estrutura, mais consolidados e decididos eles são.

Talvez a melhor parte dessa perspectiva seja que ela explica a resistência do passado e sua influência no presente, mas, como todas as boas teorias de desenvolvimento atuais, é também ambiciosamente aberta, permitindo o desenvolvimento de novos hábitos e sulcos evolucionários enquanto os humanos avançam na história e enfrentam novos desafios.

> A maioria dos primeiros estágios de desenvolvimento [humano] se estenderam por milhares de anos. E bilhões de seres humanos passaram por esses estágios, de modo que eles agora fazem, automaticamente, parte do desenvolvimento. Acham-se tão sulcados quanto o Grand Canyon... Mas novos estágios [...] podem ter um metro ou dois de profundidade, isso é tudo que tem sido cortado. E assim, rapaz, é difícil fazer as coisas ficarem firmes neles. E, qualquer um que esteja fazendo pressão nesses estágios, está basicamente saindo perto do Grand Canyon, pegando uma vara e começando a cavar outro sulco...

Wilber explica ainda:

> Isso não significa que os indivíduos não possam ser pioneiros nesses potenciais mais elevados [...] só que essas estruturas são ainda ligeiramente formadas, consistindo apenas das pegadas leves e rastros diáfanos de almas extremamente evo-

luídas que seguiram à frente, deixando suaves sussurros das extraordinárias visões que se encontram diante de nós, se tivermos a coragem de crescer. São *potenciais* mais elevados e *estados* não ordinários, mas [...] ainda não se tornaram *estruturas* assentadas em hábitos Kósmicos estáveis.

Vamos tomar, por exemplo, a visão de mundo evolucionária que este livro está se empenhando em elucidar. Neste ponto, ela continua informe, uma mistura fascinante de novas ideias, pequenos *memes* e valores afins, todos conectados a maiores avanços em nossa compreensão da evolução. Para aproveitar minha imagem anterior, são múltiplos conjuntos de pegadas, todas apontando mais ou menos na mesma direção, passando por cima umas das outras, às vezes perambulando, ainda não um rastro claro, mas uma impressão muito significativa. Wilber se refere a este período como a "vanguarda criativa volúvel, caótica, selvagem, da consciência se desenvolvendo e da evolução ainda rude e disponível em seus contornos recentemente estabelecidos, longe ainda do hábito fixado". E ele levanta um ponto crucial: "É por isso que hoje, agora mesmo, queremos tentar assentar como 'saudável' um [...] sulco, da melhor maneira possível, pois estamos criando campos mórficos em toda a memória Kósmica subsequente".

Isso traz à superfície outra importante implicação da noção de carma Kósmico ou sulcos evolucionários — ela aponta para um novo tipo de imperativo moral. Quando começamos a nos reconhecer como participantes do processo criativo, também percebemos que existem implicações éticas nessa perspectiva. O que fazemos *importa* — não só pelo efeito no presente, mas pelo efeito no futuro até-agora-informe. Não estamos apenas participando de um universo já-criado; somos também participantes do processo de criação. E esse conhecimento carrega imenso peso moral. Vem com um contexto ético muito real, Wilber sugere — baseado não em algum decreto de um Deus onisciente ou num sistema de crença religiosa, mas em nossa compreensão emergente do modo como a evolução trabalha e do papel que desempenhamos nesse processo. Você está disposto a ser o indivíduo que pisa firme nesta terra virgem e assume responsabilidade por assentar um rastro positivo? Está inclinado a ser a pessoa cujo comportamento, bom ou mau, positivo ou negativo, evolucionário ou contraevolucionário, poderia introduzir um novo hábito no tecido do universo, um novo sulco, que pode muito bem influenciar outros? Na revista *EnlightenNext*, Wilber assinalou:

> Paul Tillich disse que o que chamamos de renascimento contou com a participação de cerca de mil pessoas. E isso é assombroso. Cerca de mil pessoas definiram uma cultura inteira pelas opções de vanguarda que fizeram e porque estavam optando a partir do mais alto estágio de desenvolvimento até aquele momento. Estavam definindo estruturas que se tornaram o futuro da humanidade no iluminismo, depois na modernidade e depois na pós-modernidade. Mil pessoas. E a mesma coisa pode acontecer hoje se você está desperto para a vanguarda... Você poderá muito bem estar entre as próximas mil pessoas que estão definindo a forma do amanhã... E agora estamos fazendo isso como processo consciente.

Mas, antes que eu comece a plantar sementes de grandiosidade, vamos entender que não é todo dia que um cidadão normal vai andar por aí definindo novos sulcos no universo interno. A maioria de nós passa toda a vida nas bem conhecidas rotinas do ano que passou. Não obstante, o ponto essencial permanece. Wilber chama este senso moral emergente de "imperativo evolucionário", que faz lembrar o imperativo categórico de Immanuel Kant. Kant ficou famoso por sua sugestão de que cada pessoa deveria se comportar como se suas ações fossem se tornar uma regra universal. Podemos ver, em seu imperativo categórico, o despontar de uma poderosa moralidade, tendo o mundo como centro, um senso da universalidade de nossas preocupações éticas. Em sua época, os seres humanos estavam começando a pensar sobre moralidade de uma forma nova, desvencilhando-se do contexto ético menor de tribos, nações ou fé religiosas e passando a considerar as verdades morais que dizem respeito à humanidade como um todo. E Kant estava liderando a investida. Dois séculos e meio mais tarde, a ideia está tornando a emergir, só que desta vez não é de uma moralidade centrada no mundo que estamos falando, mas de uma moralidade centrada no Kosmos, evolucionária, que toma agora a frente de nossas discussões sobre como redefinir o certo e o errado numa cultura pós-moderna, que não é nem um pouco apaixonada por uma ou outra dessas noções. Como quase tudo num universo evolucionário, a moralidade evolui. E com esse novo imperativo, os evolucionários se encontram mais uma vez inseridos num contexto poderosamente ético, conectados às verdades recentemente descobertas de um universo evolucionário, despertos para as profundas consequências interiores de nossas ações e conscientemente responsáveis pelas escolhas que fazemos nas margens do futuro — onde novos hábitos se formam e novas trilhas, pouco percorridas, podem aos poucos se tornar os caminhos aceitos da cultura de amanhã.

PARTE IV
REIMAGINANDO O ESPÍRITO

Capítulo 12
ESPIRITUALIDADE EVOLUCIONÁRIA: UMA NOVA ORIENTAÇÃO

Antigamente, os homens consideravam o espírito divino e a matéria diabólica... Agora, a ciência e a filosofia reconhecem o paralelismo, a aproximação, a unidade dos dois: um reflete o outro como rosto responde a rosto num espelho, ou melhor, como ambos têm as mesmas leis...
Estamos aprendendo a não temer a verdade.

— *Ralph Waldo Emerson, "The Sovereignty of Ethics"*

Em fevereiro de 1836, a mais famosa viagem científica do mundo ancorou no estreito de King George, no sudoeste da Austrália, em sua rota de circum-navegação do globo. O navio, chamado *Beagle*, atracou e seu jovem passageiro, Charles Darwin, desembarcou e passou oito dias naquele solitário posto avançado do império britânico. Certo dia, quando estava visitando uma povoação local, uma grande tribo de aborígenes australianos nativos passou por lá para negociar com os colonialistas. E Darwin relata que, depois de trocar alguns bens com os colonos ingleses, os nativos realizaram, à noite, um grande encontro com danças, uma espécie de ritual tribal. Seus relatos deixam a coisa um tanto parecida com uma *rave* em Burning Man,* com menos *ecstasy* e mais lanças. Nosso jovem evo-

* Festival da contracultura realizado anualmente no estado de Montana, nos Estados Unidos. (N.T.)

lucionista não ficou impressionado, chamando o evento de "cena extremamente rude, bárbara".

"Todo mundo parecia muito animado", ele escreveu, "e o grupo de figuras quase nuas, visto pela luz das labaredas das fogueiras, todas se movendo em medonha harmonia, constituía a exibição perfeita de um festival entre os bárbaros mais atrasados."

Quase dois séculos mais tarde, Nicholas Wade, editor de ciência do *New York Times*, escreveu no *The Faith Instinct* [O Instinto da Fé], seu livro sobre evolução e religião, que esses "dramas emocionalmente envolventes de música, canto e danças até o amanhecer" representavam algumas das formas mais primitivas de expressão religiosa. Os dançarinos tribais de Darwin eram uma janela moderna para um rito antigo, um vislumbre de como nossos antepassados distantes prestavam homenagem a um senso do divino.

Pessoalmente, acho esse petisco evolucionário fascinante e não pouco irônico, porque uma das lembranças mais antigas que tenho da influência da religião em minha vida é ver a luta de minha irmã para compreender por que seu par no maior baile do ano, onde ia ser coroada rainha da escola, não teria permissão para dançar com ela devido às crenças religiosas dos pais dele. Sua raiva e lágrimas gravaram em minha mente de 10 anos as consequências dolorosas do conservadorismo religioso. Acho que os batistas linha-dura de minha cidade natal não tinham ouvido as notícias sobre os nativos de Darwin e as raízes da fé religiosa.

Nas vastas épocas históricas entre o espírito tribal do vamos-dançar-a-noite-toda dos antigos humanos e as conclusões Jesus-detesta-danças de alguns cristãos contemporâneos, encontramos toda a gama de expressões religiosas. Ela é, de fato, tão ampla que a simples ideia de começar a tratá-la como fenômeno único já pareceria fútil. Ainda assim, isso não impediu que uma onda crescente de estudiosos darwinistas, como Wade, tentasse pôr à prova sua capacidade de explicar a lógica evolucionária que faz algumas pessoas curvarem os joelhos para exaltar um ser supremo e outras se sacudirem a noite inteira junto à fogueira do acampamento para celebrar um poder mais elevado.

Quando uno as palavras "evolução" e "espiritualidade", é isto que vem à cabeça de muita gente — o esforço para explicar as origens evolucionárias da religião e o impulso espiritual. Há de fato, como veremos, outros meios profundos e interessantes de combinar esses dois termos, mas talvez o mais comum seja começar fazendo perguntas como: por que a fé religiosa evoluiu? O que explica o surgimento do "instinto de fé" ou do "gene de Deus", para usar a terminologia corrente? Segundo alguns estudiosos, a religião deve ter evoluído porque fornecia algum tipo de vantagem adaptativa a nossos ancestrais. Como Kenneth V. Kardong, autor do recente *Beyond God* [Além de Deus], diz rudemente: "A religião não é inserida pela mão de Deus, nem é uma excrescência da psique humana tentando lidar com as realidades da existência... Como os cérebros grandes e a postura ereta, a religião surgiu pelos benefícios que prestava à sobrevivência". Prosseguindo no argumento, talvez, na extraordinária coesão de grupo que o impulso religioso cria entre os fiéis, possamos encontrar a chave de sua vantagem adaptativa. A solidariedade religiosa, que geralmente é considerada um dos mais fortes cimentos sociais que conhecemos, inclusive hoje, poderia ser o motivo oculto por trás da persistência da fé na história humana. Afinal, poucos acordos formam o tipo de laço estreito que os acordos religiosos criam. E esses laços podem ter sido cruciais para suportar as provas e tribulações da vida no curso da história de nossa espécie. A fé religiosa resiste hoje, somos informados, não porque represente qualquer tipo de avaliação precisa ou bem-concebida de como o universo funciona, mas porque foram os grupos com fé religiosa que sobreviveram, prosperaram e, portanto, transmitiram o instinto particular aos descendentes — nós.

É uma boa hipótese, e suspeito que possam existir sementes de autêntica verdade nela. Infelizmente, tais relatos tendem a ser usados não para nos ajudar a compreender a realidade multidimensional do impulso espiritual e religioso humano, mas para supersimplificá-la e dá-la por explicada, para rejeitá-la inteiramente como uma espécie de ilusão engenhosa e gratificante que nos induz a cumprir um objetivo social positivo. Sem dúvida, isso provavelmente já é um aprimoramento significativo ante a visão que Marx tinha da religião, como "ópio das massas", mas deveríamos ser extremamente cautelosos ao lidar com essas conclusões radicais. Elas tendem a ser mais ideológicas que empíricas. Felizmente, podemos sempre aceitar as ideias fascinantes de um novo conhecimento e pesquisa sem adotar o reducionismo que as acompanha. Em outras palavras, podemos valorizar a ciência legítima e fascinante que ajuda a completar a imagem de como uma coisa como a religião evoluiu, sem necessariamente aceitar o adendo frequentemente acrescentado de conclusões filosóficas e metafísicas, que antes refletem a atitude do autor que a conclusão lógica da pesquisa.

Há outro problema com as conclusões radicais. Elas tendem a retratar as buscas religiosas e espirituais com uma pincelada genérica, sem explicar plenamente a incrível diversidade do que chamamos de prática religiosa e o modo como ela tem se alterado e se desenvolvido através da história. Podemos dizer que isso é parcialmente resultado de uma compreensão empobrecida do desenvolvimento da consciência e da cultura. Em tais relatos, há muito pouca noção da visão evolucionária da emergência da consciência humana, que estivemos explorando nos capítulos anteriores deste livro. E, sem essa perspectiva, a falácia dos Flintstones corre solta. A partir do momento em que aceitamos a possibilidade de que a mente humana tenha mudado de forma bastante radical no decorrer da história, precisamos repensar nosso relacionamento com a religião. E daí podemos começar a encarar a verdade óbvia de que as buscas religiosas e espirituais também se alteraram dramaticamente no decorrer dos últimos 10 mil anos — possivelmente em conjunto com o desenvolvimento da consciência humana.

Na verdade, é fundamental que quebremos o encanto da solidez no modo como pensamos sobre religião. Assim como as visões de mundo, a religião também muda e evolui. Esta é outra maneira pela qual os termos "espiritualidade" e "evolução" estão sendo combinados. Não existem apenas variadas expressões culturais de religião em diferentes partes do globo; existem *tipos* de expressão religiosa que correspondem a certos níveis de desenvolvimento individual e cultural. Como Wilber, Beck e outros têm assinalado, o modo como interpretamos uma experiência espiritual ou religiosa vai mudar com o passar do tempo, dependendo das visões de mundo que condicionam a totalidade de nossa experiência. Uma pessoa cujo centro de gravidade do desenvolvimento está no nível mítico ou tradicional, vai ter um tipo muito diferente de cristianismo que um modernista, que por sua vez será muito distinto de uma orientação pós-moderna. Pense na diferença entre o cristianismo tribal, belicoso, das cruzadas; os rituais míticos do catolicismo tradicional; a moderna mensagem voltada para a realização pessoal de pastores de igrejas gigantescas, como Joel Osteen; e a abordagem amante da paz, orientada para diferentes fés religiosas, das igrejas Unitárias. Não são apenas interpretações obviamente muito diferentes da fé; são também uma expressão de estágios de desenvolvimento que correspondem aos estágios culturais descritos por Gebser, Graves e outros.

Encontramos uma noção similar explorada no trabalho do professor James W. Fowler, da Emory University, sobre os "estágios de fé". Colega de Lawrence Kohlberg, em Harvard, Fowler desenvolveu uma teoria dos estágios de desenvolvimento religioso, que descreveu em linhas gerais num livro de 1981, *Estágios da Fé.*

A obra de Fowler examina a religião, no sentido mais amplo desse termo complexo, como o modo de pensarmos sobre a natureza última da existência e com ela nos relacionarmos. Sob essa definição, até mesmo muitas formas de ateísmo e naturalismo modernos são realmente mais bem classificadas como formas modernistas de expressão religiosa (Estágio Quatro, na Estrutura de Fowler). Afinal, elas representam com frequência vigorosas conclusões sobre a natureza última do ser, acerca da qual sistemas inteiros de regras culturais, normas e ética são construídos. E é importante notar que, na sequência de Fowler, como em todos os mais sofisticados sistemas de desenvolvimento, o mais elevado nem sempre é o melhor. Pode haver expressão saudável e insalubre em cada estágio de desenvolvimento da evolução.

Assim que começamos, verdadeiramente, a examinar a natureza evolucionária de um fenômeno universal como a religião, podemos começar a ver como é lamentável que tantos estudiosos, especialmente cientistas, tendam a pensar nela como um fenômeno simples, como se a maior parte da história humana pudesse ser reduzida a um simples processo em duas etapas. Primeiro houve religião, depois ciência. Primeiro fé, depois razão. Primeiro crença e superstição, depois lógica e racionalidade. Primeiro sobrenaturalismo, depois naturalismo. Em tais formulações, todas as formas de expressão religiosa ficam amontoadas numa categoria ampla. É um modo enganoso de pensar sobre religião, porque distinções importantes, como as discutidas acima, serão desconsideradas e amalgamadas, levando a conclusões imprecisas sobre toda a questão.

Debates atuais sobre Deus se veem com frequência enredados nessas distorções. Os Novos Ateus, apesar da louvável defesa das dádivas da ciência, razão e racionalidade trazidas pela modernidade, tendem a propagar essa lamentável confusão. Embora alguns possam ser bastante claros sobre como definem religião, associando-a de forma estrita e exclusiva à fé num Deus (ou deuses) sobrenatural, mítico — uma fé que ainda é a base de inúmeros sistemas de crença ativos hoje no mundo —, muitos são menos cuidadosos. Tendem a ver todos os indivíduos com inclinações místicas ou espirituais como portadores de variedades mais benignas da mesma doença básica. O que, com frequência, não conseguem reconhecer é que nem toda expressão religiosa é criada da mesma maneira. Mesmo sob o guarda-chuva de alguma tradição particular, há modos extremamente diferentes de pensar sobre Deus, cada qual representando certas visões de mundo, perspectivas e estágios de fé. E, para os que entusiasticamente abraçam as sugestões mais profundas do impulso espiritual *e* as extraordinárias virtudes que fluem do projeto da ciência, a prioridade número um é libertar a ideia do espírito de estar congelado na história e associado exclusivamente ao sistema de crença tradicional, mítico, transcendente, sobrenatural, antropomórfico, dogmático, do Deus-homem-barbado-no-céu, não importa como tal sistema seja chamado.

Os termos "evolução" e "espiritualidade" encontram-se nesse esforço para compreender a evolução do impulso religioso, assim como na busca pelo gene de deus ou instinto de fé. Mas existe ainda uma terceira convergência dessas ideias, uma forma de espiritualidade especificamente *evolucionária,* que está emergindo em nossa época. Em vez de se limitarem a contemplar, por uma lente evolucionária, as formas já estabelecidas de espiritualidade ou religião, alguns evolucionários estão intuindo e criando uma nova espiritualidade, uma nova teologia, um novo misticismo, uma nova cosmologia e uma nova moralidade, expressão da visão de mundo evolucionária que estou compartilhando nestas páginas. Não se limitando a uma aceitação da ideia de evolução, ela é informada pelas percepções e perspectivas reveladas pelo conhecimento relativamente novo de nossas origens cósmicas, biológicas e culturais. Essa nova espiritualidade se distingue tanto do teísmo religioso tradicional quanto do pluralismo "espiritual, mas não religioso" do tudo-é-válido, mais comum na cultura progressista.

A espiritualidade evolucionária é inspirada pela evolução, tem abrangência universal e é orientada para o futuro. É um caminho espiritual criativo, antecipatório, em que a salvação, seja lá como for definida, deve ser encontrada não em conexão com os espíritos ancestrais do passado, em promessas de um além celestial, na obtenção de um estado transcendente de paz interior, ou mesmo deixando a coisa rolar num presente intemporal, mas na aceitação plena do potencial emergente contido nas profundezas de um cosmos em evolução.

PARA OS QUE AMAM ESTE MUNDO

Era filho de imigrantes italianos, criado como católico num bairro pobre do Queens, Nova York, nos anos 1930. A mãe e o pai nunca aprenderam a ler, mas foi um livro que mudou a vida dele. Garoto esperto, ganhou uma bolsa de estudos para uma boa escola secundária católica, mas questões religiosas começaram a perturbá-lo. Na época em que chegou à faculdade de direito, sua confusão havia aumentado. Incapaz de conciliar-se com os princípios básicos da fé, estava procurando respostas.

Então, em 1958, Angelo Giuseppe Roncalli foi proclamado papa João XXIII e algo importante mudou na fé católica. Um escritor jesuíta, outrora proibido, morrera alguns anos antes e seus livros — havia muito objeto de rumores, boatos e chocada especulação — foram liberados da censura teológica e tornaram-se disponíveis para o mundo secular. O rapaz não perdeu tempo. Foi atrás das obras desse perigoso pensador e começou a ler. Não demorou muito para o efeito ser sentido. Quando virou a capa de um livro intitulado *O Meio Divino*, as primeiras seis palavras — a dedicatória do livro — atingiram-no como um raio: "Para os que Amam Este Mundo".

O jovem era Mario Cuomo, que acabaria se tornando governador de Nova York. A fonte de sua inspiração, é claro, era aquele santo padroeiro dos evolucionários: Teilhard de Chardin. Quando Cuomo, alguns anos atrás, me contou essa história, achei-a notável — não só devido à profunda influência do pensamento evolucionário de Teilhard sobre um indivíduo que, certa vez, pareceu estar perto da presidência americana, mas também porque sua experiência é um arquétipo para a mudança na revelação religiosa que uma visão de mundo evolucionária torna possível.

Cuomo, como milhões pelo mundo afora, foi criado no tipo de contexto religioso que sustenta que o objetivo primário da vida religiosa deve ser encontrado além deste mundo — seja nas alegrias de um pós-vida celestial, na bênção do nirvana, na perfeição da "terra pura" dos budistas ou na paz transcendente que "ultrapassava toda a compreensão". Em tais tradições, este mundo — suas alegrias e penas, prazeres e vícios — é considerado um lugar perigoso, que submeterá sua alma a teste e tentará desviá-lo do verdadeiro paraíso à espera do puro e justo.

"A regra da igreja católica era: se você gosta, é pecado. Se você gosta muito, é pecado mortal", Cuomo me explicou. "O mundo é uma série de obstáculos morais. E a missão é evitar a tentação, evitar a ambição, evitar ser excessivamente ativo neste mundo — não se acostume a ele porque a verdadeira alegria vem mais tarde, na eternidade. Isso era religião."

Quanto mais tradicional o contexto, mais perfeitamente podemos ver essa mensagem básica. Em algumas variedades de pensamento religioso, a modernidade tem feito muito para moderar esse impulso, mas não se engane: o viés antimundo, que tem sido parte e elemento essencial da religião há milhares de anos, continua vivo e forte. É fácil enxergá-lo, é claro, nas promessas para o após a morte da tradição cristã ou da fé islâmica, onde todo tipo de instigação insólita — de beatitude, felicidade e integridade moral, a sexo com virgens — tem sido usado para manter a atenção dos fiéis menos no dia a dia e mais no outro mundo. As tradições orientais do budismo e do hinduísmo, com suas visões de múltiplas existências e reencarnação, não alteraram o tema básico: o objetivo é o *moksha* (liberdade espiritual), a iluminação ou o nirvana, formas de libertação que livram a alma dos grilhões do tempo e do cativeiro do nascimento e da morte. Mesmo o ideal budista do *bodhisattva*, tão popular em círculos "espirituais, mas não religiosos", é meramente um acorde diferente da mesma canção básica. O *bodhisattva* representa um homem ou mulher espiritualmente avançados, que prometem solenemente retardar sua libertação até que todos os seres sencientes estejam livres dos grilhões do tempo e do renascimento. De forma altruísta, sem dúvida, mas ainda a serviço de um ideal de outro mundo.

Sem dúvida alguma, há muitos ensinamentos espirituais e religiosos antigos e contemporâneos que se apresentam de modo diferente — trilhas místicas não duais, que afirmam não haver diferença fundamental entre forma e vazio, entre espírito e matéria, entre céu e terra. Mas cave um pouco sob a superfície e, na maioria das vezes, o sutil viés antimundo se revelará. Há exceções, como as tradições envolvendo o mundo da fé judaica, onde a glória de Deus é revelada em nossas tentativas de aperfeiçoar e regenerar o mundo; em derivações como o *shaivismo*, da Caxemira, cujos princípios se distinguiam especificamente das tendências de negação do mundo do pensamento hindu; ou nas tradições da *via positiva,* que, vez por outra, têm emergido no desenvolvimento do pensamento ocidental. Mas o casamento profundo do espírito com uma forma sobrenatural de transcendência ainda não é questionado pela maioria.

Qualquer definição de uma nova espiritualidade evolucionária começa com o rompimento desse viés. A espiritualidade evolucionária, embora se apresente sob muitas cores, tem uma mensagem muito mais adequada às condições de vida do mundo moderno e pós-moderno: a *evolução* deste mundo é o objetivo da vida espiritual. E por "mundo" quero dizer o cosmos manifesto de tempo e espaço, tanto o domínio interior quanto o exterior — consciência, cultura e cosmos. A ação é *aqui* — neste tempo, neste lugar, nas possibilidades que se encontram no futuro próximo e distante desta cultura, deste mundo, deste universo. Sim, ainda pode haver transcendência espiritual nas formas mais radicais, sublimes e sutis, mas *a transcendência está a serviço da evolução*, não o contrário. E essa diferença é tudo.

Estados transcendentes de paz e liberdade, percepções espirituais sutis, visões libertadoras e despertar místico não são em si mesmos, e por si só, o objetivo da espiritualidade evolucionária. Podem ser autênticos, profundos e transformadores da vida, mas a liberdade, visão e libertação que concedem está, em última análise, a serviço de um contexto mais amplo, um projeto maior, um objetivo mais elevado: a evolução do *self*, da cultura e, talvez, se podemos ser tão arrojados, do próprio cosmos. Isso não é diminuir a beleza e majestade da transcendência em toda a sua miríade de formas, mas expandir a circunferência de seus efeitos transformadores para muito além dos confins de qualquer *self* individual. A espiritualidade evolucionária nos chama a participar dos processos mais profundos que atuam no desenvolvimento da cultura e do cosmos, e a experiência de transcendência, nesse contexto, deve em última análise apontar-nos para a frente — não para cima, para baixo ou para dentro.

Talvez os dois indivíduos que fizeram mais vigorosamente essa distinção tenham sido Teilhard de Chardin e Sri Aurobindo. Um no Ocidente; outro no Oriente. Ambos viveram na primeira parte do século XX, durante o que poderíamos chamar "primeira onda" de espiritualidade evolucionária. Ambos estavam apresentando uma nova visão de sua própria fé — Teilhard, um catolicismo evolucionário, e Aurobindo, um yoga evolucionário na tradição hindu. Para defender suas ideias, cada um atacou a tendência antimundo de sua própria tradição. E fizeram-no com ferocidade.

O pensamento de Teilhard tem vindo repetidamente à tona nestas páginas, testemunho da amplitude de sua influência sobre todos os aspectos de uma visão de mundo evolucionária. Mas, quando nos movemos para o território da espiritualidade evolucionária, a própria história de sua vida se torna relevante como exemplo do nascimento de uma nova sensibilidade religiosa. As percepções de Teilhard, de extensão universal, foram alimentadas entre as colinas verdejantes, cobertas de bosques, de Auvergne, na França. Nascido em 1881, passou seus anos de formação a poucos quilômetros do marco característico dessa região, o imponente vulcão Puy de Dôme. E, embora o fogo desse prodígio natural há longo tempo adormecido tenha esfriado nos precedentes 10 mil anos, a energia da terra começou a nutrir no coração e mente jovens de Teilhard um tipo diferente de clarão vermelho — o que mais tarde ele chamou "o divino irradiando-se das profundezas da matéria ardente". Foi essa paixão incomum pelas energias criativas e potenciais contidas na matéria que caracterizaram desde o início o temperamento de Teilhard. Ele amava a natureza, mas não com a sensibilidade estética de um romântico. Intuía uma dimensão mais profunda no mundo natural, sentindo que, contido na matéria, havia um vigoroso potencial latente que, de alguma forma, estava em processo — movendo-se, desenvolvendo-se e edificando-se para alguma culminância futura.

O pensamento profundamente otimista e orientado para o futuro desse evolucionário foi forjado num cadinho improvável: os campos de batalha da Primeira Guerra Mundial. Carregador de maca voluntário que, repetidamente, preferia ficar nas linhas de frente em vez de aceitar um trabalho mais seguro como recompensa por seu valor, usou seus quatro anos à beira da morte para refletir sobre as correntes mais profundas da vida. Desperto uma noite nos campos de batalha de Verdun, iluminado por labaredas, mas então silencioso, ele escreveu: "Quando vejo esta cena de amargo sacrifício, sinto-me completamente dominado pelo pensamento de que tive a honra de me encontrar num dos dois ou três locais em que, neste exato momento, a vida inteira do universo irrompe e reflui — lugares de dor, mas é aí que um grande futuro (e nisso *acredito* cada vez mais) está tomando forma". Mais tarde, ele refletiria sobre a experiência no *front*: "Você parece sentir que está na fronteira final entre o que já foi alcançado e o que está se esforçando para emergir... A mente [...] obtém algo como uma visão global de toda a marcha para a frente da massa humana, e não se sente tão inteiramente perdido nela. É sobretudo nesses momentos que se vive, eu poderia dizer, 'cosmicamente'".

Ao retornar da guerra, Teilhard era um herói condecorado, mas para ele as verdadeiras medalhas de guerra foram o feixe de ensaios, cartas e outros escritos que continham suas ideias recentemente cristalizadas. As autoridades da igreja, contudo, não estavam distraídas e ele foi proibido de publicar. Um antigo ensaio/poema intitulado "Hino à Matéria" deixa evidente por quê. Expressa exatamente como o jovem e ardoroso jesuíta se sentia com relação ao mundo da natureza e, por extensão, às doutrinas da igreja:

> Abençoada sejas, matéria áspera, solo árido, rocha obstinada... Abençoada sejas, matéria perigosa, mar violento, paixão indomável... Abençoada sejas, matéria pujante, marcha irresistível da evolução, realidade sempre renascida; tu que, ao despedaçares continuamente nossas categorias mentais, nos forças a avançar sempre mais e mais em nossa busca da verdade...
>
> Eu te abençoo, matéria, e te aclamo: não como os pontífices da ciência ou os pregadores moralizantes te descrevem, degradada, desfigurada — massa de forças brutas e apetites vis —, mas como te revelas hoje para mim, *em tua totalidade e tua verdadeira natureza...* Aclamo-te como o *meio* divino, carregado de poder criativo, como o oceano agitado pelo Espírito, como o barro moldado e penetrado de vida pelo Verbo encarnado.

A vida tumultuada de Teilhard levou-o, por ordem da igreja, até a China, do outro lado do mundo, onde, vivendo numa espécie de exílio, redigiria seu mais famoso manuscrito, *O Fenômeno Humano*, bem como um grande número de ensaios e meditações. Além das reflexões filosóficas sobre evolução, ele também deixaria sua marca na ciência, participando de algumas das mais importantes descobertas paleontológicas da época. Desaprovado pelo Vaticano e raramente bem recebido em seu país natal, onde, para a hierarquia jesuíta, seus pensamentos e palestras tendiam a provocar um excesso de entusiasmo, Teilhard ficou inicialmente mais conhecido pelo trabalho científico que pelo pensamento espiritual, e continuou sendo assim até o momento de sua morte em 1955, na cidade de Nova York. De fato, uma relação muito ambivalente com a evolução — para não falar da "espiritualidade evolucionária" — prevaleceu nos corredores de Roma até meados do século XX. O popular *A Evolução Criadora*, de Henri Bergson, foi proscrito pelo Vaticano e colocado na lista de livros proibidos, uma distinção herética que mesmo *A Origem das Espécies*, de Darwin, nunca conseguiu alcançar.

Do outro lado do mundo, a contar da terra natal de Teilhard, o grande sábio evolucionário da Índia, Sri Aurobindo (cuja vida também muito rica vamos examinar mais completamente no Capítulo 16), fez uma crítica igualmente mordaz da tendência antimundo presente em grande parte das tradições budista e hindu. Certamente, não foi o primeiro a fazê-la. Críticos ocidentais vinham havia anos afirmando que a filosofia budista se equiparava a uma forma de niilismo, ou que o misticismo oriental rejeitava o mundo material. Mas vinham fazendo isso a partir de posturas religiosas ocidentais e do ponto de vista do *outsider*, frequentemente com pouco conhecimento ou experiência real das poderosas noções místicas, percepções espirituais e estados iluminados de consciência que as tradições orientais proporcionam. Aurobindo foi diferente. Embora educado no Oriente e no Ocidente, era bengalês nativo e seu despertar espiritual ocorreu no contexto de uma prática de yoga. Defensor da tradição, ele a conhecia filosoficamente e em termos práticos.

Em sua obra-prima espiritual, *A Vida Divina*, escrita no início do século XX, Aurobindo apresenta duas "negações" que perseguem a mente contemporânea. A primeira é a "negação materialista", essencialmente a crença de que a matéria é a quinta-essência da realidade. Aurobindo rejeita essa posição e defende uma "afirmação mais completa e universal" da realidade, em que tanto o domínio material quanto o imaterial estão incluídos. No todo, contudo, ele mantém uma atitude positiva com relação à expressão secular na cultura global e louva a "indispensável utilidade do período muito breve de materialismo racionalista pelo qual a humanidade tem passado". Reconhece que as aspirações espirituais e religiosas frequentemente se prestam a interpretações da realidade que desafiam a credulidade contemporânea, e que a adoção de uma atitude cética, moderna, poderia acabar servindo para facilitar uma relação mais profunda, mais "austera" e autêntica com assuntos espirituais do que até então fora possível.

> Pois esse vasto campo de evidência e experiência [espiritual e religiosa], que agora começa a reabrir seus portões para nós, só pode ser penetrado com segurança quando o intelecto foi severamente treinado para uma clara austeridade; tomado por mentes imaturas, ele se presta às mais perigosas distorções e fantasias equivocadas. Na realidade, no passado, incrustou um núcleo real de verdade com tamanho acréscimo de superstições perversoras e dogmas geradores de irracionalidade, que todo avanço em termos de verdadeiro conhecimento foi tornado impossível. Durante um período, tornou-se necessário fazer uma honesta varredura ao mesmo tempo da verdade e de sua dissimulação, para que a estrada pudesse ser liberada para uma nova partida e um avanço mais seguro. A tendência racionalista do materialismo prestou à humanidade esse grande serviço.

A segunda das duas negações é o que Aurobindo chama de "recusa do asceta". E o sábio reserva as farpas mais afiadas para esse tópico. Por "recusa do asceta", está se referindo à tendência oposta à do materialismo: a recusa em aceitar que o mundo material é real. Num capítulo inovador e corajoso, ataca o viés antimundo de sua própria tradição, com toda a intensidade de um homem que viu o topo da montanha e sabe, sem a menor sombra de dúvida, que ele é apenas um ponto de apoio para o próximo cume.

Começa com um pleno reconhecimento de como a tendência a uma antimanifestação, a uma transcendência tipo o-mundo-é-uma-ilusão, que inspira tantas atitudes religiosas tradicionais, está profundamente baseada em experiências pessoais. Ele não rejeita o espírito ascético. Pelo contrário, menciona seu "caráter indispensável" e as contribuições contínuas para o avanço humano. Mas explica que há um tipo de experiência que pode facilmente nos levar à conclusão de que o mundo é uma ilusão ou que, de alguma forma, não é real, e temos de ser muito cuidadosos sobre como interpretamos esse tipo de percepção mística.

> Pois nos portões do Transcendente se encontra aquele Espírito simples e perfeito descrito nos *Upanishads* — luminoso, puro, sustentando o mundo, mas inativo nele, sem tendões de energia, sem mácula de dualidade, sem cicatriz de divisão, único, idêntico, livre de toda aparência de relação e de multiplicidade —, o puro

self dos *adwaitins*, o inativo *Brahman*, o transcendente Silêncio. E a mente, ao encontrá-lo de repente, sem transições intermediárias, recebe uma sensação da irrealidade do mundo e da realidade única do Silêncio, que é uma das mais vigorosas e convincentes experiências de que a mente humana é capaz.

Sob a poderosa influência desse tipo de experiência, Aurobindo explica, é fácil tirar conclusões imprecisas sobre a natureza da vida espiritual e da relação correta com o mundo manifesto. Ele sugere que os perigos aqui são "paralelos" à negação materialista do espírito, embora "mais completos, mais definitivos, mais ameaçadores em seus efeitos sobre os indivíduos ou coletividades que ouvem seu potente chamado à imensidão". Em outras palavras, podemos nos perder em matéria e materialismo, mas também podemos nos perder em espírito e num tipo de idealismo em que só *isso* é real: consciência, espírito, *Brahman* e assim por diante. Para Aurobindo, essa segunda negação é a mais perigosa e poderosa ilusão.

Evidentemente, quando paramos e refletimos sobre essas questões entre os confortos materiais do século XXI, quase um século após Aurobindo ter escrito essas palavras, talvez pareça estranho imaginar que adotar um viés espiritual antimundo pudesse ser a mais traiçoeira de suas duas "recusas". Afinal, basta dar uma olhada no recente livro espiritualista e fenômeno cinematográfico *O Segredo,* no qual a salvação em oferta não era uma bênção celestial, mas uma satisfação decididamente material. Há pouca dúvida de que, não importa qual fosse a tendência dominante da Índia no início do século XX, aqui, no século XXI do Ocidente, o materialismo deve ser a "recusa" dominante. Mesmo as buscas mais religiosas do novo milênio não chegam exatamente a implorar com paixão pelo ascetismo. Mas nem por isso devemos rejeitar as advertências do grande sábio como obsoletas e culturalmente irrelevantes.

A "recusa do asceta" não é simplesmente uma postura de renúncia exterior. Aurobindo também está falando de uma posição interior e aqui a história fica um pouco mais interessante. Hoje, mesmo nas margens progressistas da cultura, onde antigos dogmas religiosos têm pouca influência, a tendência para um tipo de transcendência que sustenta uma relação ambivalente com o mundo manifesto está viva e bem, embora sob formas um tanto mais sutis. Veja, por exemplo, o mais popular místico ocidental de nossos dias, Eckhart Tolle. O livro de Tolle, *O Poder do Agora*, inspirou milhões, incluindo o grande oráculo da mídia moderna,

Oprah Winfrey. Místico vigorosamente despertado, Tolle escreve, em *O Poder do Agora,* que "o objetivo último do mundo não se encontra dentro do mundo, mas na transcendência do mundo". Ele uma vez declarou, numa entrevista à *EnlightenNext,* que o mundo manifesto são simplesmente "pequenas ondulações na superfície do ser", e explicou que "todo fenômeno manifestado é tão efêmero, tão breve que, sim, poderíamos quase dizer que, da perspectiva do não manifestado, que é o estado de existir, ou presença, atemporal, tudo que acontece no domínio manifestado parece realmente um teatro de sombras". A imagem de Tolle faz eco a uma longa tradição religiosa e mística. "A maior parte da teologia encara Deus como a única coisa real que existe, sendo tudo mais apenas sombras na caverna de Platão", escreve o erudito religioso Huston Smith.

POR QUE A MATÉRIA IMPORTA

Quando eu tinha 22 anos, passei um mês em Katmandu, no Nepal. Fui lá para visitar a bela nação do Himalaia e participar com alguns amigos de um retiro com um mês de duração. Tenho muitas lembranças agradáveis dessa viagem ao lendário "teto do mundo" — belos piqueniques em altos terraços do sopé das montanhas, vislumbres matinais de picos muito elevados antes que o *smog* e as nuvens os tapassem, tranquilas meditações noturnas na sacada e visitas aos templos budistas locais. Mas esse foi também o cenário de meu primeiro encontro cara a cara com uma versão mais sutil, mas poderosa, de uma tendência antimundo. Veio sob a forma de um monge budista tibetano.

O monge em questão era discípulo de um reverenciado mestre tibetano, um homem que muitos consideravam uma das mais altas expressões vivas dos ensinamentos budistas naquele momento da história. Certa tarde, ele nos fez uma visita amável e acabamos tendo uma longa discussão no terraço de nosso hotel. Sob muitos aspectos, víamos da mesma maneira as questões espirituais. Ele era também um sério praticante religioso e trocamos histórias e perspectivas sobre o papel da prática no caminho para a iluminação. Era difícil não ficar impressionado com a sinceridade e dignidade daquele impressionante tibetano. Mas, quando chegamos ao papel de pensamentos e emoções na vivência de uma vida espiritual, alguma coisa mudou. De repente, não estávamos mais, afinal, tão de acordo.

Sempre que eu me referia a uma emoção positiva — um sentimento de amor, alegria, convicção, entusiasmo, boa motivação, vibração espiritualmente inspirada e assim por diante —, ele a dispensava imediatamente. "Tudo espetáculo!", dizia ele com um aceno de mão. Em outras palavras, todas essas emoções, independentemente de seu verdadeiro conteúdo, não passavam de ilusões em nossa mente, expressões vazias da eterna polaridade de medo e desejo, caminhos para a inevitável fixação e sofrimento. A reação melhor era se afastar de toda experiência pessoal como um Buda passivo, atento, não perturbado pelo fluxo de emoções a dançar pela tela perceptiva da mente.

Há, é claro, uma grande energia espiritual nesse tipo de orientação, principalmente quando ela é respaldada por uma experiência genuína. Na verdade, qualquer um que tenha um dia desfrutado a paz profunda da meditação, descansado naquela calma além da interminável tagarelice da mente, vislumbrado como era ver-se livre do desejo e liberto da ilusão de necessidades materiais, conhece por si mesmo o poder desse "caminho por onde não se passa". E pode compreender, pelo menos até certo ponto, por que Aurobindo chamou-o "uma das mais poderosas e convincentes experiências de que a mente humana é capaz". Como ele sugere, muitos estão de tal forma convencidos da realidade da experiência transcendente que concluem que as coisas deste mundo são mais ou menos uma ilusão — o jogo de *samsara*, o falso mundo em que seres não despertos sofrem e renascem, até atingirem a iluminação, ou nirvana, e encontrarem a libertação eterna.

Tradicionalmente, tais conclusões inspiraram atos de ascetismo, uma rejeição literal à sociedade e a seus ornamentos materiais. Hoje, contudo, não é grande a probabilidade de que o buscador, ou buscadora, espiritual médio se veja compelido a abrir mão de todo o dinheiro e posses, a abandonar o lar, a família, as responsabilidades sociais e partir descalço para alguma área deserta que ainda possa ser encontrada. Como as conclusões que levam a isso, os perigos de um viés antimundo, hoje, são muito mais sutis. Mas as consequências continuam perigosas. Especialmente numa era repleta de ironia, carregada de angústia, não precisamos perambular como ascetas para ficarmos enfeitiçados pela suposta legitimidade espiritual de uma perspectiva que nos permite observar em vez de agir, testemunhar em vez de nos envolvermos e permanecermos profundamente ambivalentes com relação à vida, em vez de assumirmos o risco de um compromisso incondicional. Tal abordagem do espírito pode, facilmente, nos levar à conclusão de que o que acontece neste mundo não é de grande importância. Essa dedução traiçoeira introduz-se, furtivamente, nas bordas de nossa mente, minando não apenas nosso senso de convicção na realidade de nossas ações, cheias de consequências, mas também nossa avaliação das possibilidades que o mundo apresenta para nós. Numa cultura cínica, descrente, em que a dúvida pessoal é endêmica e tantos hesitam em se envolver com vontade na vida e nas possibilidades do futuro, tais conclusões apenas atiçam as chamas do tipo errado de distanciamento. E, em nome da paz e da liberdade espiritual, elas podem servir para nos desconectar dos potenciais de afirmação da vida que, como veremos, são a essência da espiritualidade evolucionária.

Na verdade, não há nada de que precisemos mais neste momento, em nossa cultura, que o tipo de convicção que vem de sabermos, num nível profundo, que o que fazemos é real e verdadeiramente importa, tem importância ética. E não estou me referindo apenas à ética no sentido de alguma derradeira apuração moral cósmica, mas no sentido de que nossas ações estão conectadas, de um modo pequeno, mas significativo, ao destino de um processo muito maior que nós. A espiritualidade evolucionária pode nos despertar para essa conexão. Pode nos unir a um processo universal que não é neutro nem inconsequente, que é mais real e importante que qualquer coisa que aconteça entre os caprichos e extravagâncias de nossas vidas individuais. Pode nos erguer para além dos ciclos incessantes de nossas preocupações psicológicas e conectar nossa capacidade de escolha a um processo de 13,7 bilhões de anos, um processo que está desembocando na evolução da consciência humana e da cultura em nossa época. Pode revigorar nossa fé, como assinalei no Capítulo 3, nas possibilidades de nosso futuro individual e coletivo. E pode nos converter de novo em verdadeiros crentes — não em divindades celestes ou favores divinos, mas na natureza positiva, profundamente espiritual, da vida e do potencial humano.

Na verdade, uma das muitas funções da espiritualidade e da religião no decorrer das épocas tem sido conectar seres humanos a um senso de algo além deles mesmos, um contexto maior, uma ordem mais elevada. Em *The Real American Dream* [O Verdadeiro Sonho Americano], Andrew Delbanco, diretor do programa de Estudos Americanos na Universidade de Colúmbia, afirma que esse ímpeto de transcender os confins do *self* é uma parte fundamental da natureza humana, uma parte que tem, no correr do tempo, deslocado seu foco, mas não diminuído de intensidade. De fato, escreve ele, "o traço mais impressionante de nossa cultura contemporânea é a ânsia desenfreada pela transcendência... Não vejo motivo para duvidar — e não acredito que a história dê suporte a essa dúvida — que seres humanos de todas as classes e todas as culturas tenham essa necessidade de contato com o que William James chamou de 'Poder Ideal', através do qual a 'sensação de estar numa vida mais ampla do que aquela dos pequenos interesses deste mundo' pode ser alcançada... A questão que enfrentamos hoje é como, ou se, esta 'sensação de estar numa vida mais ampla' se encontra ainda disponível".

Eu sugeriria que hoje a "sensação de estar numa vida mais ampla" — quer a chamemos de Deus, transcendência ou mesmo iluminação — se encontra, com toda a certeza, disponível. De fato, em escala ainda maior, porque não precisamos mais olhar para ideais de um outro mundo para encontrar a reverência, o espanto, a humildade e a coragem moral que um contexto maior proporciona. A "vida mais ampla" de James tornou-se tangível no contexto espacial extraordinariamente vasto que agora descobrimos ser nosso universo, e no contexto temporal de insondável profundidade no qual descobrimos estar situados. Os limites de nossos "pequenos interesses" são espatifados ao acordarmos para a realidade de que somos muito mais que meramente um pontinho infinitesimal nesse mar cósmico em expansão, infinito, impessoal. Na realidade, nosso lar cósmico não é só um lugar, mas um processo; *está em movimento* e nós estamos bem na frente desse desdobrar temporal, despertando pela primeira vez para ambas as dimensões, a física e a espiritual, dessa verdade — digerindo as implicações, chegando a um acordo com sua importância existencial.

Quase um século se passou desde que as visões espirituais evolucionárias de Teilhard e Aurobindo emergiram, juntamente com aquelas de seus muitos contemporâneos notáveis, como Bergson e Whitehead. Contudo, embora a ciência, a cultura, a filosofia e a espiritualidade tenham, certamente, se desenvolvido desde essa época, as perspectivas fundamentais que esses grandes pioneiros expuseram parecem ainda surpreendentemente atuais. Talvez esses evolucionários do passado estivessem avançando por um caminho para o qual sua época e cultura não estivessem prontas. Embora as pegadas tenham sido suficientemente firmes e profundas para permanecerem visíveis até os dias de hoje, poucos estavam preparados para seguir e estabelecer um caminho, um "sulco Kósmico" para o futuro. Hoje, no entanto, isso parece estar mudando. As visões evolucionárias que eles intuíram parecem estar encontrando uma ressonância maior no começo de nosso novo século do que encontraram em sua própria época. À medida que mais e mais evolucionários despertam para essa sensibilidade espiritual universal, orientada para o futuro, os contornos do caminho vão se tornando identificáveis. E embora ampla o bastante para incluir muitas variações, a direção do caminho é clara e sua marca espiritual, moral e filosófica sobre a cultura contemporânea está se aprofundando. Aqui, vamos investigar algumas dessas extraordinárias visões emergentes de espiritualidade evolucionária.

Capítulo 13

EVOLUÇÃO CONSCIENTE: NOSSO MOMENTO DE ESCOLHA

A evolução do homem é a evolução da consciência e a "consciência" não pode evoluir inconscientemente. A evolução do homem é a evolução de sua vontade e a "vontade" não pode evoluir involuntariamente. A evolução do homem é a evolução de seu poder de fazer e "fazer" não pode ser o resultado de coisas que "acontecem".

— *Gurdjieff*, Letter to Ouspensky, 1916

Era um momento de escolha. Deitado sozinho num quarto de hospital em Sydney, em 1951, Zoltan Torey estava à beira da morte, enfrentando uma decisão que determinaria não apenas *se* ele ia viver, mas *como* ia viver. Refugiado húngaro de 21 anos de idade, chegara à Austrália para escapar da vida sob o comunismo e estava trabalhando numa fábrica local, à noite, para financiar os dias que passava na universidade. Algumas noites antes, o desastre ocorrera. Quando rebocava um grande tambor de ácido de bateria por um trilho elevado, a tampa se soltou e uma chuvarada mortal de líquido corrosivo vazou. "A última coisa que vi com absoluta clareza foi uma cintilação na enchente de ácido que engolfou meu rosto", ele escreveu anos mais tarde, em sua autobiografia *Out of Darkness* [Fora da Escuridão]. "Eu me recordo de cambalear para trás, ofegando em busca de ar, com o nariz, a boca e os olhos cheios da coisa, tossindo e cuspindo... Rodopiei, começando a reparar numa névoa, que engrossava depressa, passando sobre os meus olhos. Nesse ponto minha consciência explodiu num senso de catástrofe. Não houve pensamento nesse instante, só fragmentos, rostos de pessoas que me eram queridas e uma nauseante sensação de que aquilo era o fim. Então a névoa se fechou."

Quando acordou na manhã seguinte no hospital, Torey estava cego e jamais voltaria a enxergar. Suas cordas vocais estavam muito danificadas e ele só conseguia falar num sussurro. Mas isso não foi o pior. A verdadeira vítima desse acidente industrial foi algo mais profundo dentro dele. Sim, o ácido queimara sua córnea e lhe arruinara a garganta, mas provocara idêntico prejuízo em sua alma. Todos os seus sonhos, os planos para o futuro, as possibilidades que fazem um rapaz de 21 anos acordar de manhã tinham sido levadas embora naquele simples borrifo de dor e destino. Preso ao quarto de hospital nos dias que se seguiram, suas perspectivas outrora brilhantes pareciam terríveis. "Eu praticamente estava testemunhando minha vida afundar, desmoronar", lembra ele.

No ponto máximo de sua batalha, febril e perigosamente deprimido, a vontade de viver de Torey estava claramente definhando e todos sabiam disso. Ele se lembra de um membro interessado da equipe do hospital sentando ao lado dele e sugerindo: "Talvez você devesse rezar".

Talvez ele devesse rezar? O pensamento atingiu Torey, alojou-se em sua mente como um problema que não podia resolver e, enquanto a noite descia sobre o hospital em Sydney, ele refletia sobre sua situação. É, estava numa enrascada. Precisava de ajuda. Sabia que talvez jamais saísse daquele hospital. Mas rezar a Deus? Formalmente criado como um luterano liberal, Torey não era pessoalmente religioso. De fato, jamais rezara. Que direito tinha agora de pedir a Deus favores especiais? E mesmo que alguma divindade distante pudesse ouvir suas súplicas, qual era o sentido de achar que o favor divino, num mundo que sofria, devesse ser concedido a ele? Em 1951, o mundo parecia uma área de desastre atrás da outra, com guerra, fome e doenças ainda ameaçando grande parte da Europa e Ásia do pós-guerra. E lá estava ele, num quarto de hospital, pensando que Deus devia se interessar por sua dor pessoal somente porque um ato casual do destino interviera em sua vida. Por que deveria a providência dar uma atenção especial a Zoltan Torey, que ficara cego recentemente? *Talvez ele devesse rezar.* Compreendia a necessidade, mas simplesmente não conseguia se dispor a fazê-lo. Parecia o cúmulo do egoísmo.

Enquanto a noite avançava e o hospital ficava silencioso, Torey meditava sobre sua situação. E se, em vez de pedir ajuda a Deus, revertesse as coisas? Talvez o ponto mais importante não fosse como Deus o ajudaria, mas como ele ajudaria Deus? E nem mesmo Deus, realmente, mas a vida — este processo do qual somos todos parte. Como poderia contribuir — ajudar a tocar as coisas que tinham extrema importância para ele, como a vida, o amor, a compreensão e a claridade?

Para responder a essa pergunta, Torey começou a passar em revista o que sabia sobre a vida, o universo e, bem, sobre tudo. Começou a refletir sobre toda a extensão da história cósmica. Sempre se interessara pela verdade e pela ciência, por descobrir o sentido mais profundo e a mecânica das coisas, mas agora, em meio à crise, essa curiosidade interior adquiria uma intensidade urgente e concentrada. Recapitulou mentalmente o que sabia da evolução do universo — a singularidade que deu início a tudo, o irromper da vida, o modo como a química se transformou em bioquímica e como a consciência começou. E a coisa o atingiu — a nítida direcionalidade de tudo aquilo. A matéria se tornara consciente. Configurações de átomos infinitesimais tinham, no decorrer de éons de tempo, se tornado seres humanos autônomos, com pensamentos e sensações. Que extraordinário! A conclusão óbvia o encarava. *A consciência humana é a frente de avanço deste magnífico processo.* E isso tem implicações, ele percebeu. Há um código moral embutido nesse reconhecimento. Não somos apenas parte desse processo, mas *devemos* a ele nossa curiosidade, esforço, intelecto e cooperação. Fomos apanhados por esse incrível ímpeto e levamos à frente, para o futuro, o sentido do processo. A evolução nos deu cérebros notáveis e uma poderosa forma de consciência. Em troca, temos o privilégio — ou melhor, a *obrigação* — de promover esse processo e contribuir para sua melhoria. Não somos vítimas. *Temos uma opção.*

Uma nova trilha havia se aberto diante de seus olhos sem visão, e Torey reconheceu que sua vida tinha ainda grande possibilidade de ter um sentido. Podia ainda contribuir para o processo evolucionário, exaltando a vida e promovendo o conhecimento humano. "O privilégio de estar vivo justificaria a mim, a minha vida e a minha juventude", ele se recorda de ter pensado.

Torey foi salvo naquela noite. Talvez não por uma divindade sobrenatural respondendo a uma prece piedosa, mas não nos enganemos — ele despertou como um novo homem, tocado pelo poder de uma intuição evolucionária. Convertendo a cegueira num trunfo, continuou a usar seus poderes intensificados de visualização mental para incrementar nossa compreensão de como a consciência funciona no cérebro humano, uma contribuição que lhe granjeou respeito de algumas das mentes mais notáveis da ciência. Seu livro de 1999, *The Crucible of Consciousness* [O Cadinho da Consciência], foi uma das tentativas mais sofisticadas de construir um modelo de como o cérebro cria a experiência da consciência e como o milagre da reflexão sobre si evoluiu no animal humano. Torey é também um profundo humanista, alguém cujo contagiante amor pela vida e pelo milagre da evolução brilha com muito mais intensidade dado o pano de fundo de sua tragédia pessoal.

A história de Torey é inspiradora, mas também instrutiva. Representa uma vitória pessoal sobre as tentações do desespero, mas também o despontar impessoal de um novo contexto onde podemos ver as importantes escolhas da vida humana. Ela mostra como um novo tipo de contexto ético caiu silenciosamente sobre a percepção humana nos últimos anos e décadas, quase irreconhecível, como uma neve que não se percebe cair suavemente durante a noite, revelando um mundo alterado à luz do sol da manhã.

Torey é parte de uma vaga categoria de pensadores que chamarei de "evolucionistas conscientes". Num sentido amplo, isso é simplesmente outra expressão que aponta para a nova visão de mundo que todos os evolucionários deste livro encarnam e representam. Mais especificamente, ela se refere àqueles indivíduos que veem na trajetória atual da vida um momento crítico para nossa espécie, uma época em que devemos tomar conscientemente as rédeas de nosso destino, assumir o controle da evolução da sociedade humana e encarar o futuro com um novo senso de iniciativa e escolha. E, para cada um desses pensadores, a palavra "consciente" é fundamental. Eles sentem que, como Torey naquela cama de hospital, devemos *despertar* e optar por dar nosso suporte consciente ao mais importante empreendimento que existe — a evolução de nossa espécie. E assim como Torey atingiu um momento crítico em sua confrontação pessoal com o desespero, sugerem esses indivíduos, também podemos, como espécie, estar atingindo um momento de mudança espetacular na trajetória evolucionária da cultura humana. A evolução consciente é a necessidade, capacidade e urgência de assumir responsabilidade pelo futuro desse experimento chamado "vida humana". Barbara Marx Hubbard, a influente ativista evolucionária que popularizou a expressão em seu livro de 1998, *Conscious Evolution* [Evolução Consciente], descreve-a como "uma visão e uma direção para nos ajudar a navegar por este período de transição para o próximo estágio da evolução humana".

Há certos evolucionários que encarnam o chamado com paixão e inspiração incomuns, e cujas histórias de vida, como a de Torey, servem como exemplo desse tipo particular de *despertar para a evolução.* Neste capítulo, vou dar uma olhada na vida e obra de três desses indivíduos — os evolucionários que, juntos, provavelmente mais fizeram para levar a ideia transformadora de evolução consciente ao público em geral — Michael Dowd, Barbara Marx Hubbard e Brian Swimme. Ou, como gosto de pensar neles, o Pregador, a Matriarca e o Bardo Cósmico.

O PREGADOR

"A humanidade é fruto de 14 bilhões de anos de evolução ininterrupta, tornando-se agora consciente de si", declara o homem de meia-idade andando de um lado para o outro, pontuando os argumentos com um gesto dramático ou uma pausa momentânea. O reverendo está em seu elemento e hoje ele pode sentir que tem a multidão na palma da mão.

"Quando a Bíblia fala de Deus nos formando do pó da Terra, isso é metaforicamente verdadeiro", exclama ele, articulando as palavras como um desafio verbal. "Não *entramos* neste mundo — brotamos dele, como uma maçã brota de uma macieira. Essa declaração do Gênesis é um modo tradicional de dizer a mesma coisa. Não somos seres isolados *sobre* a Terra, vivendo *num* universo. Somos um modo de ser *da* Terra, uma *expressão* do universo."

Usando calça informal e uma camisa conservadora toda abotoada, Michael Dowd me fazia lembrar dos pastores cristãos da minha juventude: a expressão de menino sadio; a aura evidente; o sorriso caloroso, convidativo, que transpira fé e convicção; o senso natural de conexão com o público, seja ela uma pessoa ou várias centenas. E, naturalmente, existe o fervor.

"Compreendem isto?", ele pergunta ao público, esquadrinhando a sala com olhos brilhantes à espera de resposta. "Somos o universo tornando-se consciente de si mesmo. Somos a poeira estelar que começou a meditar sobre os astros. Surgimos da dinâmica da Terra. Nas palavras do físico Brian Swimme, há 4 bilhões de anos nosso planeta era rocha fundida e agora canta ópera. Deixem que eu lhes diga, isso é uma *boa-nova!* E gosto muito de tocar no assunto!" As últimas palavras vêm como um grito, e ele dá um pulo para acrescentar ênfase, dominado pela própria exuberância. A plateia no galpão de tamanho médio em Cambridge, Massachusetts, ri, divertindo-se com aquele pregador incomum de um evangelho incomum. Ninguém, é claro, tinha esperado encontrar um antigo fervor estilo pentecostal ao se inscrever para uma palestra noturna sobre a "Epopeia da Evolução". E a noite está longe do fim.

Tem havido plateias mais complicadas para Dowd, locais onde poderia se dar por satisfeito se conseguisse convencer o público de que os dinossauros *não* morreram há 5 mil anos no dilúvio de Noé. Mas o público de hoje — intelectuais liberais de Boston, de mente aberta — se aproxima um pouco mais da norma. Dowd é escritor, orador, pastor e "evangelista evolucionário" de estilo próprio. Ele e a esposa, Connie Barlow, autora de livros de divulgação científica, estavam viajando juntos pelo país. Missionários itinerantes difundindo o evangelho da evolução nas rodovias e estradas secundárias dos Estados Unidos, pregavam a quem se interessasse em ouvir a "boa-nova" de uma vida informada e enriquecida pela "Grande História" de nossa herança evolucionária cósmica. É uma história que começou no mundo da ciência, mas, segundo eles, está destinada a transformar o mundo do espírito.

Diz-se que aqueles que são mais apaixonados pela religião ou, aliás, por quase tudo, são os que se convertem, não os que nascem e são criados dentro da coisa. O abstêmio mais zeloso é o ex-alcoólatra, o cristão mais apaixonado é o pecador convertido e, nesse caso, o defensor mais inspirado de uma visão de mundo evolucionária é o antigo fundamentalista antievolução. Acredite ou não, houve uma época em que Dowd teria sido mais provavelmente um provocador, advertindo contra os males satânicos da teoria evolucionária. "Antigamente eu era uma dessas pessoas que você vê distribuindo panfletos contra a evolução", ele admitiu. "Discutiria com qualquer um que achasse que o mundo tinha mais de 6 mil anos". Fez uma pausa, depois sorriu. "Não importa o que você chame de Realidade Única, ele, ela, ou seja lá o que for, obviamente tem um senso de humor."

Nascido quase no final da geração do pós-guerra, Dowd foi criado como católico romano, mas os anos de adolescente foram prejudicados pelo início de uma dependência de drogas. Finalmente, concluindo que precisava de um novo rumo, largou a faculdade e se encaminhou àquele local extremamente icônico para recomeços e mudanças de vida — a junta de recrutamento militar. Logo estava a caminho da Alemanha como um recém-nomeado oficial da polícia militar. O fato é que também era muito fácil encontrar as drogas na Alemanha e os problemas de Dowd continuaram. Foi finalmente apanhado, despojado de suas funções de comando e rebaixado para a infantaria. Perdido e confuso, perambulou por mais algum tempo até que, finalmente, um dia, ao passar com sua mochila por uma montanha com vista para Frankfurt, deparou-se com esse outro renomado promotor de vidas renovadas e recomeços — Deus. Teve também uma pequena ajuda de um velho amigo.

"Fumei um bom baseado e tive a experiência mística mais profunda de minha vida", ele me contou. "Senti que Deus estava me perguntando: 'O que está fazendo de sua vida?'. Tive uma visão de que viveria 90 anos e morreria. A dúvida estava me perseguindo: 'Que diferença fazia eu? O que mudava?'. A resposta que consegui foi que talvez as montanhas tivessem sofrido uma certa erosão. Se houve uma grande enchente, o curso dos rios podia ter se alterado. Qual é, afinal, o significado da vida de uma pessoa? O que senti que Deus estava me dizendo foi: 'Quero que você faça uma diferença'. E foi então que percebi que estava muito viciado, que tinha um problema grave."

No domingo seguinte, Dowd foi a uma igreja pela primeira vez em muitos anos. O pastor estava exibindo um filme de Billy Graham e, no final do culto, como era hábito, perguntou se havia alguém que quisesse se apresentar e entregar sua vida a Jesus Cristo. Dowd estava pronto. Avançou como uma flecha e passou pela experiência de nascer de novo. Diz que, da noite para o dia, se tornou "um maníaco por Jesus radical, apaixonado" e para ele, pessoalmente, aquilo foi de fato uma dádiva divina. Parou de se envolver com drogas e pôs a vida em ordem.

Mas a transformação teve seu preço. À medida que a vida de Dowd mudava e seu coração se abria, a mente se fechava. Pulara de cabeça numa das tendências mais conservadoras, fundamentalistas, da vida cristã e, como convertido recentemente salvo, estava pronto a dar tudo a ela. Adotou os princípios da nova fé com grande fervor: antievolução, a Segunda Vinda, Satã, inferno e condenação eterna, o fim dos tempos. Jejuava, rezava a noite inteira, às vezes. Na época em que deixou a Europa, após três anos no serviço, estava também fazendo proselitismo de sua nova fé, visitando conferências científicas locais e distribuindo folhetos antievolução, lamentando a trágica situação das massas não salvas na véspera do retorno de Cristo.

Decidiu voltar à universidade, mas dessa vez a uma que se adequava a seu novo estado de espírito — a Universidade Evangélica, fundada pelos pastores da Assembleia de Deus. Mesmo nesse ambiente de afinidade, o compromisso e o fervor de Dowd não deram trégua. "Um dia entrei na sala de aula e vi que estavam ensinando evolução. Saí logo, com certeza absoluta de que Satã tinha uma cabeça-de-ponte na escola." A lembrança o faz sorrir com ar irônico. "Lembro de dizer a meu colega de quarto que apostava que só havia sete *verdadeiros* cristãos no *campus*. E eu tinha certeza de que era um dos sete."

Mergulhando no estudo da filosofia, da história e da literatura com a paixão que lhe era típica, Dowd descobriu que seu cérebro, outrora confundido pela droga, ainda funcionava muito bem e ele logo se revelou um dos melhores alunos da Evangélica. E também ficou sabendo que alguns de seus colegas, estudantes e professores — cristãos dedicados com quem trabalhava, estudava e rezava — realmente acreditavam em coisas como evolução. Quanto mais ele aprendia, mais sua visão de mundo começava a se ampliar.

O passo final na segunda conversão de Dowd foi o encontro com o capelão, Tobias Meeker, de um hospital cristão-budista — um ex-monge trapista de espírito liberal, que aceitava plenamente a ciência evolucionária e tinha uma personalidade que Dowd não esqueceria. Meeker era "o homem mais parecido com Cristo que eu tinha conhecido até aquele momento", ele explicou. "Minha cabeça estava dizendo: 'Preciso salvá-lo'. Meu coração estava dizendo: 'Quero ser como ele'." Finalmente, o coração prevaleceu e a jornada de Dowd como evolucionário começou.

Décadas mais tarde, naquela palestra em Boston, eu estava desfrutando o notável resultado. Num mundo pós-moderno, irônico, que frequentemente parece ter combinado toda convicção espiritual profundamente experimentada com o fundamentalismo estilo Jimmy Swaggart, Dowd é uma espécie de anomalia. E pelo menos uma de suas mensagens fundamentais parece ser: está na hora de voltarmos a nos aventurar nas águas do fervor e da convicção, plenamente respaldados pela curiosidade de mente aberta da ciência e pelo idealismo inspirado, que brota de uma avaliação da posição em que 14 bilhões de anos de evolução colocaram a consciência humana. "O que a espiritualidade evolucionária oferece é uma confiança, uma solidez em termos de verdade, que as igrejas liberais perderam", Dowd explica. "Falta com muita frequência aos cristãos liberais o fervor. Eles não falam a partir dessa base segura. Mas agora, com a perspectiva desta 'Grande História, podemos todos começar a falar de novo com tal nível de confiança."

Quando fala sobre a "Grande História" da evolução, Dowd está falando, basicamente, sobre as verdades da ciência. Não mais limitado a defender as histórias das escrituras, afirma a necessidade de ultrapassar o que chama de "fé atrasada", designando assim a fé que foi forjada num contexto cultural desinformado do conhecimento científico atual — o que inclui as escrituras fundamentais de quase todas as religiões do mundo. O ministério de Dowd diz respeito, essencialmente, a pegar as verdades evolucionárias da ciência e comunicá-las de um modo cheio de sentido espiritual e tons religiosos. Para encontrar Deus, ele acredita, só precisamos olhar para a criatividade inerente a todo o processo evolucionário cósmico. Deus, a seus olhos, só é realmente outro nome para a totalidade da realidade. Alguns poderiam chamá-lo de panteísta, alguém que interpreta o divino como sinônimo do mundo natural. Mas ele lembra que o panteísmo, como ideia, foi concebido no século XVIII, num mundo que não estava familiarizado com o maravilhoso alcance de nossa visão de mundo científica contemporânea. É por isso que prefere o termo "criateísmo" — uma palavra que capta a mistura de teísmo e criatividade, que ele julga se ajustar melhor ao universo que conhecemos hoje.

A exposição teológica de Dowd combina escritura com psicologia evolucionária. Nossas indomadas inclinações humanas para os excessos em coisas como sexo, comida, drogas, e assim por diante, são explicadas não pelo pecado original, mas por nosso "legado inerte". Em vez de lamentar a queda de Adão e Eva, ele sugere que reconheçamos que essas tendências são profundas tendências humanas, implementadas em nós pela evolução, instintos destinados a outra época e que podem minar e minarão nossa vida hoje, se deixarmos que o façam. Temos a opção, como indivíduos, de nos tornarmos conscientes da programação evolucionária de nosso passado e julgarmos se ela servirá ou não a nosso crescimento e desenvolvimento no futuro. "Compreender que os impulsos indesejados dentro de nós serviram a nossos ancestrais durante milhões de anos", ele escreve, "nos dotará realmente de muito mais forças do que imaginar que somos do modo como somos devido a demônios internos, ou porque a primeira mulher e o primeiro homem do mundo comeram, alguns milhares de anos atrás, uma maçã proibida."

Temos essa opção como indivíduos, mas, em última análise, também como espécie. E quanto antes despertarmos, coletivamente, para nosso legado evolucionário de muitos milênios e pararmos de rejeitá-lo como intrinsecamente antirreligioso, antimoral ou incompatível, de alguma forma, com uma vida significativa, sugere Dowd, mais cedo poderemos começar a desenvolver, coletivamente, o tipo de compromisso amplamente compartilhado com nosso futuro evolucionário, de que tanto precisamos. Podemos começar a fazer o tipo de opções que alinha nosso interesse próprio com os interesses daquele processo planetário maior que envolve nossa espécie. Quanto mais nos abrimos para esta visão evolucionária da realidade, mais somos capazes de dirigir, consciente e positivamente, nosso próprio desenvolvimento como espécie.

Para dar uma ajuda extra ao despertar desse compromisso compartilhado, Dowd faz uma distinção entre revelação privada e revelação pública. Revelações privadas são aquelas experiências espirituais pessoais que podemos considerar importantes, mas são empiricamente difíceis de verificar. Revelações públicas, que aos olhos de Dowd têm maior valor, são verificadas por uma comunidade de investigação. "As novas verdades", Dowd explicou, "não brotam mais inteiramente prontas das fontes tradicionais de conhecimento. São, antes, criadas e submetidas a teste na arena pública da ciência". Pessoas religiosas com frequência não têm uma noção clara, Dowd lamenta, da "natureza reveladora da ciência", embora ele admita que a maioria das pessoas simplesmente ainda não tenha sido exposta a meios de pensar sobre a evolução que glorificam a Deus, embora continuem a abraçar a ciência.

Alguns leitores com mais inclinações espirituais podem ter dificuldade em aceitar essa subestimação da revelação privada. Sem dúvida, a fé inspirada pela ciência, de que fala Dowd, pode não satisfazer aos que gostam de ver seus mergulhos religiosos entrelaçados com um significado um pouco mais místico. Sua abordagem da espiritualidade evolucionária tende a se concentrar naquelas formas de conhecimento que são os atuais pontos fortes das ciências — astrofísica, biologia, química, psicologia —, uma ênfase que pode passar ao largo das paisagens interiores mais sutis da consciência e cultura, que chegaram tarde à festa da investigação empírica. Essas áreas não são seu forte nem sua paixão. Mas a colocação de Dowd sobre o conhecimento sendo comprovado por uma comunidade de investigação é importante e faz alusão a uma das razões pelas quais a espiritualidade, que hoje tende fortemente a uma orientação privada, individualizada, saiu de moda no contexto de caráter público da busca contemporânea do conhecimento, analisado por especialistas. Em teoria, no entanto, não há razão que impeça a própria revelação privada de se abrir à investigação, à contestação e ao debate públicos. Suspeito que a espiritualidade evolucionária, em suas formas futuras, adotará modos coletivos de investigação muito mais transparentes e minuciosos, inclusive com relação ao cenário interior mais íntimo do eu e da alma.

De qualquer forma, a inspiração de Dowd é contagiante e sua influência teve longo alcance. Com a mente incrivelmente aberta, ele adora o debate, a discussão e sua abordagem abrangente granjeou-lhe o respeito de figuras de destaque por todo o espectro cultural. "Quando integrarmos a Grande História da cosmogênese, a epopeia da evolução, a nossa vida", declara Dowd, "veremos um renascimento espiritual mundial." A razão é simples: "É uma história que inclui a todos nós. Nessa Grande História, não há história humana que seja deixada de lado".

A MATRIARCA

A expressão "evolução consciente" transmite muito significado em sua simples formulação. A ideia básica é direta: agora que ficamos cientes do processo evolucionário, conscientes desse vasto contexto que tem produzido agentes humanos com pelo menos alguma medida de livre-arbítrio, nossas opções têm muita importância. Hoje podemos optar por dirigir nosso próprio destino. Não temos mais de ir tropeçando, inconscientemente, por esse evento chamado "vida humana", com pouca noção de onde viemos, nos apegando de olhos fechados a antigos mitos ou visões de mundo antiquadas, cambaleando de uma crise à outra, reagindo da melhor maneira possível às novidades do dia. Finalmente, após bilhões de anos, a evolução alcançou um avanço notável. Criou um ser que tem capacidade de entender o que está acontecendo! E, mesmo assim, essa espécie demorou muitos milhares de anos para começar a apreender a natureza do processo de que faz parte. Mas, pouco a pouco, abrimos nossos olhos e começamos a vislumbrar a enormidade do quadro. Não devíamos subestimar a importância de nosso momento nessa história. Após éons de evolução cega, inconsciente, existe uma criatura que pode decidir, conscientemente, evoluir.

Barbara Marx Hubbard fez talvez mais que qualquer outro evolucionário para disseminar amplamente a ideia de evolução consciente. É um compromisso que ela abraça com um cuidado profundo, quase maternal, pelo destino e potencial de nossa espécie. Teve papel fundamental na introdução da ideia de futurismo em nossa cultura. Buckminster Fuller reparou nisso, chamando-a certa vez de "o ser humano vivo mais bem-informado acerca do futurismo". E agora, na faixa dos 80, ela tem vivido completamente sua filosofia, nunca descansando sobre suas consideráveis realizações, mesmo vendo a cultura, na última década, começando a se emparelhar com suas visões proféticas.

Ao contrário da maior parte dos evolucionários citados neste livro, Hubbard não é da geração pós-guerra. Atingiu a idade adulta quando a maioria dos bebês do pós-guerra estava ainda se deleitando com os potinhos de comida Gerber e aprendendo a engatinhar. Nascida como Barbara Marx na cidade de Nova York, em 1929, foi criada numa família rica da 5ª Avenida. O pai era um empresário que se fizera sozinho, ascendendo a partir do nada, vivendo de fato o "sonho americano". O pai e a mãe eram judeus, mas, como o pai era agnóstico, o judaísmo nunca foi uma identidade da família. Sempre que perguntava ao pai de que religião eles eram, Hubbard recorda, o pai lhe dizia: "Você é americana. Faça o melhor que puder". Ele acreditava apaixonadamente nas possibilidades do mundo moderno.

Um momento decisivo na vida de Hubbard, como na vida de muitos de seus contemporâneos, foi o final da Segunda Guerra Mundial e o bombardeio de Hiroshima e Nagasaki. Para que todo aquele poder?, ela se perguntou. Nunca tivera religião, mas agora a religião do mundo moderno — progresso por meio da tecnologia — estava posta em dúvida e ela foi lançada em sua primeira crise existencial.

Poucos anos depois, estava no Bryn Mawr College, ainda tentando encontrar um novo sentido, "tentando ser uma existencialista", como ela diz. Gostava muito de ler filosofia, mas não conseguia encontrar um abrigo filosófico entre os populares ícones da época. Leu Nietzsche, mas a ideia do super-homem fora inteiramente corrompida e deformada pelos nazistas. Karl Marx, como ela me disse, pode ter encontrado uma verdade importante — a sociedade construída segundo o princípio "de cada um segundo sua capacidade, a cada um segundo sua necessidade" —, mas isso fora convertido em totalitarismo. A ciência tinha sua própria marca de pessimismo, com Bertrand Russell declarando que a morte térmica do universo era inevitável e que era idiotice acreditar em alguma outra coisa. Mesmo um breve flerte com o existencialismo não proporcionou satisfação duradoura. Talvez porque tivesse retido alguma semente essencial do otimismo do pai ou talvez porque não pudesse tolerar avanços filosóficos tão parecidos com recuos, lutou bravamente contra a ideia de que o único sentido verdadeiro do universo era aquele que ela lhe dava — uma noção perturbadora que, simplesmente, não poderia criar raízes nas estruturas ainda não plenamente formadas de sua mente jovem.

Ela chegou, inclusive, a flertar brevemente com o cristianismo, mas não pôde se conciliar com a ideia de que a culpa de Eva causara a perda da graça. Atirada mais uma vez para dentro de si mesma, esta filha da América com inclinações filosóficas resolveu buscar sabedoria no lugar para onde iam todos os camaradas existencialistas: Paris. E assim, durante seu terceiro ano na faculdade, Barbara Marx tomou um avião para a cidade de Sartre e Camus, esperando encontrar um sentido nas margens do Sena.

Um dia, quando se distraía num café de Paris, começou a conversar com um artista, um homem chamado Earl Hubbard. Fez-lhe as perguntas que vinha fazendo a todo mundo, as perguntas inspiradas por Hiroshima: "Qual você acha que é o sentido positivo de nosso poder, e qual você acha que é seu objetivo?". O jovem deu uma resposta imediata: "Estou procurando uma nova imagem de homem compatível com nosso poder de moldar o futuro. Quando uma cultura perde sua história, perde a autoimagem, ela perde sua grandeza. O artista tem de encontrar uma nova história e, até que ela seja expressa por artistas, não seremos capazes de fazer com que nossa cultura se concretize". A única reação dela veio de uma vozinha em sua mente que disse: "Vou me casar com ele".

De repente, em 1960, uma década depois, Barbara e Earl Hubbard estão casados, morando em Lakeville, Connecticut. Apesar dos começos boêmios em Paris, os dois adotaram um estilo de vida relativamente convencional. Ela teve cinco filhos ("insensata fecundidade", assim se referiu, citando Margaret Mead) e sua herança sustentou o trabalho do marido e a vida dos dois. Mas Hubbard estava morrendo por dentro. Amava profundamente os filhos, mas havia algo mais, algo mais profundo que ela devia dar. Sua paixão por descobrir aquela "nova história" — a resposta às dúvidas que a tinham atormentado desde os 10 anos — fora temporariamente suprimida. Dividida entre a aceitação das normas de gênero dos anos 1950 e as paixões de sua vida interior, teve a impressão de estar "se transformando em pedra". Mas a ajuda estava a caminho. A atmosfera dos anos 1960 estava começando a mudar e as antenas intelectuais de Hubbard estavam atentas a toda e qualquer coisa nova que ela pudesse agarrar. O que primeiro desencadeou sua curiosidade foi Abraham Maslow. Quando leu a teoria da autoatualização de Maslow, teve uma ideia crucial, que encaminhou sua depressão para uma saída inteiramente nova. "Não sou neurótica", ela se lembra de dar-se conta, "sou subdesenvolvida. Não sei qual é minha vocação." A diferença era importante; proporcionava um contexto positivo, um contexto *evolucionário*, às suas lutas pessoais e a encorajava a continuar a busca.

A próxima pessoa a aparecer no radar de Hubbard foi, como aconteceu com tantos revolucionários, Teilhard de Chardin e sua obra-prima, *O Fenômeno Humano*. As ideias dele, cuja publicação só recentemente havia sido autorizada, não eram convencionais — principalmente para uma dona de casa de Connecticut. Gosto de imaginar uma das esposas do popular programa de TV *Mad Men* sentando-se em sua suburbana sala de estar, depois de enfiar as crianças na cama, pondo de lado Betty Crocker* e pegando Teilhard — o que demonstra como Hubbard estava à frente de seu tempo. E os escritos de Teilhard atingiram-na como um raio. Encontrou nele um espírito afim e uma profunda confirmação de sua própria intuição de que alguma coisa importante nos alcançaria em nosso

* Referência ao *Betty Crocker Picture Cookbook*, um livro de receitas. (N.T.)

futuro, algum modo novo de interpretar a experiência humana. "Percebi, ao ler Teilhard, que meu impulso interior por maior expressão, maior conectividade e maior consciência era o universo se expressando como pessoa. Em vez de dona de casa neurótica, pude me ver como expressão de um processo evolucionário universal, que cada pessoa é."

Após Teilhard veio Aurobindo. Depois, Buckminster Fuller. Logo o padre Thomas Merton, Jonas Salk e assim por diante. Ela estava começando a despertar para um novo senso do mundo e um novo senso de si mesma. O convencionalismo exterior de sua vida em Connecticut dava lugar a um ímpeto evolucionário interior. Ao publicar a primeira *newsletter* evolucionária, ela foi aos poucos se conectando a uma rede de almas afins, que tinham lutado com as mesmas questões e estavam sentindo a mesma necessidade de novas respostas. Mas, apesar desse entusiasmo recém-descoberto, era ainda apenas uma dona de casa de Connecticut com cinco filhos, vivenciando essas novas perspectivas como pura fantasia, enquanto se mantinha numa posição subordinada ao marido. A ilusão, contudo, estava lentamente se quebrando. A mística feminina estava cedendo. Seria preciso mais um empurrão para ela saltar do ninho e realmente voar sozinha como uma poderosa evolucionária. E esse empurrão viria sob a forma de uma intuição evolucionária.

Qualquer um que tenha vivido na Nova Inglaterra sabe do frio que pode fazer no meio do mês de fevereiro, quando o inverno parece interminável, a memória do verão dificilmente pode ser evocada e a prolongada friagem começa a se infiltrar pelas arestas viscerais da consciência. Foi entre o frio austero das montanhas Berkshire, não longe da casa de Hubbard, que Herman Melville colocou um dia seu selo na nascente forma americana de literatura, recordando em sua prosa notável as jornadas pelo mar tropical de sua juventude, mesmo quando a neve rodopiava em volta da casa. Era a mesma aridez de inverno, tingida de beleza, que inspirara Edith Wharton a se instalar apenas a alguns quilômetros de onde Melville um dia labutou e descreveu, em extensos romances, a política emergente e os problemas de classe de uma América que se industrializava rapidamente. E foi contra um pano de fundo similar, numa amarga tarde de inverno em 1966, que Hubbard, filha do agora maduro poder americano, encontraria a resposta para sua necessidade de uma nova história, uma nova metáfora para contextualizar a nuvem de cogumelo que despertara sua consciência e moldara sua vida.

Nesse dia em particular, Hubbard estivera lendo Reinhold Niebuhr, outro que já havia morado nas Berkshires (embora só nos verões mais hospitaleiros), e ficou impressionada com uma frase que ele citara de São Paulo: "Todos os homens são membros de um só corpo". Ela recorda os acontecimentos que se seguiram:

> Inesperadamente, uma questão irrompeu das profundezas de meu ser... Erguendo a voz para o céu branco de gelo, exigi uma resposta: "Qual é *nossa* história? O que em nossa era é comparável ao nascimento de Cristo?".
>
> Caí num estado de devaneio, caminhando sem pensar em volta do topo da colina. De repente, minha imaginação penetrou no casulo azul da Terra e me içou para a completa escuridão do espaço exterior. Um filme colorido começou a rodar. Senti a Terra como um organismo vivo, fazendo força para respirar, lutando para se coordenar como um corpo único. Estava viva! Tornei-me uma célula naquele corpo.

Hubbard continua descrevendo em grande detalhe como esse "filme" revelou a ela a unidade fundamental da humanidade. "Estamos nascendo", ela percebeu. "Nossa história é um nascimento de uma humanidade universal!"

> Senti que estava tropeçando em uma espiral evolucionária... A criação do universo, a Terra, a vida unicelular, a vida multicelular, a vida humana e agora nós, circulando mais uma vez pela espiral. Tudo corria diante de meu olhar interior... Então, tão de repente quanto havia começado, o filme colorido da criação parou. Vi-me sobre a colina gelada em Lakeville, Connecticut, sozinha. Não havia sinal do que tinha acontecido. Eu sabia, contudo, que fora real. A experiência ficou impressa para sempre em minhas próprias células.
>
> Tinha encontrado minha vocação. Era mais que uma ativista, era uma contadora de histórias!... Meu objetivo pessoal me foi revelado como uma função vital na vida do planeta como um todo.

Mais de quatro décadas depois, a convicção de Hubbard acerca de seu objetivo pessoal só aumentara. Ela havia convertido aquela revelação solitária num impressionante acervo de trabalho e numa vida ainda mais impressionante. Com a semente da nova história que finalmente encontrara, cultivou uma visão que se tornou o centro de sua vida: a visão da evolução consciente. A tarefa essencial, ela escreve, é "aprender a ser responsável pela orientação ética de nossa evolução. É um esforço para compreender os processos de mudança no desenvolvimento, para identificar valores intrínsecos com o objetivo de aprender a cooperar com esses processos rumo a futuros escolhidos e positivos, tanto no curto prazo quanto de longo alcance".

"Evolução consciente" é um termo que pode ser usado em muitos sentidos diferentes, mas Hubbard captura as largas pinceladas de seu significado no que chama "os três Cs": nova cosmologia, novas crises e novas capacidades. Nossa nova cosmologia é a história que a ciência revelou sobre de onde veio nosso universo, sobre o extraordinário processo de que somos parte. É importante, Hubbard escreve, porque ela nos dá "um novo senso de identidade, não como indivíduos isolados num universo sem sentido, mas como o universo em pessoa". Nossas novas crises, ela explica, são os problemas globais potencialmente catastróficos que enfrentamos, como a mudança climática. À luz da trajetória da evolução, eles são redefinidos como um "estágio natural, mas perigoso, no processo de nascimento" de nosso próximo estágio evolucionário. Hubbard lembra que sempre houve crises como parte do processo — extinções em massa, eras glaciais e assim por diante —, mas nunca antes tivemos um aviso antecipado de nossa iminente autodestruição e, portanto, a oportunidade de tomar alguma providência. Estamos passando, ela escreve, da "resposta reativa à opção proativa".

A terceira peça na tríade de Hubbard, novas capacidades, são poderes recentemente desenvolvidos, como biotecnologia, energia nuclear, nanotecnologia, cibernética, inteligência artificial e vida artificial. Ela reconhece que, em nosso estado atual de "consciência autocentrada", eles são potencialmente perigosos e, no entanto, sugere ela, podem ser exatamente o que precisamos para a próxima fase de nossa evolução. Ela nos adverte para não agirmos motivados pelo medo, destruindo prematuramente essas novas tecnologias. A tarefa da evolução consciente é antes "guiar suas capacidades para a emancipação de nosso potencial evolucionário".

Hubbard é uma visionária, mas nunca hesitou em tornar práticas suas visões. Nas décadas que transcorreram entre aquela intuição em Connecticut e a redação deste livro, Hubbard fez uma jornada equivalente a várias existências em estradas menos viajadas. Ela apoiou e participou de muitas das transformações das décadas de 1960 e 1970, mas nunca se interessou pelo lado reacionário do movimento contracultural ou por suas tendências pessimistas. Tem sido uma defensora consequente do potencial positivo de um futuro compartilhado, mesmo entre as vigorosas rejeições dos que viam limites e tetos onde ela via céu aberto e nova promessa. Ajudou a criar a Foundation for the Future, foi cofundadora da World Future Society e deu início à Foundation for Conscious Evolution, trazendo a perspectiva de um futurismo evolucionário para uma cultura necessitada de novos contadores de histórias. E, por meio de uma infinidade de conferências, diálogos com formadores de opinião, engajamentos políticos, filmes, livros, diplomacia cidadã, seminários educacionais, e até uma indicação para vice-presidente, Hubbard começou mil e uma pequenas fogueiras — na esperança de que alguma saísse de controle. Algumas o fizeram. Antigamente, era extremamente difícil conseguir, simplesmente, se conectar com uma alma afim; agora ela as encontra por todo o país. E, desde aquele dia, em 1966, sua convicção nunca foi abalada. Ela levantou por meio século a bandeira da evolução consciente, mesmo quando essa bandeira só era vista por um punhado de crianças numa sala de estar nas Berkshires.

O BARDO CÓSMICO

No clássico *O Guia do Mochileiro das Galáxias*, o autor de ficção-científica Douglas Adams descreve um aparelho de tortura conhecido como "Vórtice da Perspectiva Total". Os que são suficientemente desventurados para serem atirados nele são convidados a ter "um vislumbre momentâneo de toda a infinidade inimaginável da criação, onde, em algum lugar, há um minúsculo marcador, um ponto microscópico num ponto microscópico, que diz: 'Você está aqui'." A maioria das vítimas desse aparelho morre instantaneamente, ele explica (com exceção do ex-presidente galáctico, Zaphod Beeblebrox, que provou, assim, ter um ego maior que todo o universo), demonstrando que "se a vida deve existir num universo deste tamanho, uma coisa que ela não pode se dar ao luxo de ter é um senso de proporção".

Eu tanto concordaria quanto discordaria dessa declaração. Não há dúvida de que mesmo um vislumbre da magnitude de nosso universo esmaga a arrogância do ego humano com o reconhecimento de sua absoluta insignificância. Mas, para qualquer aspirante a evolucionário, o oposto é também, paradoxalmente, verdadeiro. Como os evolucionistas conscientes nos dirão, no reconhecimento da vastidão do processo de que somos parte e de nosso lugar singular dentro dele, podemos também descobrir a enorme *importância* de nossa inteligência e capacidade de escolha. Um senso de proporção, portanto, é também um atributo muito saudável, com o qual com muita frequência perdemos contato.

É muito fácil, quando discutimos a questão da evolução, ser apanhado nos prós e contras de várias teorias biológicas, partilhar as complicações e implicações culturais dos debates religiosos, ou mesmo acabar fascinado pelos problemas filosóficos muito importantes que ela levanta. E, assim fazendo, é fácil esquecer que a evolução não diz respeito apenas a genes, DNA, seleção, adaptação ou mesmo estágios culturais e espirais. Diz respeito também ao vasto oceano do cosmos. Diz respeito a reverência e espanto, humildade e perspectiva. Não diz respeito apenas a nossa conexão com a Terra; diz respeito também a nossa conexão espiritual com este incomensurável universo do qual emergimos.

Quando quero refletir sobre nossa conexão espiritual com o universo, volto-me para um homem que gosto de imaginar como um "vórtice de perspectiva total" humano, embora um vórtice extremamente inspirador — Brian Swimme. Cosmólogo matemático do California Institute of Integral Studies, Swimme dedicou sua vida a ajudar as pessoas a compreender o contexto literalmente assombroso e quase inapreensível que informa as escolhas que os humanos estão fazendo neste momento da história. Em sua mente de mágico, os fatos científicos ficam enriquecidos e são postos em perspectiva, as superfícies simples são adornadas de sentido, as verdades ascéticas explodem em íntima revelação. Veja, por exemplo, a descrição que ele faz do processo evolucionário:

> É realmente simples. Eis aqui a história inteira numa frase. É a maior descoberta do empreendimento científico: você pega o gás hidrogênio, não mexe nele e ele se converte em roseiras, girafas e seres humanos.
>
> Essa é a versão compacta. A razão pela qual eu gosto dessa versão é que o gás hidrogênio não tem odor, nem cor e, conforme o preconceito de nossa civilização

ocidental, nós o vemos apenas como algo material. Não há muita coisa aí. Você apenas pega o hidrogênio, não mexe nele e ele se converte num ser humano — é um pedaço de informação bastante interessante. A questão é que, se os humanos são espirituais, então o hidrogênio é espiritual. É uma incrível oportunidade para escapar do dualismo tradicional — você sabe, o espírito está lá em cima; a matéria está aqui embaixo. Na realidade, é diferente. Temos a matéria por todo lado e também temos o espírito por todo lado. Então, é por isso que gosto muito da versão compacta.

Henri Bergson declarou certa vez que a mente humana não está projetada para "pensar na evolução". Mas, levados em caráter temporário pela mente desse mago moderno, podemos vislumbrar o processo por trás do encanto da solidez, o movimento das correntes cósmicas dentro do vasto oceano da matéria. E o que aprendemos? Antes de mais nada, que nenhum de nós, nesta era de revelações científicas, está mais em Kansas. Este universo é um misterioso e metafísico circuito de maravilhas. Nos dias de hoje, o conhecimento cósmico nos chega rápido, num ritmo alucinante, digitalizado, podendo ser baixado para consumo de massa. E, enquanto isso, o universo fica maior, mais estranho, mais fechado e ainda mais misterioso a cada dia que passa — imagens do espaço cósmico, partículas de Deus, universos múltiplos, teoria das cordas, onze dimensões, universos paralelos, galáxias em colisão, nebulosas berços de estrelas, energia escura e muito mais.

E, no entanto, entre esse magnífico cardápio, talvez a parte mais interessante do universo é que estamos conectados a todo ele. Somos feitos de matéria estelar, como diz Carl Sagan, somos construídos de um universo que, por alguma razão, tem sido bem adequado para a vida, e a evolução cósmica, apesar de seus muitos meandros, traçou uma nítida trilha até nossa porta. Assim, enquanto nos enrolamos e nos alteramos aqui, nesta terceira rocha a contar do Sol, nesta espiral de uma galáxia banal de um grupo local, e enquanto contemplamos nosso lugar, nosso momento e nosso tempo, podemos, realmente pela primeira vez desde que nossos cérebros começaram a se perguntar sobre si mesmos, estabelecer uma conexão dos primórdios deste universo particular até nós. E talvez, por um momento, compreendamos que nossas mentes e corpos, pensamentos e emoções, não são apenas deste tempo e lugar — têm também bilhões de anos de idade. Em certo sentido, nós, cada um de nós, nascemos dessa mesma nuvem de flamejante gás hidrogênio, intimamente conectados com ela, há 13,7 bilhões de anos. "Não só estamos no universo", como observa o astrofísico Neil deGrasse Tyson, "mas o universo está em nós."

Para Swimme, essa conexão se deu quando ele era um jovem professor da Universidade de Puget Sound, um acadêmico apaixonado, mas também desiludido. Profundamente preocupado com a crise ambiental, Swimme finalmente renunciou à cadeira universitária e deixou a costa Oeste em busca de respostas. Teve um nome para guiá-lo em sua busca — Thomas Berry, diretor do Riverdale Research Center na cidade de Nova York. Berry era um monge católico, originalmente da ordem passionista, cuja resposta ao tédio cultural e exaustão religiosa do século XX foi uma visão poderosa, nova, ecologicamente relevante da existência humana, que ele chamou de "História do Universo". Tinha se unido à igreja aos 20 anos, viajado muito, estudado intensamente, aprofundando-se nas religiões e culturas do mundo. Quando vi Berry falar em 2004, no norte de Vermont, alguns anos antes de sua morte, ele tinha quase 90 anos de idade, brasa levemente brilhante do que um dia deve ter sido uma estrela incandescente. Quando Swimme atravessou sua porta em 1981, Berry tinha 67 anos e estava no auge de seus poderes. Era um estudioso e historiador do mundo, profundamente respeitado, com um domínio de várias línguas, incluindo sânscrito. Tinha uma profunda familiaridade com as múltiplas culturas da Ásia, uma grande coleção de livros sobre filosofia indiana e budismo, tudo combinado com os muitos anos que passara refletindo sobre as tradições culturais e religiosas do Ocidente.

Swimme recorda a primeira conversa:

> Ele me ouviu atentamente quando tentei explicar minha angústia e confusão com a destruição do planeta e sobre o que fazer a esse respeito. Após uma longa pausa e sem dizer uma palavra, Thomas Berry puxou um livro dos milhares em suas prateleiras. Com ar severo, atirou na mesa a grande obra de Teilhard de Chardin (*O Fenômeno Humano)*... Meu desapontamento foi instantâneo. Aquilo era coisa velha. Eu tinha atravessado todo o continente para receber um livro que havia lido em meu colégio jesuíta?... Berry primeiro sorriu, depois desatou a rir com vontade... Apontou para o livro que tinha colocado em minhas mãos. "Comece com Teilhard. Não há substituto para uma leitura atenta da obra dele."

Berry foi extremamente influenciado por Teilhard, mas sua obra tinha também procurado alterar o mestre em pontos importantes. Berry produziu uma visão da evolução muito mais ecologicamente orientada, mais sintonizada com as sensibilidades ambientais pós anos 1960. Abrandou o antropocentrismo de Teilhard e criticou seu otimismo e aceitação inequívoca do progresso. Nesse sentido, Berry foi bastante ele próprio e nunca realmente o considerei, como fazem alguns, o herdeiro da obra de Teilhard. Enquanto o sentido visionário que Teilhard tinha do futuro vibrava com uma energia transcendente e vigor inspirador, a abordagem mais sóbria, mais suave, de Berry se concentrava antes na rica diversidade da comunidade humana e terrena e num senso de humildade sobre o papel que os seres humanos têm a desempenhar no desdobrar da história de nosso tempo. Ele tentou, com pouco êxito, levar o contexto evolucionário de Teilhard a um movimento de ecologia profunda que estava desesperadamente necessitado dessa narrativa vigorosa, orientadora, mas que em geral desconfiava de qualquer pensador que pusesse muita fé no senso de otimismo da modernidade. Embora eu observasse bastante Berry a distância, sempre me pareceu que havia um toque de tristeza em sua obra, e seus pensamentos refletiam com frequência uma espécie de luta interior entre um senso de fé no futuro do experimento evolucionário e um senso de profunda tragédia ante a destruição que os humanos estavam gerando na Terra que ele tanto amava:

> Vemo-nos eticamente desamparados quando, pela primeira vez, somos confrontados com a interrupção final, irreversível, do funcionamento da Terra em seus principais sistemas de vida. Nossas tradições éticas sabem como lidar com suicídio, homicídio e mesmo genocídio; mas essas tradições entram inteiramente em colapso quando se defrontam com o biocídio, a extinção dos vulneráveis sistemas de vida da Terra, e o geocídio, a devastação da própria Terra... O ser humano está num impasse cultural... Precisamos de formas culturais novas e radicais.

Se os transumanistas representam um extremo na diversidade das visões evolucionárias deste livro — tipo a transcendência-a-todo-custo, o tecnopositivo, a-biologia-é-para-os-fracos, vamos-construir-o senso de otimismo-do-universo —, Berry representa talvez o outro lado da imagem, um argumento corretivo para uma abordagem radicalmente biocêntrica do futuro, uma desconstrução da arrogância humana e uma aceitação mais profunda de nossa conexão espiritual imanente com o mundo natural. Uma futura visão de mundo evolucionária certamente precisa das percepções desta segunda postura, mas também não pode prosperar sem a visão a longo prazo da primeira. O que impressiona é que Teilhard inspirou as duas.

Swimme, por sua vez, traria suas próprias qualidades singulares para a herança intelectual de Berry e Teilhard: uma sensibilidade de cientista e um talento insuperável para comunicar a majestade da História do Universo. Mas, antes que Swimme pudesse dar-se conta de seu destino, sua aprendizagem junto a Berry tinha outra surpresa à espera. À medida que estudava Teilhard na tranquilidade de seu quarto e em discussões com seu novo mentor, Swimme começou a suspeitar, recorda ele, "que as categorias fundamentais de minha mente estavam passando por uma espécie de mudança. Os pressupostos não analisados que andaram organizando minhas experiências no mundo estavam agora se contorcendo sob a pressão da imponente e penetrante cosmologia de Teilhard". Um dia, a pressão atingiu um clímax numa poderosa visão, que mostrou o poder vivo de nossa conexão com o contexto de tempo cósmico da emergência do universo:

> Vi meu filho de 4 anos de idade subir no topo de uma grande pedra numa floresta efêmera, logo ao norte da cidade de Nova York. A rocha, permanecendo exatamente o que era, de repente derreteu e meu filho, permanecendo exatamente o que era, também derreteu, assim como a sombra fresca da floresta, as folhas multicoloridas — algumas úmidas, outras apodrecendo — e o escuro riacho borbulhante. Tudo isso ardia então com o mesmo fogo que tinha se inflamado no início e estava agora na forma desta floresta... Eu, finalmente, compreendia o que Teilhard estava dizendo.

Um de meus colegas certa vez descreveu Swimme como um místico da natureza no século XXI. Eu não poderia deixar de concordar. Mas é também instrutivo observar aqui como a experiência da "natureza" de Swimme é diferente das experiências dos místicos dos períodos mais antigos da história. Enquanto Wordsworth, Shelley e os outros românticos tiveram vigorosas experiências de comunicação com o mundo natural, eu sugeriria que a experiência da "natureza", na intuição de Swimme, assumiu uma espécie de novo caráter nesses nossos dias e época evolutivamente informados. Na verdade, quando a mente de Wordsworth estava cheia da alegria de pensamentos elevados, enquanto ele fixava o olhar nos lagos e montanhas da Cúmbria,* o mundo natural ainda era um evento estacionário, uma tela magnífica, mas íntima, ante a qual os românticos eram capazes de refletir tanto sobre si mesmos quanto sobre as condições da modernidade. Mas o caráter essencial da natureza de Swimme não é absolutamente estacionário — bem ao contrário. As coisas estão em movimento, há um senso profundo e inerente de tempo, e a revelação central é a da vasta riqueza do vir a ser do universo.

Swimme "nunca se recuperou", como ele diz, de sua visão e assim deu início a uma fértil parceria que abarcou as duas décadas seguintes. Juntos, ele e Berry publicaram *The Universe Story* [A História do Universo] em 1992, dando as linhas gerais de uma nova visão evolucionária para o que chamaram de "uma nova era da Terra", a "era ecozoica". E o primeiro livro exclusivo de Swimme, *The Universe Is a Green Dragon,*** está baseado numa série de diálogos entre um garoto e seu professor, Thomas, que toma parcialmente Berry como modelo. Capta seu lado pessoal, a serenidade do sábio ancião e mestre, urdindo uma história de visão e espanto.

A vocação que Swimme tem na vida é contar histórias que ajudem a situar a experiência humana e o poder humano de escolha, contra o recentemente revelado pano de fundo de um processo evolucionário para onde tantos eventos notáveis estão repentinamente convergindo. Por exemplo, há uma quantidade espantosa de novas informações sobre a natureza do universo que, simplesmente, não estavam disponíveis antes. "Pegue a descoberta da evolução cósmica, a percepção de que o universo está se expandindo", Swimme propôs numa entrevista recente. "É um grande choque. O universo não é só um lugar, é um movimento. E [...] agora percebemos que isso começou há 13,7 bilhões de anos. Mesmo no início do século XX, não sabíamos se havia duas galáxias no universo e agora sabemos que há pelo menos 100 bilhões. Há uma explosão de conhecimento em torno da evolução e do universo, e somos desafiados pelo que significa absorvê-lo, pois estamos descobrindo que o significado de sermos humanos é agora diferente. Sim, somos indivíduos que são parte de culturas, mas ao mesmo tempo *somos*

---

* Condado do norte da Inglaterra, que faz fronteira com a Escócia. (N.T.)

** *O Universo é um Dragão Verde*, publicado pela Editora Cultrix, São Paulo, 1991. (fora de catálogo) *uma dimensão de todo o universo.*" Como outros evolucionários que aparecem neste livro, Swimme compara a importância de nosso tempo com a da Era Axial, quando tantas grandes religiões tomaram forma.

Quando Swimme comenta que "somos uma dimensão do universo", é talvez difícil avaliar o que isso poderia significar. Mas acho que reflete não só a filosofia de Swimme, mas também seu modo de abordar o processo evolucionário. Sempre é dito que um dos grandes desafios do desenvolvimento para os seres humanos é ser genuinamente capaz de assumir a perspectiva do outro, colocar-se no lugar de outras pessoas, por assim dizer, e imaginar a vida do ponto de vista delas. É essa aptidão fundamental para a empatia que nos permite, realmente, compreender as perspectivas, frustrações e sofrimentos dos outros e, em última análise, negociar melhor as múltiplas perspectivas e visões de mundo que estão operando hoje na cultura humana. Mas tenho a impressão de que o dom particular de Swimme é que ele tenta se colocar no lugar do próprio universo, colocar-se na mente do processo evolucionário, imaginar a perspectiva *desse* ponto de vista, entrever a intenção por trás dessa vasta criatividade e inteligência. Claro, posso constatar que a evolução trouxe a visão ocular e que isso foi um processo extremamente complexo, delicado. Mas eu poderia ler mil livros didáticos e jamais chegar a isso:

> A Terra quer se apossar de um modo mais profundo do refletir sobre si mesma. A invenção do olho é um exemplo. É quase como o processo de vida querendo aprofundar sua percepção. Ele primeiro inventou olhos que eram feitos de calcita, um mineral. Estava tão desesperado para ver que realmente encontrou um modo de ver usando um mineral. Os cientistas estimam que a vida inventou a visão *quarenta vezes diferentes.* Não foi um acidente. É como se todo sistema da vida estivesse disposto, de um modo ou de outro, a encontrar uma maneira de ver. Então, qual é a essência da vida? A vida quer uma experiência mais rica. A vida quer *ver.* E nós saímos desse mesmo processo. Também queremos ver, queremos conhecer, queremos compreender profundamente. Esse é mais um desenvolvimento desse impulso básico na própria vida.

O contexto da mensagem de Swimme é uma preocupação profunda com o estado da comunidade planetária. Ele assinala que toda uma era geológica pode estar chegando a um fecho em nosso tempo. Estamos, nos dizem os cientistas, em meio a uma extinção em massa, distinta de tudo que o aconteceu desde que um meteoro levou os dinossauros a disputarem abrigo. "Por acaso estamos naquele momento em que o pior que aconteceu à Terra em 65 milhões de anos está acontecendo agora", Swimme explica. "Isso é a primeira coisa. A segunda é que *nós* estamos causando o problema. A terceira é que não estamos conscientes disso. Só uma lasquinha de humanidade tem consciência disso."

Enorme expansão do conhecimento. Contração generalizada de espécies. E, no momento mesmo em que nos damos conta disso, percebemos que temos um papel único a desempenhar no desdobramento do próximo estágio do destino do planeta. Como lembra Swimme, em nossa época a força da seleção natural tem sido, em certo sentido, suplantada pela opção humana: "É incrível perceber que, nesse momento mesmo, cada espécie do planeta vai ser formada basicamente por sua interação com os humanos... São *as decisões dos humanos* que vão determinar o modo como o planeta vai funcionar e se parecer durante centenas de milhões de anos no futuro. Nós *somos* a dinâmica planetária neste nível em grande escala".

O que fazemos é o que importa — para nós e para cada criatura do planeta. Sem dúvida, o ponto que Swimme está demonstrando é que a evolução não está só acontecendo *lá fora* na natureza. Está acontecendo *aqui dentro*, nas opções que estamos fazendo todo dia. Tudo depende de nossa opção.

De fato, a opção em si pode ser essencial para a evolução. Se permitirmos por um momento que nossa veia especulativa se manifeste, podemos observar que o livre-arbítrio e a escolha são, em si mesmos, uma forma evoluída de agir, uma qualidade que talvez tenha origem em nosso passado evolucionário. No mundo de colisões, giros, fusões e expansões do universo primitivo, não há vestígios de nada que se pareça com uma capacidade de agir,* embora talvez possamos captar um vislumbre muito rápido de agenciamento na expansão do próprio cosmos, a força iniciatória que pôs tudo em movimento. Contudo, bilhões de anos mais tarde, o universo atravessou uma grande transição, que o filósofo Holmes Rolston III chama de "segundo *big-bang*": a emergência da vida. O que é a vida? É um mistério que vem sendo debatido há séculos por cientistas e filósofos, mas uma

---

* *Agency* no original. Em alguns textos acadêmicos de sociologia e filosofia, essa palavra inglesa, que aqui significa a capacidade que possui um agente de atuar sobre o mundo, é com frequência traduzida como *agência*. (N.T.)

recente linha de reflexão foi proposta pelo teórico da complexidade Stuart Kauffman. Em seu livro *Investigations* [Investigações], ele teoriza que o nascimento da ação autônoma era a própria essência da vida. Estendendo-se poeticamente sobre o tema, escreve: "Alguma fonte de criação, ágil na dispersa luz do sol de um planeta primitivo, sussurrou alguma coisa para os deuses, que sussurraram de volta, e o mistério ganhou vida. A ação estava desovada. Com ela, o universo muda, pois uma nova união de matéria, energia, informação e mais alguma coisa podia estender o braço e manipular o universo... A ação pode ser coextensiva com a vida".

Rolston sugere que houve também um "terceiro *big-bang*" — a explosão interior que deu origem à mente humana autorreflexiva. A capacidade de agir é de novo fundamental para esse avanço. A autonomia e a liberdade de escolha humanas são o resultado radical desse salto para a frente. Em biologia, a evolução em si era a autora da escolha, a seletora-padrão de aptidão e adaptação, a diretora do *script* inconsciente da natureza. Mas, com a mente do ser humano, a evolução se torna consciente e cavalga agora no lombo de uma forma super-habilitada de iniciativa, o fato terrível e maravilhoso de nossa capacidade de escolher conscientemente. A evolução da consciência nos últimos 10 mil anos pode ser estudada como o desenvolvimento contínuo de nossa capacidade de nos distanciarmos de nossos instintos e condicionamentos, fazendo escolhas originais. A capacidade de agir, então, tem estado presente o tempo todo, e nosso futuro pode depender de nossa aptidão para exercer essa mesma capacidade, convertida agora na liberdade especificamente humana de escolher.

Se tudo isso parece antropocêntrico, que seja. Os críticos podem se queixar, mas, de minha perspectiva, o poder de nossa autonomia humana nos faz especiais. Isso não significa que sejamos a dádiva de Deus para a Terra, ou fundamentalmente distintos e separados das outras espécies. Mas também não somos apenas outra criatura, mais uma entre milhões. Na verdade, eu sugeriria que o problema não é simplesmente que sejamos antropocêntricos; é que nosso antropocentrismo é insuficiente e empobrecido. Ainda não compreendemos plenamente a natureza de nossa posição, a dinâmica evolucionária de nossa emergência, o contexto precário de nossas opções, a grande responsabilidade de nosso poder. É dádiva de evolucionários, como os apresentados neste capítulo, deixar-nos conscientes da natureza desse poder. A evolução consciente é a disposição de arcar com a responsabilidade que esse poder confere.

Muito tem sido dito sobre a importância de nosso momento na história. A retórica tem sido acentuada, frequentemente alcançando decibéis que comprometem a credibilidade e apelam para os extremos. Parte dela tem se concentrado nas desvantagens apocalípticas, parte nas vantagens sem precedentes, e ainda outra parte, como os três indivíduos apresentados aqui exemplificam, começou a expressar uma avaliação mais profunda da contribuição de um contexto evolucionário para essa conversa. Não afirmo, é claro, que sei exatamente que possibilidade maravilhosa ou cenário desastroso se desenvolverão à medida que formos tropeçando à frente, em geral inconscientemente, rumo a um futuro incerto, que rapidamente se altera. Mas o que sei é isto: não há garantias. O fracasso é uma opção que podemos facilmente escolher por falta de outra alternativa, por não estarmos compreendendo o desafio de nosso momento. A evolução consciente, afinal, é uma faca de dois gumes. Não é só o fato de contarmos com a *oportunidade* de evoluir conscientemente, mas de *termos de* fazê-lo. Não podemos, desta vez, contar com as forças cegas da história para nos impulsionar através da crise. Nem podemos nos recusar a aceitar a responsabilidade que foi posta em nossas mãos como espécie. Falando claramente, a evolução inconsciente pode significar, simplesmente, nenhuma evolução — para não dizer problema para a maioria das outras espécies neste planeta.

As oportunidades são extraordinárias. O lado negativo é assustador. A equação moral não se parece com nenhuma que tenhamos enfrentado antes. A tarefa é radical, mas simples — encontrar coragem para tomar as rédeas do destino em nossas mãos. Para exercitar nossa capacidade evolutivamente viabilizada de agir, de avaliar nossa situação e evoluir conscientemente.

É, afinal, nosso momento de escolha.

Capítulo 14
A EVOLUÇÃO DA ILUMINAÇÃO

Acho que os sábios são o broto em crescimento do impulso secreto da evolução. Acho que são a vanguarda do ímpeto autotranscendente, que vai sempre além de onde esteve antes. Acho que encarnam o próprio ímpeto do cosmos para uma maior profundidade e uma consciência em expansão... Acho que revelam a face do amanhã.

— *Ken Wilber*

"Permita-se não tomar efetivamente nenhuma posição. Permita que tudo desapareça até que você esteja descansando no, e como, puro vazio." As palavras eram intemporais, transmitindo a mesma corrente de tranquilidade, paz e liberdade interior que os mestres iluminados do Oriente têm compartilhado há milênios. Mas estavam prestes a levar a um lugar onde poucos, se é que algum, daqueles grandes sábios se aventuraram a entrar. "O vazio não tem qualidades, absolutamente nenhuma qualidade", o orador continuava — não um monge barbado usando um manto, mas um americano judeu de cara limpa, no meio da faixa dos 30. "Mas, se alguém é capaz de se manter perfeitamente nesse vazio, há uma qualidade que começa a se manifestar logo acima da superfície. Ela tem algo a ver com a fonte de toda vida, com amor e com um impulso evolucionário."

O orador era Andrew Cohen, e o ano, 1991. Foi a primeira vez que ouvi o termo "impulso evolucionário". Mal sabia eu que aquelas duas palavras e o casamento feito naquela noite entre a sabedoria intemporal da iluminação e a ideia de evolução se tornariam a base do futuro ensinamento de Cohen e definiriam a direção de minha missão na vida. Mas devem ter deixado uma impressão, pois sempre me lembrei daquela descrição de um impulso surgindo logo acima da superfície do vazio, como uma ondulação primordial — o poder evolucionário da própria vida, surgindo em nossa consciência como algo que vem do nada nas profundezas do *self*. Mais de uma década depois, Cohen começaria a se referir explicitamente a esse ensinamento como um novo tipo de iluminação, que abarca o poder criativo contido no âmago de um mundo em evolução.

Hoje, o nome Cohen é quase sinônimo da ideia de "iluminação evolucionária" — o fruto de seus esforços para levar uma visão de mundo evolucionária às tradições místicas orientais, de reunir *ser* e *vir a ser* numa visão espiritual integrada. A jornada tem sido feita em público, nas páginas da revista que ele fundou, *EnlightenNext*, onde seus diálogos com líderes espirituais de cada tradição, bem como com cientistas, filósofos, psicólogos, ativistas e outros têm lançado luz sobre as muitas facetas da espiritualidade contemporânea e estabelecido um novo padrão para a pesquisa espiritual. A visão dele, contudo, não é meramente filosófica. Cohen é um mestre e mentor de centenas, senão milhares ao redor do mundo, trabalhando para criar um movimento contemporâneo de evolucionários — uma rede global que é uma das primeiras comunidades espirituais cuja prática é baseada, explicitamente, numa visão de mundo evolucionária.

Naquela noite, em 1991, porém, embora a mensagem sugerisse que vinha alguma coisa nova, o cenário estava decididamente enraizado no antigo. Cohen liderava um retiro na pequena cidade de Bodhgaya, no norte da Índia, o lugar onde se diz que, 2.500 anos atrás, Buda sentou-se sob a árvore *bodhi* e atingiu a iluminação. O jovem mestre americano estava deixando uma impressão naquela cidade de peregrinação, onde os buscadores ocidentais vão praticar meditação nos templos locais e ônibus cheios chegam todo inverno com tibetanos que deixam as casas nas montanhas para render homenagem ao grande fundador do budismo. Em meio ao calor, poeira, aglomerados de ônibus e intoleráveis mosquitos, recordo a atmosfera espiritual do lugar, as noites tranquilas da cidadezinha, o poderoso cântico nos templos locais, a rara devoção dos tibetanos quando faziam suas prostrações, um de cada vez, diante da lendária árvore *bodhi*, e as chamadas para a prece no início da manhã, quando a minoria muçulmana tornava sua presença conhecida naquela cidade hindu/budista.

Naqueles dias, não muito tempo depois de ter me encontrado pela primeira vez com ele, os ensinamentos de Cohen estavam muito mais concentrados na iluminação que na evolução, reflexo da tradição espiritual de onde viera, a Advaita Vedanta, uma escola de hinduísmo não dualista, fundada pelo sábio indiano Shankara no século IX. Mas Cohen não era um tradicionalista e estava determinado a reorganizar a cena espiritual progressista, que ele sentia ter ficado acomodada e estagnada nos anos transcorridos desde que a primeira onda de buscadores do Ocidente havia se desviado para a Ásia à procura de despertar místico e libertação. Os ensinamentos de Cohen eram salutarmente despojados de ritos ou rituais; e ele ensinava sem o suporte de qualquer filosofia adicional, dogma ou adereços tradicionais. Num mundo Oriente-encontra-Ocidente, que se acostumou à rígida formalidade dos monges zen, ao estranho exotismo do budismo tibetano e aos sorrisos enigmáticos de gurus orientais, aquele jovem americano, cuja sabedoria ultrapassava sua idade, era uma autêntica novidade.

Fazendo par com sua personalidade prática de novaiorquino, o estilo de ensinar de Cohen, nessa época, provavelmente poderia ser mais bem comparado com a corrente "súbita" da iluminação espiritual. Ele estava convencido de que ninguém precisava de anos e anos de prática para atingir a liberdade espiritual, mas simplesmente de uma intenção clara, sem ambiguidades, e um desejo apaixonado de "ir até o fim". O estilo de ensino refletia as circunstâncias de seu próprio despertar e foi profundamente influenciado pelo método de seu último mentor, H. W. L. Poonja.

Cohen encontrara Poonja em 1986, no fim de um longo período de viagens e busca, grande parte passado na Índia, onde Cohen meditava, participava de retiros, se deparava com diferentes mestres e adotava diferentes práticas, perseguindo sua própria iluminação com inabitual seriedade e determinação. Poonja era, então, um mestre pouco conhecido, apesar de sua linhagem impecável, tendo sido aluno direto do grande sábio indiano Ramana Maharshi. O tempo que Cohen passou com Poonja foi curto, mas suficiente para catalisar uma transformação fundamental em sua vida. Na primeira conversa que tiveram, ficou subitamente claro para este jovem em busca de libertação que "eu nunca tinha sido alguém sem liberdade". Como ele recordou anos mais tarde, "nas maiores profundezas de minha percepção, vi um riacho que estava se movendo rapidamente morro abaixo e soube que a liberdade sem restrições daquela água que corria ligeira fazia parte de meu estado natural e sempre fizera. Soube, então, sem qualquer dúvida, que a não iluminação era uma ilusão".

Durante várias semanas, Cohen continuou a experimentar um dramático despertar — um despertar que logo iria lançá-lo no inesperado papel de mestre e guia de outros pela trilha espiritual. O efeito da transformação de Cohen sobre amigos e conhecidos foi imediato e sua ascensão de buscador a mestre e a líder de um movimento teve uma rapidez de relâmpago. Um ano depois, estava viajando pela Europa, ensinando toda noite e, dentro de poucos anos, aquele outrora banal buscador viu-se responsável por uma comunidade global — "um trabalho que eu, definitivamente, não estivera buscando", ele ponderou mais tarde.

Embora partidários seus louvassem a profundidade de sua vivência espiritual e críticos expressassem temores quanto a sua notável confiança, combinada com relativa inexperiência, tanto uns quanto outros omitiam uma característica do caráter de Cohen que o situaria à parte de seus contemporâneos e, por fim, se provaria mais decisiva para seu futuro que qualquer visão espiritual particular ou superação mística. Cohen tinha grande vontade de aprender e disposição para evoluir. Embora seu despertar espiritual tenha sido vigoroso, ele se apresentara sem um *kit* de instrução básico com o qual tirar sentido da extraordinária complexidade da condição humana. Não tinha filosofia abrangente, nem teologia, nem autoridade textual — só uma mensagem simples: *perceba e reaja.* Perceba a iluminação e tudo mais cuidará de si. O poder, a libertação, a liberdade estavam na plena simplicidade e na transmissão de mestre a discípulo — a chave estava na transformação interna, não na instrução externa.

Com o correr do tempo, no entanto, essa abordagem compacta começou a se mostrar inadequada para atender às demandas singulares de seu novo papel. Embora muitos de seus primeiros alunos experimentassem revelações poderosas, comparáveis à dele próprio, achavam difícil sustentar as transformações em meio aos desafios, interiores e exteriores, da vida num contexto ocidental pós-moderno. Mas Cohen não deu o braço a torcer e defendeu a simplicidade intemporal, imaculada, da iluminação contra a ignorância associada ao mundo fenomênico de ego e ilusão. Ele fez o que qualquer pessoa bem ajustada faria. Começou a fazer perguntas, muitas perguntas. Qual é o significado da realização espiritual hoje? O que significa *agora* em nossa caótica, confusa aldeia global? Que importância tem isso, não só para o indivíduo, mas para a cultura humana? O que faz uma pessoa mudar? Tinha muitas perguntas — tantas, de fato, que decidiu lançar uma revista com uma pergunta como título: *What Is Enlightenment?* [O que É Iluminação?]. Era uma pergunta sincera, que levaria quase uma década para responder.

Para realmente avaliar a resposta a que ia chegar, bem como uma mudança de maré mais ampla na espiritualidade que ela refletiria, preciso me desviar um pouco da história de Cohen, viajar de volta no tempo e atravessar o oceano — para a época da primeira grande onda de evolucionários (o início do século XX), descendo depois para a metade meridional da península indiana, onde duas visões profundas e contraditórias da vida espiritual estavam disputando a hegemonia naquela antiga terra de iluminação. Nessas duas visões, podemos ver as raízes filosóficas mais extensas da batalha de Cohen para repensar a iluminação numa época evolucionária.

EVOLUÇÃO NA TERRA DA ILUMINAÇÃO

Peça a alguém para dizer o nome de uma grande figura da Índia do século XX e é provável que a resposta seja unânime: *Gandhi*. Quem poderia discutir? A mãe Índia teve a bênção de ser conduzida pelas águas turbulentas do início do século XX por um dos indivíduos mais impressionantes que ela produziu. Mas, além de dar nascimento àquele que foi talvez seu mais vigoroso revolucionário social, o último século também testemunhou a Índia dando vida a um de seus mais destacados sábios místicos, Ramana Maharshi, e a um de seus mais brilhantes visionários espirituais, Aurobindo Ghose, mais comumente conhecido como Sri Aurobindo. Embora Cohen tenha iniciado sua carreira de ensino na linhagem do primeiro, acabaria se descobrindo muito mais próximo das sensibilidades do segundo.

Nesses dois gigantes, vemos duas visões radicalmente diferentes de iluminação e da trilha espiritual — uma baseada no ser intemporal e outra baseada no vir a ser evolucionário. Vemos um deles concentrado numa dimensão além e por trás do mundo manifesto, e o outro fascinado com os poderes e possibilidades que promovem a evolução do mundo manifesto. E vemos duas trilhas divergentes que podem representar uma conjuntura crítica na história do misticismo.

Para aqueles não familiarizados com a história de Maharshi, ela é um clássico da tradição indiana. No final do século XIX, na região de Tamil Nadu, no sul da Índia, um simples rapaz de uma aldeia passou, aos 17 anos, por um poderoso e inesperado despertar espiritual. A revelação transformou completamente seu senso sobre si mesmo e ele acabou saindo de casa sem falar com ninguém. Perambulou por um lado e outro, meio absorvido no estado alterado de consciência e, dias mais tarde, chegou a um templo no sopé da montanha sagrada de Arunachala, no sul da Índia, perto da cidade de Thiruvannamalai. Praticamente se retirando do mundo e da sociedade, desfez-se de todas as posses e pensamentos de sua vida anterior e passou algumas décadas em meditação silenciosa nas grutas e templos ao redor da montanha e da cidadezinha local. Pouco a pouco, um grupo de discípulos reuniu-se em torno dele. Finalmente, com uma certa relutância, ele começou a ensinar. No momento de sua morte, em 1950, tornara-se um dos sábios mais renomados do mundo, atraindo a atenção de pessoas como Carl Jung e fornecendo a inspiração para o clássico de W. Somerset Maugham *O Fio da Navalha*. E nunca saiu do pé daquela montanha.

Os ensinamentos de Maharshi eram simples, mas vigorosos — uma versão de autoanálise que encorajava o buscador a seguir a pergunta "quem sou eu?" até perceber a fonte da consciência diretamente, perceber o *self* por trás de toda manifestação e, assim, descansando nessa consciência para sempre, conquistar a libertação final e completa. Maharshi era um mestre no molde dos gigantes místicos da Índia, um ser humano profundamente iluminado, que representava a transcendente tradição religiosa védica com todo o autêntico poder de seu inconfundível despertar:

> Existência, ou consciência, é a única realidade. Consciência mais despertar, nós chamamos despertar. Consciência mais dormir, nós chamamos dormir. Consciência mais sonho, nós chamamos sonho. A consciência é a tela na qual todas as imagens vão e vêm. A tela é real, as imagens são meras sombras nela.

Maharshi morreu há mais de meio século, mas você ainda pode sentir algo de seu fantástico espírito vibrando nas planícies quentes e poeirentas ao redor de Arunachala. Quando visitei seu *ashram* no início da década de 1990, um lento mas contínuo fluxo de ocidentais tinha começado a se dirigir para a antiga casa de Maharshi. Queriam homenagear seu legado, estudar seus ensinamentos minimalistas e meditar ao lado da mesma montanha que já inspirara o grande mestre. *Swamis* perambulavam pelas estradas e havia uma série de *ashrams* aninhados nas encostas. De fato, a montanha inteira parecia um monumento à tradição de iluminação do Oriente.

Minha estada lá foi tranquila e revigorante. Meditei muito, caminhei ao redor da montanha e visitei alguns dos homens santos locais, tendo vários deles sido discípulos do próprio Maharshi. Certa tarde, quando o quente sol indiano estava começando a descer sobre as planícies ocidentais, saí montanha acima, procurando um lugar de primeira fila para assistir ao que prometia ser um belo pôr do sol. Depois de escalar algumas dezenas de metros, encontrei um afloramento rochoso que proporcionava uma vista notável da extensão de terra lá embaixo e do qual poderia observar as cores rubras e brilhantes salpicando o céu. Logo descobri que não era a única pessoa a sentir tanta inspiração. Um jovem *sadhu* (renunciante espiritual) indiano, vestindo mantos alaranjados, logo se juntou a mim na rocha. Ele se apresentou e sentamos juntos contemplando o pôr do sol, conversando sobre a vida espiritual. Um rapaz brilhante; estava, como eu, no início da faixa dos 20, e tinha aberto mão de todas as ambições mundanas para procurar Deus no estilo nativo da terra onde nascera. Conversou comigo sobre suas esperanças e sonhos e compartilhamos nossos respectivos pensamentos, paixões e planos para o futuro.

Devemos ter conversado por quase uma hora naquele veio de rocha. Foi uma espécie de encontro mágico, um daqueles raros momentos que só podem realmente acontecer quando somos jovens, estamos na estrada e temos tempo de sobra justamente para encontros desse tipo, casuais, inesperados. Quando a escuridão caiu, finalmente tomei o caminho de volta, montanha abaixo, para o aposento onde dormia num *ashram* local. Ficara com as impressões de uma conversa profunda e senti que tinha muito em comum com aquele jovem indiano, apesar do fato de termos vindo de ambientes extremamente diferentes e de que, provavelmente, teríamos vidas divergentes. Eu estava inteiramente enraizado no mundo moderno e pretendia adotar uma vida espiritual que me guiasse no futuro — não importa o que isso pudesse significar. Meu jovem amigo indiano tinha adotado um caminho antigo, que era fértil e belo, cheio de tradição e de toda a dignidade que a acompanha, mas um caminho que parecia tão distante do mundo moderno quanto as vidas dos santos que haviam meditado durante séculos naquelas encostas. Talvez isso o levasse à felicidade, pensei, ou, melhor ainda, a uma genuína iluminação, mas simplesmente não era uma direção que eu pudesse seguir.

A impressão total da natureza quase arquetípica desse encontro só se aprofundou com o tempo. Era como se eu tivesse me encontrado comigo mesmo naquela encosta de montanha, o mesmo rapaz em dois diferentes períodos da história. O acaso interveio, nossas trilhas se cruzaram e duas estradas divergiram — uma para um futuro incerto, a outra para um passado intemporal.

Hoje a espiritualidade enfrenta uma alternativa similar entre duas trilhas distintas. Pode se conformar com os sulcos bem marcados de suas antigas glórias — seu poder mítico, percepções morais e conquistas místicas. Ou pode aventurar-se em território virgem, descobrindo um novo papel para o espírito, na consciência e cultura de amanhã. Não há nada intrinsecamente errado em continuar explorando as profundezas das impressionantes realizações da tradição. Mas, se a espiritualidade quer ser mais do que um afastamento do mundo, mais que, passando ao largo, uma alternativa às inquietações e enigmas da vida, isso deve mudar. Se quer reivindicar seu antigo poder como criadora de história, não apenas testemunha; como algo que contribui para o futuro, não apenas como fuga de seus fardos, ela tem de descobrir uma nova relação entre as percepções que se encontram além do tempo e o mundo que marcha para a frente *no* tempo. "Eu arrisco profetizar", escreveu certa vez Alfred North Whitehead, "que a religião conquistará o que pode tornar claro, para a compreensão popular, uma grandeza eterna encarnada na passagem do fato temporal."

O poder intemporal da iluminação raramente brilhou tão forte neste mundo quanto através do olhar luminoso de Ramana Maharshi. E, no entanto, nenhum indício de qualquer nova religião haveria de ser encontrado nas trilhas de barro vermelho no sopé de Arunachala. Para ter um vislumbre desse bravo e novo futuro, precisaríamos nos aventurar para nordeste, para a orla da baía de Bengala, onde um dia Sri Aurobindo procurou se refugiar dos colonialistas britânicos na cidade de Pondicherry, já na costa oceânica.

É uma espécie de ironia da história que dois dos maiores sábios do século XX, cada qual delineando uma visão completamente diferente da vida espiritual, acabassem vivendo tão perto um do outro durante, exatamente, o mesmo período de tempo. Sri Aurobindo nunca se encontrou com Ramana Maharshi, embora os dois mestres vivessem separados apenas por algumas horas de viagem de ônibus. Ramana nunca deixou sua amada montanha e Aurobindo nunca deixou Pondicherry, a colônia francesa que lhe ofereceu asilo político e refúgio espiritual nas últimas quatro décadas de sua vida.

A formação de Aurobindo não poderia ter sido mais diferente que a de Ramana. Nascido numa família brâmane, foi mandado para a escola em Londres aos 7 anos de idade, e terminou em Cambridge, como um dos primeiros alunos de sua classe. Depois da universidade, voltou à Índia e começou a se familiarizar com a cultura da terra natal. A mudança estava a caminho na terra onde nascera e não demorou muito para o jovem e brilhante indiano colocar-se bem no centro do movimento de independência. Orador natural, com língua afiada e intelecto mais afiado ainda, Aurobindo ascendeu rapidamente no movimento, tornando-se, finalmente, seu líder político, décadas antes de Gandhi assumir esse papel. Mencionado certa vez como "o homem mais perigoso da Índia" pelos senhores britânicos, Aurobindo estava antes concentrado na revolução política que na evolução espiritual. Sua trajetória religiosa só começaria após um encontro profético, aos 34 anos de idade, com um iogue. Este homem simples e santo instruiu Aurobindo a rejeitar todos os pensamentos que tentassem penetrar em sua mente. Se isso parece uma tarefa fácil, eu apostaria que você não tentou realizá-la. Aurobindo, no entanto, entregou-se a ela como um sábio iogue. Em pouco tempo, sua mente "tornou-se silenciosa como a atmosfera sem vento no pico de uma montanha alta". Conforme descreve, "vi um pensamento e depois outro vindo de fora, de uma forma concreta; arremessei-os longe, antes que pudessem entrar e se apoderar do cérebro, e em três dias fiquei livre".

Em alguns poucos dias, Aurobindo havia alcançado um objetivo que muitos buscam a vida toda em vão. Mas, ironicamente, para ele, isso não era bom — "era precisamente a experiência que ele não queria ter do yoga", como seu biógrafo, Peter Heehs, a descreveu. De repente, o revolucionário político e ativista social, que se preocupava intensamente com o mundo e, em particular, com o destino da terra natal e de seus compatriotas via-se imerso numa experiência que parecia estar lhe dizendo que o mundo era, de fato, irreal.

> Isso me atirou, de repente, numa condição sem pensamento, acima dele, [na qual] não existia ego, nem mundo real [...] não Um, ou muitos idênticos, só absolutamente Aquilo, sem feições, sem conexão, puro, indescritível, impensável, absoluto, mas extremamente real e com exclusividade real... O que ele trazia era uma paz inexprimível, um silêncio estupendo, um alívio e liberdade infinitos.

Mesmo considerando sua recém-descoberta e involuntária imersão nesse estado nirvânico de consciência, Aurobindo conseguiu continuar as atividades revolucionárias. Mas a mudança estava a caminho. Implicado numa tentativa mal explicada de assassinato, que fora organizada por seu irmão mais novo, ele foi levado a julgamento e encarcerado por um ano pelo governo britânico. Foi nos confins da prisão que a vida interior de Aurobindo começou a se expandir e a se aprofundar. Meditando em sua cela, ele começou a compreender que a percepção do mundo como ilusória era apenas o primeiro passo em seu caminho e que essa compreensão inicial era só o começo de uma vivência muito mais rica e mais abrangente da vida espiritual. Sob o olhar vigilante dos carcereiros britânicos, Aurobindo abandonou a tradição dos antepassados indianos e começou a desenvolver uma visão nova, evolucionária, da vida espiritual. "O nirvana em minha consciência liberta revelou-se o início de minha compreensão", ele escreveu, "um primeiro passo para a coisa completa, não a única verdadeira realização possível ou mesmo um final culminante... E então, lentamente, ele se transformou em algo não menor, mas maior que sua primeira face."

Um ano depois, Aurobindo tinha saído da prisão e parecia estar retomando as atividades políticas, mas as sensibilidades espirituais que havia adquirido não seriam descartadas. E, quando soube que as forças britânicas estavam se preparando para detê-lo novamente, fugiu para Pondicherry, procurando asilo político. Não sairia de lá pelo resto da vida.

Protegido da vigilância dos britânicos e afastado de seu papel ativo no movimento de independência, Aurobindo voltou plenamente o foco para as preocupações interiores. Um pequeno grupo de seguidores reuniu-se a sua volta e ele começou a ensinar e a escrever, publicando uma revista chamada *Arya*, que se tornaria o veículo de sua filosofia. O objetivo da revista, como ele explicou na edição de lançamento, era "sondar o pensamento do futuro, ajudando a criar suas fundações e associando-o ao melhor e mais vital pensamento do passado". De 1914 a 1921, Aurobindo publicou uma série de artigos e ensaios que constituiriam a espinha dorsal de sua filosofia e mais tarde se tornariam a base de seus livros *A Vida Divina* e *A Síntese do Yoga*.

Logo se tornava claro até que ponto a evolução desempenharia um papel na singular visão espiritual de Aurobindo:

> O animal é um laboratório vivo, onde se diz que a Natureza concebeu o homem. O próprio homem pode, perfeitamente, ser um laboratório pensante e vivo, no qual e com a cooperação consciente do qual ela quer trabalhar o super-homem, o deus. Ou será que deveríamos antes dizer manifestar Deus? Pois se a evolução é a progressiva manifestação pela Natureza daquilo que dormia ou trabalhava nela, junto, é também a realização evidente daquilo que ela secretamente é... Se é verdade que o Espírito está envolvido na Matéria e a Natureza visível é o Deus secreto, então a manifestação do divino em si e a percepção de Deus dentro e fora é o mais elevado e mais legítimo objetivo possível do homem na Terra.

Da mesma maneira como Teilhard estava trabalhando para repensar o catolicismo no contexto de um cosmos evolucionário, Aurobindo trabalhava para reinventar o hinduísmo, para fazer evoluir seus princípios centrais. Foi dele a visão de que os seres humanos, como atualmente construídos, são apenas um elo numa cadeia que se desdobrará em transformações futuras, tanto espirituais quanto físicas, ultrapassando em muito nossa existência atual. De um modo semelhante a Teilhard, ele via a evolução progredindo da matéria à vida, da vida à mente e se projetando adiante, rumo a estados e planos de consciência futuros, espirituais ou supramentais. Como seu equivalente jesuíta, Aurobindo também mapeou a conexão entre complexidade física e consciência interior, observando que, "quanto mais organizada a forma, mais ela é capaz de alojar [...] e mais desenvolveu [...] a consciência". Menos ligado à história científica que Teilhard, ele via a evolução física como secundária, como se a evolução espiritual se desenvolvesse através de formas físicas. Mais significativamente, foi um dos primeiros a encarar o despertar espiritual do indivíduo como parte integrante do progresso evolucionário maior, declarando que a libertação do indivíduo é a "necessidade divina primária e o eixo sobre o qual tudo mais gira". A esse respeito, ele adotava os grandes ensinamentos de libertação do Oriente. "Alcançando o não nascido além de todo vir a ser, somos libertados", escrevia ele, as palavras ecoando séculos de sabedoria tradicional. Mas depois, como sempre, voltaria logo atrás para acrescentar uma dimensão evolucionária à mensagem. Não podemos nos contentar com a percepção do que se encontra além do vir a ser, ele explicava; sem dúvida é "aceitando livremente o Vir a Ser como Divino" que "impregnamos a mortalidade da beatitude imortal e nos tornamos centros luminosos de sua expressão autoconsciente na humanidade".

Aurobindo escreve de forma vigorosa e convincente sobre problemas filosóficos que ainda hoje nos perturbam, captando ao mesmo tempo sutilezas da vida espiritual que os estudiosos de sua obra ainda estão tentando apreender plenamente e colocar em prática. Chamou seu caminho de "Yoga Integral", expressando a natureza abrangente, universal, da vida espiritual que instava os discípulos a seguir. Leitor voraz e estudioso exemplar, Aurobindo estaria, sem dúvida, bem informado sobre as teorias de Darwin, mas também estaria exposto aos grandes sistemas evolucionários dos idealistas alemães, cujo trabalho sua filosofia certamente fazia lembrar. Embora negasse qualquer influência explícita, parece provável que tenha sofrido alguma.

Pioneiros evolucionários gostam de tentar dar um nome ao próximo estágio da evolução humana — a fase pós *Homo sapiens sapiens*. Devem imaginar que, mais cedo ou mais tarde, a sugestão de alguém vai vingar. Teilhard usou o termo *Homo progressivus*. O escritor John White prefere *Homo noeticus*. Barbara Marx Hubbard gosta de *Homo universalis*. O empresário de biotecnologia Juan Enríquez sugere *Homo evolutis*. Buckminster Fuller propõe *Heterotechno sapiens*. O autor de livros de divulgação científica Chip Walter cunhou o termo *Cyber sapiens*. Aurobindo designa o seu humano futuro de *ser gnóstico*, sustentando que esse humano teria transcendido o ego convencional e alcançado uma espécie de *self* universalizado — um *self* no qual os próprios processos do universo (ou multiverso) estariam internalizados. Um ser gnóstico seria ainda um indivíduo, mas, como Aurobindo escreve, "vivenciaria as forças cósmicas e seu movimento e significado como parte de si mesmo".

Segundo o sábio, o ser gnóstico iria requerer a mais ampla transformação da cultura humana. "Isso exige o aparecimento não apenas de indivíduos evoluídos isolados", ele escreveu, "mas de muitos indivíduos gnósticos, formando seres de um novo tipo e de uma nova vida em comum, superior à presente existência individual e coletiva." Com esse objetivo, Aurobindo formou uma comunidade a sua volta que tentaria realizar sua visão. O *ashram* inicial sobreviveu a ele e foi chefiado durante os anos 1950 e 1960 por sua colaboradora e confidente de longa data, a Mãe (também conhecida como Mirra Richard), uma pintora e musicista francesa, espiritualista competente, em quem Aurobindo identificara rara capacidade espiritual. Na obra de Aurobindo, podemos ver um importante marco na história dessa emergente nova filosofia. Foi dele uma das primeiras tentativas de *aplicar* os princípios espirituais de uma visão de mundo evolucionária não apenas na articulação de uma ideia inspiradora ou de uma bela filosofia, mas como contexto prático para a vida, como um caminho de transformação individual e coletiva.

Enquanto os anos 1960 chegavam e partiam, enquanto o Oriente se aproximava do Ocidente e vice-versa, numa troca cultural que alteraria permanentemente ambas as regiões, o nome de Aurobindo não se destacava entre os muitos mestres e ensinamentos celebrados na contracultura. Mas sua influência foi ainda assim profunda. Seus escritos exerceram uma influência importante sobre um jovem filósofo chamado Ken Wilber. Um discípulo, Haridus Chaudri, fundou o California Institute of Integral Studies e ajudou a patrocinar as visitas de uma série de luminares orientais nos anos 1960. Mas talvez Aurobindo tenha exercido sua maior influência no Ocidente por meio da vida de um jovem estudante de Stanford, chamado Michael Murphy, que leu seus escritos e ficou suficientemente inspirado para fazer uma viagem à Índia nos anos 1950, para visitar o *ashram* de Aurobindo, poucos anos após a morte do mestre. A experiência de Murphy se mostraria decisiva e, quando voltou aos Estados Unidos, o jovem evolucionário lançou mão da propriedade familiar para abrir um instituto baseado na ideia da exploração de novas capacidades humanas. O Esalen Institute, como ficou conhecido, seria o ponto de lançamento do movimento de potencial humano que teria um enorme efeito na cultura americana nas últimas décadas do século XX.

Aurobindo nunca exerceu influência sobre os primeiros anos de Andrew Cohen como pesquisador e professor. Mas a nova corrente espiritual que se esforçara para colocar em movimento estava sem dúvida fazendo sentir seu ímpeto. Com o benefício da percepção tardia, podemos olhar para trás e dizer que, no início da década de 1990, o caminho de Cohen estava começando a deixar para trás a iluminação tradicional do grande Ramana Maharshi e a adotar uma atitude mais associada ao novo tipo de visão evolucionária de que falava Aurobindo, mas tais conclusões são antes interpretações pós-fato que avaliações rigorosas. Na época, Cohen não sabia quase nada do trabalho de Aurobindo. Sem a menor dúvida, no entanto, esses dois mestres muito diferentes, separados pelo tempo e pela geografia, foram inspirados pela mesma fonte, iluminados por aquele impulso que surge logo acima da superfície do vazio para quem tem olhos e coração para reconhecê-lo. Aurobindo, ao descobrir esse impulso na cela da prisão, chamou-o de "*Brahman* ativo". Cohen, desde o início daquele inverno em Bodhgaya, iria chamá-lo de "impulso evolucionário".

DESPERTANDO O IMPULSO EVOLUCIONÁRIO

Cohen não sabia nada de Aurobindo naqueles anos de formação; o que ele sabia era que sua compreensão do objetivo e significado da iluminação estava se desenvolvendo rapidamente. Ele começava a compreender que a iluminação não podia ser contida dentro dos confins particulares do eu. Sentia cada vez mais que seu sentido se estendia para além da experiência de um estado mais elevado de consciência, ainda que profundo, ou da transformação pessoal de uma vida singular, individual, ainda que espetacular. A transformação espiritual, neste nosso momento e época, precisa inevitavelmente ter implicações reais nas vidas moral, filosófica, social e prática que compartilhamos — implicações não apenas para o eu, mas para a sociedade. Intuitivamente, ele sempre sentira que o despertar espiritual estava, de alguma forma, conectado à evolução mais ampla do gênero humano, mas dar voz a essa visão emergente — dando-lhe peso filosófico, clareza moral e coerência intelectual — levaria algum tempo.

Sempre disposto a conviver com outros líderes espirituais, orientais e ocidentais, Cohen transformou tal visão num ponto de apoio para levar adiante os diálogos e discussões com os luminares locais de quaisquer cidades ou países por onde estivesse viajando. Muitos desses diálogos acabariam como matéria da revista *What Is Enlightenment?* (mais tarde *EnlightenNext*), que estava se expandindo e se transformando rapidamente num fórum, nacionalmente reconhecido, para a investigação de questões cruciais da vida espiritual. A revista, no entanto, era mais que um fórum público; era também a tela aberta de uma viva investigação pessoal, já que Cohen e sua equipe de colaboradores, da qual me tornei parte no final dos anos 1990, procuravam compreender como nossas paixões e intuições espirituais se ajustavam ao esquema mais amplo de uma cultura pós-moderna.

À medida que o tempo passava, Cohen continuava a fazer palestras, a ensinar e viajar, expandindo uma rede internacional de discípulos e fundando centros ao redor do mundo. Sempre desempenhando muito bem o papel de professor, foi uma voz incansável de otimismo espiritual numa cultura espiritual progressista, mas que havia se tornado um pouquinho sonolenta e consideravelmente burguesa. "Todo mundo quer atingir a iluminação", ele diria com frequência, "mas ninguém quer mudar." Sentindo que era necessária uma fonte mais profunda de motivação, começou a falar sobre uma iluminação de tipo diferente, que não era para o bem do indivíduo, mas "para o bem do todo".

O milênio veio e se foi, e várias linhas críticas de influência começaram a convergir. Primeiro, Cohen e a equipe editorial se defrontaram com o trabalho de Aurobindo e Teilhard de Chardin, juntamente com o de pensadores evolucionários contemporâneos, como Brian Swimme — tudo no período de cerca de um ano. Uma dose saudável de perspectiva evolucionária foi transmitida a todos que ocupavam os escritórios da *What Is Enlightenment?* e, para Cohen, o efeito foi particularmente vigoroso. "Realmente, eu nunca me deparara com nada desse tipo antes", reflete ele. "Em Teilhard e Aurobindo, comecei a ouvir ecos de minha própria paixão — uma paixão pelo despertar para a verdade de quem somos e por termos, depois, o arrojo de experimentar a urgência de torná-la manifesta *neste* mundo, com todo o nosso ser." Ela o ajudou a promover um processo que já havia começado: recontextualizar e reinterpretar sua própria iluminação, num contexto explicitamente evolucionário.

A outra peça importante do quebra-cabeça foi a crescente amizade de Cohen com Ken Wilber. Wilber estava na linha de frente dos debates intelectuais do momento, tentando influenciar a evolução do conhecimento, e Cohen estava na linha de frente do desenvolvimento individual e coletivo, tentando fazer os discípulos realizarem o potencial espiritual compartilhado de evolução consciente. Sob muitos aspectos, a amizade dos dois nasceu de reconhecimento e apoio mútuos. Wilber, buscador de longa data, que tinha profundo respeito pelas tradições de iluminação do Oriente, identificou no inovador espiritual "uma abordagem nova e profunda da espiritualidade baseada num despertar de sua própria percepção". Cohen encontrou no trabalho de Wilber uma sintética e brilhante moldura intelectual que ajudava a contextualizar suas sensibilidades espirituais cada vez mais independentes.

Teilhard. Swimme. Aurobindo. Wilber. Na primavera de 2002, *What Is Enlightenment?* publicou uma edição especial com a chamada "O Futuro de Deus: Evolução e Iluminação no Século XXI", apresentando as tendências convergentes do que estávamos identificando como um movimento novo e coerente, uma "espiritualidade evolucionária" que despontava, específica de nosso momento na história. Nesse movimento emergente, à voz de Cohen juntaram-se as de outros que estavam similarmente inspirados — grandes pensadores informados pela filosofia evolucionária, teólogos brilhantes explorando a face cambiante de Deus e líderes poderosos inspirados pelas percepções cósmicas da ciência. Mas Cohen continuou sendo, antes de mais nada, um mestre espiritual, alguém que estava combinando iluminação e evolução de um modo que não se via desde que Aurobindo, mais de meio século antes, havia respirado o ar do oceano no sul da Índia. Logo Cohen começou a chamar seu ensinamento de "iluminação evolucionária". Num livro de 2011, que levava esse título, ele explica a essência do que o havia guiado no esforço para forjar a nova trilha espiritual: "Acredito que aqueles de nós que, no século XXI, estamos na vanguarda da consciência e da cultura, precisamos urgentemente de uma espiritualidade mística e de uma fonte de libertação da alma que nos dirija não para fora do tempo, mas para o futuro que precisamos criar", escreve ele. "Acredito que hoje o impulso espiritual está nos chamando não para longe do mundo, mas para o próximo grande passo que precisamos dar em nosso mundo. Esse próximo passo não emergirá por si mesmo — tem de ser conscientemente criado por seres humanos que despertaram para o mesmo impulso que está conduzindo o processo. No despertar para essa energia e inteligência... está a fonte da nova iluminação."

Desde que, décadas atrás, no local de nascimento do budismo, começou a falar sobre esse impulso, Cohen conseguiu entender mais profundamente sua natureza — a intuição espiritual agora informada pelo estudo dos princípios evolucionários. O impulso evolucionário, ele escreve, é "a energia e inteligência que irrompem do nada, o ímpeto condutor por trás do processo evolucionário, do *big-bang* à borda emergente do futuro". Cohen não é o primeiro a defender a existência de um impulso energético no âmago do processo evolucionário (o elã vital de Henri Bergson é apenas uma dentre várias ideias parecidas), mas pode ser o primeiro a identificar, especificamente, sua expressão em múltiplos níveis da experiência humana. Ele explica que o impulso evolucionário, expresso num nível biológico, é sentido como estímulo sexual para procriar, enquanto num nível mental é experimentado como o desejo especificamente humano de inovar e criar. E, o mais importante, acredita ele, é que esse mesmo impulso é também sentido espiritualmente como o misterioso anseio de transcender as limitações pessoais e evoluir no nível da consciência — anseio que há décadas o estivera conduzindo.

Fazer essa conexão crucial entre o impulso espiritual, pessoalmente experimentado, e o impulso evolucionário cósmico permitiu a Cohen encontrar uma nova resposta para a pergunta "O que é iluminação?". Embora sempre reverenciando o misticismo tradicional que desencadeou seu próprio despertar, Cohen sente que a libertação, para ser relevante em nosso tempo, já não pode ser meramente *liberdade do* mundo e de toda a sua complexidade. Na realidade, a liberdade espiritual — libertação das preocupações triviais de ego, narcisismo, medo e desejo — nos dá a *liberdade de* participar do processo criativo mais amplo do cosmos em evolução. E essa liberdade não é encontrada apenas numa entrega às profundezas atemporais do ser, mas também permitindo que o verdadeiro eu da pessoa seja alcançado e iluminado pelo poder energético do impulso evolucionário. "Livre, nesse sentido, significa disponível", escreve ele. "Disponível significa que não ficamos mais perpetuamente distraídos pelo *momentum* kármico do passado, pelos medos e desejos do ego pessoal ou do *self* culturalmente condicionado. Só quando sustentados por um certo grau de liberdade interior desse *momentum*, ficaremos espiritualmente despertos aqui e agora e, portanto, disponíveis para a tarefa extenuante de criar conscientemente o futuro."

Embora muita gente fique inspirada pela noção de evolução consciente — atônita por sua vastidão, energizada por sua promessa, motivada pelas implicações morais —, Cohen tem uma compreensão especial do que realmente leva um indivíduo a insistir nessa inspiração. É uma sabedoria que foi duramente conquistada durante anos nas trincheiras evolucionárias, num trabalho direto com indivíduos e grupos. Ele sabe pela experiência que, por mais que estejamos inspirados, assim que nossa atenção é desviada por problemas psicológicos ou tendências e suposições condicionadas culturalmente, assim que ficamos sob pressão, nos é quase impossível permanecer em contato com essa visão evolucionária, muito menos contribuir para seu desenvolvimento. E assim ele criou um caminho e uma prática espirituais para dar conta do desafio humano de se tornar um "veículo adequado" a uma vida evolucionária.

A liberdade transcendente da iluminação, a energia criativa da evolução — reunidas numa visão espiritual singular. É um ensinamento que não produz santos, nem monges, nem ascetas, nem místicos, mas um tipo particular de evolucionário — desperto para as profundezas do espírito, mas animado com a promessa do futuro e suficientemente livre para responder a um mundo necessitado de evolução. Aurobindo tinha plantado as sementes, Cohen estava começando a ceifar a colheita, mas, na verdade, acredito que a lição estava muito longe de um ou de outro. Ambos, no entanto, foram carregados por uma corrente maior: a evolução do próprio espírito se desdobrando, com o correr do tempo, nas profundezas da realização individual.

Uma visão de mundo evolucionária, como mencionei no Capítulo 2, traz consigo a percepção de que mesmo as mais profundas intuições de nosso espírito não são estáticas, fixas ou imutáveis, mas também estão se desenvolvendo, como a própria história se move para a frente. Sim, ainda podem existir crenças animistas e transes xamanísticos, totens e tabus, monges meditando, dervixes rodopiando e almas humildes voltando-se para o céu sobre joelhos dobrados. Podem existir deístas, teístas e místicos da natureza, paixões panteístas, rituais pagãos, espíritos incorporados e assíduos mitzvás. Podem existir os que dão testemunho de Deus para a glória dos céus nas alturas e estádios de 10 mil lugares entregando almas a um lar mais feliz. Tudo isso faz parte da rica tapeçaria e da história da vocação religiosa, onde muitos ainda desempenham papéis importantes na história complexa da consciência humana e da evolução. Mas, na ponta da flecha do espírito, onde a evolução é inquieta e procura sempre transcender a si própria, novas formas e novas expressões estão sendo criadas, e é aqui que uma nova tradição de iluminação está se formando, um caminho de transformação que pode liberar nossos espíritos e fortalecer nossas almas para as enormes tarefas à frente.

Capítulo 15
UM DEUS EVOLUINDO

Tem a criação um objetivo final? E, se assim for, por que ele não foi atingido de imediato? Por que a consumação não se produziu logo no início? Para essas perguntas, não há mais que uma resposta: porque Deus é Vida e não meramente Ser.

— *Friedrich Schelling,* Investigações Filosóficas sobre a Essência da Liberdade Humana

Vamos reconhecer, simplesmente não está tudo bem com a teologia. Dos Novos Ateus ao que é "espiritual, mas não religioso", das lutas da Igreja Católica ao esvaziamento das velhas igrejas protestantes centrais, sobram evidências de que o teísmo no século XXI não é exatamente de vanguarda. Estou, no entanto, certo de que ele um dia teve seu auge. Quando os hunos estavam saqueando o Império Romano, o teísmo era a própria expressão da cultura progressista. Já há muito tempo, no entanto, ele se tornou banalizado demais para ser sagrado. Certamente, o mundo da megaigreja de Rick Warren e Joel Osteen pode ter criado subculturas em que é correto acreditar no Deus abraâmico, mas isso é diferente. Diz respeito mais a convicções emocionais que a conclusões intelectuais. Estou falando sobre o teísmo como um "ismo" — uma ideia, uma teologia, uma visão de mundo centrada em Deus, uma estrutura filosoficamente coerente de crenças sobre o modo como o universo funciona, construída em torno de um criador transcendente. E esse tipo de teísmo não está exatamente incendiando o universo intelectual nos dias de hoje.

Faça menção da ciência cognitiva, da psicologia evolucionária ou da neurociência e será fácil encontrar um bom número de *best-sellers* do *New York Times* examinando as bordas fascinantes dessas áreas florescentes. Teologia? Nem tanto. Sem dúvida, você pode imaginar que nada de particularmente significativo tem acontecido há décadas, senão há séculos, em teologia.

Mas você estaria errado.

Há, de fato, uma posição extremamente avançada da teologia contemporânea e foi por essa razão que, recentemente, encontrei-me a cerca de 50 quilômetros a leste de Los Angeles, no sopé das montanhas San Gabriel, procurando a Claremont School of Theology [Escola Claremont de Teologia]. Era lá, eu ficara sabendo, na borda tectônica da vizinha falha da Sierra Madre e da gigantesca falha de San Andreas, que uma nova forma de teologia evolucionária estava ganhando forma. Sobre a linha ativa e instável da falha intelectual entre os mundos da ciência e da religião, um novo tipo de solo comum estava sendo buscado.

À primeira vista, o *campus* pequeno e banal da Claremont não estampa exatamente algo "novo e diferente". Há uma série de prédios simples, arquitetonicamente comuns, e anexos rodeando uma capela que impressiona um pouco e que se destaca nesse centro do *campus*. Cheguei alguns minutos adiantado para a entrevista que marcara e me encaminhei diretamente para a capela, curioso para dar uma olhada naquele simples, mas elegante local de prece. Quando entrei e avistei as janelas de vitrais, a grande cruz pendurada num dos lados, as fileiras simples de cadeiras diante do atril, os hinários na entrada, tive uma sensação de familiaridade protestante. Aquilo me recordou minha criação presbiteriana, com as manhãs na escola dominical, as cerimônias da igreja e o crisma. As lembranças são bastante agradáveis, mas essa formação religiosa dificilmente poderia ser considerada decisiva. Minha família, como as famílias de muitos de nossos contemporâneos, não encarava com tanta seriedade o tradicional Deus cristão e me lembro muito mais de nossa igreja como uma comunidade de convivência — parte saudável e essencial do tecido social de uma pequena cidade, mas não realmente uma fonte de revelação religiosa e, menos ainda, uma fonte de engajamento intelectual. Era muito convencional — comum e um tanto medíocre, do modo que acho que só os protestantes verdadeiramente aperfeiçoaram, como se a própria corrente principal tivesse uma corrente principal. O *campus* tinha um pouco dessa atmosfera em torno dele; e, como era de se esperar, descobri mais tarde, fora fundado por metodistas — não exatamente os filhos mais animados de Deus.

Eu fora lá para me encontrar com Philip Clayton, um professor que estava ganhando renome como pensador vigoroso nos debates sobre ciência e religião e no campo nascente da teologia evolucionária. Clayton estava filiado ao Center for Process Studies [Centro de Estudos do Processo], um centro de pesquisa associado à Claremont School of Theology e à Claremont Graduate University. E é aqui que a história fica interessante. O Center for Process Studies é singular no contexto da teologia cristã: é o único local na vida acadêmica norte-americana especificamente dedicado a dar continuidade ao pensamento e obra de Alfred North Whitehead e Charles Hartshorne.

Whitehead foi uma figura-chave na primeira onda de evolucionários — aqueles homens e mulheres notáveis que, no início do século XX, estavam tentando encontrar um lugar para a criatividade, a subjetividade, o espírito e até mesmo Deus no contexto de um universo evolucionário, cientificamente revelado. Matemático por formação, ele trabalhou em estreito contato com Bertrand Russell, produzindo o volume *Mathematica Principia* em 1900, uma tese de mil páginas sobre fundamentos da área. Russell e Whitehead permaneceram a vida toda grandes amigos, mas suas filosofias acabaram divergindo. Russell, o grande filósofo analítico, foi sempre o pragmático cuidadoso; sua filosofia era uma filosofia de razão comedida, lógica e cautelosa. Manteve-se bem afastado do que chamou de "névoa da metafísica", bem como de filosofias mais especulativas, área onde Whitehead deixaria sua marca.

Nos anos 1920, Whitehead deixou para trás sua Inglaterra nativa e assumiu um cargo no departamento de filosofia de Harvard, o mesmo que fora ocupado por William James na primeira década do século, quando a filosofia de Harvard era um viveiro de pensamento evolucionário. O trabalho inicial de Whitehead em matemática se transformaria numa investigação profunda sobre as bases da realidade, gerando, finalmente, um acervo único de trabalho sobre a filosofia do processo, que se opunha frontalmente ao materialismo cada vez mais dominante de seu tempo. Enquanto Russell alcançou grande renome na carreira (em parte por sua política) e teve profunda influência imediata sobre a filosofia, o trabalho de Whitehead continuou respeitado, mas relativamente desconhecido durante seu tempo de vida e durante décadas depois de sua morte. Mas isso parece estar mudando. O interesse aumentou significativamente em anos recentes e, como muitos evolucionários seus contemporâneos, ele pode perfeitamente provar ser uma voz que fala mais às preocupações do século XXI que às do século XX. Podemos dizer que, enquanto Russell encarnava o estado de espírito de um século XX esgotado pela guerra, procurando contenção, recolhimento e cautela em sua perspectiva intelectual, Whitehead encarnava o espírito arrojado de nossa época, em que integração, coerência e sentido adquirem uma importância renovada.

"Bertie acha que sou um palerma, mas eu acho que ele é um simplório." Foi assim que um dia Whitehead descreveu a relação filosófica entre os dois amigos. De fato, a filosofia de Russell trafegava muito próxima das tendências do momento. Ele era um lógico cujo trabalho ajudava a deslocar a filosofia para a cuidadosa e ponderada lógica das ciências. Era o antídoto para Hegel e as afirmações grandiosas, extremamente abrangentes, dos idealistas alemães. O trabalho de Whitehead, por outro lado, estava preocupado com grandes ideias — ele estava investigando conexões fundamentais entre ciência, filosofia e religião. Em certo sentido, seguiu Bergson e muitos outros grandes pensadores evolucionários do século XIX e início do XX, na tentativa de talhar um lugar seguro nas bases da realidade para a mudança, o processo, o movimento e a criatividade. Estilhaçou o encanto da solidez, vendo um universo de *vir a ser* onde outros viam apenas matéria e inércia. Foi um dos primeiros grandes filósofos a compreender plenamente a paisagem mutável de um mundo pós-newtoniano e criou o que alguns chamaram de "ontologia do vir a ser". Frequentemente comparado a Heráclito, o filósofo grego que enfatizava a natureza sempre em mudança da realidade e declarava que uma pessoa "não pode entrar no mesmo rio duas vezes", Whitehead sugeriu que a realidade é uma série em desdobramento de relações entre experiências no "fluxo do vir a ser" em vez de um produto das interações de partículas. Como o rio de Heráclito, a realidade está em movimento — sempre se movendo, se alterando, se transformando. Em nossa ignorância, tratamos o rio como se ele estivesse congelado no tempo e deixamos escapar completamente o traço mais crucial que define a realidade como nós a conhecemos — o *movimento para a frente*, que Whitehead chamou de "avanço criativo para a novidade". Sua obra nos incentivava a ver através da ilusão que engana nossos sentidos ao atribuir uma espécie de permanência estática ao mundo material. Ele queria dissipar a névoa materialista — "a falácia da falsa concretude" — e adicionar temporalidade e mudança à nossa filosofia. Para ele, a unidade mais elementar da realidade não eram pedacinhos de matéria, partículas físicas ou unidades de energia, mas "ocasiões" de experiência — momentos da existência subjetiva que surgem e fluem um para o outro numa cascata de transformação criativa.

Uma das razões para a relativa obscuridade de Whitehead no panteão atual de pensadores do século XX é, provavelmente, a inegável complexidade de sua obra. Mesmo filósofos profissionais lutam com seus escritos. Mas não devíamos deixar isso nos impedir de procurar compreender sua contribuição essencial para colocar a filosofia um pouco mais perto de uma visão de mundo evolucionária e estimular as novas gerações a seguir e expandir sua linha de pensamento.

Uma pessoa que de fato admirava a filosofia de Whitehead era Charles Hartshorne. De seus postos em Harvard, na Universidade de Chicago, na Emory University e na Universidade do Texas, leva adiante a obra de Whitehead, convertendo a filosofia do processo em teologia do processo e incorporando mais plenamente Deus ao quadro de um universo em evolução. Hartshorne estudou durante anos com Whitehead em Harvard, antes de partir para Chicago, onde rompeu com seus contemporâneos teológicos ao tentar compreender Deus não como um ser completo e perfeito fora do universo, mas como uma divindade que era, em certo sentido, incompleta; um Deus que estava se tornando mais perfeito no processo mesmo do vir a ser do universo. Com essa nova visão da divindade, Hartshorne rejeitava a antiga visão de onipotência tão comum na compreensão tradicional de Deus. Apresentava um Deus que está realmente se desenvolvendo à medida que o próprio universo se move para a frente no tempo. Nesse sentido, a teologia do processo sugeriria que todos nós participamos até certo ponto do ser e do vir a ser de Deus, da própria evolução da divindade. Somos parte do eu de Deus, digamos assim, e, assim como participamos do desenvolvimento deste mundo e deste universo, também participamos, de um modo fundamental, do autodesenvolvimento de Deus. Paradoxalmente, colocando limites à perfeição de Deus, Hartshorne e Whitehead expandiram simultaneamente a profundidade de nosso ser. Abriram a porta para vermos Deus não simplesmente como objeto de um culto à distância, mas como um sujeito íntimo, de cujo contínuo e criativo autodesenvolvimento cada um de nós pode participar.

O livro de Hartshorne, *Omnipotence and Other Theological Mistakes* [A Onipotência e Outros Erros Teológicos], deixa claro esse rompimento com o passado e é uma obra que, certamente, conseguiu exasperar os filósofos do espírito seus colegas. Alguns se referiram com pouca simpatia ao deus de Whitehead e Hartshorne como "Deus, o semicompetente". Mas essas rejeições perdem de vista o importante avanço que o trabalho dos dois representou no esforço de trazer a teologia para o mundo moderno. Traçando vigorosas conexões entre a dinâmica evolucionária do universo e o próprio ser do divino, ajudaram a abrir caminho para a nova teologia evolucionária que iria emergir em nosso tempo, uma teologia cuja imagem da divindade seria pelo menos coerente com um universo cientificamente revelado. Em outras palavras, se as pessoas neste momento e época devem acreditar em Deus, precisam de um Deus que seja digno de crédito.

Entre as linhagens iniciadas por Teilhard e Whitehead, há uma tradição evolucionária surpreendentemente robusta vivendo dentro das paredes da igreja cristã — mais do que em qualquer outra grande religião. Neste capítulo, quero investigar alguns aspectos dessa teologia evolucionária e esclarecer como a ideia de emergência, uma ideia que nos vem da ciência, está desempenhando um papel em sua formação. Quer nos chamemos cristãos ou não, quer encontremos nosso lar espiritual na devoção a um poder mais alto ou nos esquivemos de todas essas inclinações, eu gostaria de incentivar os leitores a considerar que importantes percepções para uma visão de mundo evolucionária podem estar sendo forjadas nas reavivadas fornalhas teológicas da fé.

DE EVANGÉLICO A EVOLUCIONÁRIO

"Você acredita que, das pessoas que se dizem cristãs, 56% não acreditam na evolução?! Isso é um sinal do que enfrentamos em termos de rejeição." Eu e Philip Clayton tínhamos acabado de nos sentar em sua sala na Claremont. Vestindo roupas descontraídas e corado após chegar de bicicleta, Clayton era um tipo de cara direto, um professor que tinha um ar de naturalidade e uma óbvia desenvoltura com as pessoas. Lá estava um mestre, pensei comigo, que devia ser bastante estimado pelos alunos. No final de nosso encontro, teria motivo para confirmar essa suposição, pois a outra qualidade que logo captou minha atenção foi a rigorosa intensidade intelectual de Clayton. Embora falasse de modo espontâneo, envolvente, transmitia com seriedade a noção de que nossos pensamentos importam profundamente, pois acarretam consequências reais.

A longa jornada de Clayton para uma visão de mundo evolucionária, ele me explicou, o havia preparado para desempenhar papel fundamental na construção de uma ponte entre ciência e espírito. Fora criado pelos pais como um ateu apaixonado, no norte da Califórnia. Os pais eram professores numa das universidades experimentais mais avançadas dos anos 1960 e 1970, a Sonoma State University. Ativistas e intelectuais, participaram dos movimentos culturais e políticos da época e seus interesses variados proporcionaram uma rica atmosfera para o desenvolvimento do filho.

Quando, no entanto, chegou o momento de afirmar sua independência de adolescente, Clayton enfrentou o mesmo dilema que tantos filhos de pais progressistas enfrentariam nas décadas seguintes — não havia nada contra o que se rebelar. Não era provável que alguma declaração de inclinação sexual, uso de drogas ou lealdades contraculturais causasse grande consternação na casa dos Claytons. Em retrospecto, ele percebe que escolheu a única coisa que poderia causar impacto. Um dia, chegou em casa, fez os pais se sentarem e anunciou: "Aceitei Jesus Cristo como meu único Senhor e Salvador".

Funcionou. Quando as lágrimas silenciosas escorreram pelo rosto da mãe, o jovem Clayton explicou como as histórias bíblicas que ouvira no acampamento cristão que fizera com alguns amigos locais — histórias maravilhosas sobre Cristo, Satã, Adão e Eva, redenção e a Segunda Vinda — tinham inflamado a rica imaginação de seus 14 anos e o convencido a se entregar a Jesus. Resolveu ser pastor e, depois de se formar entre os primeiros lugares de sua turma no colégio, procurou a Westmont, uma universidade evangélica em Santa Bárbara.

Mas algo crucial aconteceu a este garoto universitário extremamente brilhante, mas espiritualmente limitado, no caminho para o destino cristão. Ele teve sua segunda epifania espiritual. E ela o levaria na direção oposta da primeira. Escolhera uma especialização em filosofia, convencido de que isso o ajudaria a pregar sermões mais articulados. Um dia, recordou ele, "estávamos na classe com nosso professor favorito, Stanley Obitts. Ele estava começando aquela discussão de Leibniz e Deus. Tinha a mania de se inclinar para a frente na cadeira e ficar rodando a mão no ar quando falava. Foi uma discussão intensa e a classe inteira também foi se inclinando para a frente. Então, de repente, ele nos silenciou com um olhar fixo. E, depois de uma pausa longa, densa, disse uma frase de quatro palavras que afetou o resto da minha vida. Ele disse: '*Estas* são as perguntas!'. Nesse momento, tive uma experiência de iluminação. Peguei a coisa. Não se tratava das respostas. Tratava-se das perguntas. Levei uma década para absorver plenamente isso, mas foi naquele momento que me tornei evolucionista".

Daí a poucos meses, Clayton voltara sua atenção para a ciência e estava escrevendo sobre a relação entre ciência, filosofia e teologia. Quando se formou um ano mais tarde, em 1978, sua fé evangélica conservadora estava "em ruínas" e os planos para ser pastor, transtornados. Algo nele havia mudado de forma irreversível, mas Clayton continuava lutando para chegar a um acordo com sua perda de certeza teológica. Entrando num curso de pós-graduação do Fuller Theological Seminary, frequentou numerosas classes bíblicas, esperando salvar o que sobrara de sua fé despedaçada.

"Daniel Dennett chama o darwinismo de ácido universal", Clayton me explicou, refletindo sobre como a aceitação de uma investigação em aberto, livre de preconceitos, havia pouco a pouco minado seu conservadorismo religioso. "E, assim que o ácido das perguntas começa a interagir com crenças dogmáticas, você não consegue detê-lo; ele corrói tudo."

Clayton estava rapidamente se tornando um cético na terra dos crentes, desafiando os professores a explicar as interpretações bíblicas e a justificar suas afirmações. Leu mais sobre ciência, sobre a relação entre ciência e religião e acabou fascinado pelas conexões e desconexões entre as duas. Mas, apesar do coração intranquilo e da mente incerta, seu sucesso acadêmico continuou. Conquistou um mestrado em religião no Fuller e procurou encontrar a mente mais interessante possível no campo da ciência e religião para estudar com ela.

A pessoa que escolheu foi Wolfhart Pannenberg, teólogo alemão considerado um dos grandes eruditos religiosos da época. Como Clayton, Pannenberg era um convertido à fé — criado fora de qualquer tradição, uma experiência espiritual de luz sagrada mudara sua vida nos anos de adolescência e, na faixa dos 20, ele se tornara luterano. Embora inspirado pelos teólogos cristãos, havia rejeitado o foco exclusivo na história cristã, pondo sua atenção numa noção mais universal de vir a ser — "o vir a ser de tudo", como Clayton a descreveu.

Pelo que percebi, a descrição de Pannenberg feita por Clayton fazia lembrar Hegel, que também havia compreendido que o espírito estava profundamente envolvido no desenvolvimento da cultura e da história. Hegel tinha sugerido que Deus está, em certo sentido, inserido no vir a ser do mundo inteiro. Quando falei a Clayton da associação, ele recordou que havia sugerido o mesmo a seu mentor quando os dois se encontraram pela primeira vez em 1981. "*Herr* Pannenberg", ele arriscara, "reconheço que sua teologia é fundamentalmente hegeliana." Pannenberg imediatamente se irritou com a suposição e respondeu de cara fechada ao novo discípulo: "O que *você* sabe de Hegel?".

Durante o período que Clayton passou na Alemanha, a perturbação existencial causada pelo rompimento de sua certeza teológica foi se acalmando e ele começou a descobrir uma rica e nova visão do espírito no "vir a ser de tudo". O reconhecimento emergente de que Deus é encontrado no processo mesmo da história e não simplesmente no cume ou no primórdio foi fundamental. Essa percepção combinou-se com o fascínio pela ciência e a paixão pelas perguntas para propagar as sementes de uma nova síntese — uma teologia evolucionária que ele passaria a melhor parte de sua vida elaborando.

Logo Clayton se sentava para escrever o primeiro livro: *The Evolution of the Notion of God in Modern Thought* [A Evolução da Noção de Deus no Pensamento Moderno]. Escreveu em alemão e, no momento em que pôs a pena no papel, se achava sob a influência da rica e duradoura tradição filosófica da Alemanha. Mas não foi a visão evolucionária de Hegel que captou seu coração — foi outro idealista alemão, Friedrich Schelling.

"Trabalhei oito anos no livro", Clayton me disse, "e acabei tomando o partido de Schelling. Hegel via o processo evolucionário controlado pelo desenrolar de uma lógica absoluta [...] o espírito absoluto é a culminância do desenrolar dessa lógica. Mas, para Schelling, *nenhuma lei da lógica tolhe os momentos de evolução.* Isso é absolutamente crucial. Existem aqueles pensadores que falam da evolução como se ela estivesse pré-ordenada numa espécie de espaço platônico. Mas há também os que pensam que o processo criativo é exatamente isso — *criativo,* espontâneo, um desenrolar-se imprevisível. O futuro não pode ser conhecido, porque o futuro não existe. E é por isso que sou um evolucionista de Schelling e não um evolucionista de Hegel."

A EVOLUÇÃO DO DEBATE SOBRE EVOLUÇÃO

O argumento de Clayton sobre a criatividade aberta do processo evolucionário me impressionou, em parte porque demonstrava e dava suporte a uma de minhas próprias observações relativas à história da teoria evolucionária. Se você examina o alcance geral das teorias sobre o processo evolucionário, começando no século XIX, e depois segue a evolução do debate sobre evolução, digamos assim, no decorrer do século XX e entrando em nossa própria época, uma importante tendência se destaca. Com o passar do tempo, nossa compreensão do processo evolucionário se inclina para teorias de desenvolvimento que envolvem mais criatividade e iniciativa e que são menos deterministas. Isso é verdade estejamos falando de uma interpretação científica ou espiritual da evolução.

Por exemplo, a ciência hoje está bem a par das indeterminações da física quântica e dos imprevisíveis resultados de auto-organização da teoria da complexidade. Há uma constatação crescente do poder criativo da natureza e de como é difícil a tarefa de esquadrinhar o futuro do processo evolucionário. Contudo, ela nem sempre tem sido tão liberal. Percorremos um longo caminho desde a época em que Laplace julgava que todo o futuro do universo poderia ser teoricamente previsível se conhecêssemos as propriedades exatas de cada uma de suas menores partículas.

Também os teístas, até recentemente, se inclinaram para uma visão determinista do universo ou, pelo menos, para a visão em que toda a imprevisibilidade e novidade eram atribuídas à vontade de um Deus onipotente. E tanto Teilhard de Chardin quanto Sri Aurobindo, embora estivessem longe de ser deterministas e valorizassem o poder criativo da evolução, descreveram metafisicamente modelos e resultados específicos por meio dos quais viam o futuro do processo se desdobrar — no caso de Teilhard, o "Ponto Ômega" e, no caso de Aurobindo, uma série ascendente de níveis de consciência, cada vez mais elevados, da mente superior à supermente, e daí em diante. Pensadores contemporâneos como Clayton, no entanto, estão rejeitando esses roteiros evolucionários pré-estabelecidos em favor de sistemas evolucionários abertos, criativos, nos quais a novidade domina e o futuro é desconhecido. A questão aparece em toda a sua dimensão na formação de uma nova visão de mundo, pois, quanto menos pré-determinados os resultados, mais a opção humana desempenha o papel para definir a direção do futuro. Um sistema evolucionário que adotasse um determinismo maior — fosse no lado científico ou espiritual do espectro — refletiria inevitavelmente as consequências perturbadoras e conclusões desencorajadoras de um tal viés. Se o futuro da evolução já está escrito, as consequências de nossas opções se tornam menos graves. Mas, se o futuro da evolução não está escrito, todos os tipos de possibilidades se mantêm e não será pequeno o papel que a criatividade de nossa iniciativa humana desempenhará para determinar a forma do amanhã. Na verdade, à medida que reconhecemos que a opção humana é cada vez mais o ponto de apoio do qual depende o futuro da evolução, as consequências éticas se intensificam. Nenhum poder mais elevado ou movimento histórico inevitável pode substituir a importância crucial da iniciativa humana.

Assim, faríamos bem em nos afastar das certezas superconfiantes do passado, quando as melhores cabeças, tanto na área da ciência quanto na área espiritual, imaginavam que a evolução funcionaria com base num mapa pré-determinado. Mas questões importantes se mantêm: até onde vamos chegar? Até que ponto o processo evolucionário é livre e criativo? Até que ponto nosso futuro é previsível? Reconhecer que nada é pré-determinado não equivale à falácia oposta — que a história é irrelevante e que absolutamente qualquer coisa é possível. Final aberto não significa necessariamente uma tábula rasa, onde não há influência do passado. Isso é verdade, quer falemos de natureza ou cultura. Na verdade, tenho visto muita gente casar a doutrina da indeterminação com o poder humano de escolha e obter uma estranha mistura — ficam convencidos de que podemos criar como quisermos o futuro, que tudo está em aberto e pode mudar num piscar de olhos. Imaginam que possuímos um infinito poder criativo para moldar o futuro informe com nossa própria iniciativa. É a posição frequentemente adotada em interpretações populares da mecânica quântica, espiritualmente orientadas, onde a indeterminação quântica tem se tornado uma desculpa para imaginar um mundo de desenfreada criatividade, um universo em que a física se curvará à nossa vontade pessoal. Também vejo essa falácia atuante na ideia popular de que a cultura humana está se preparando para um salto evolucionário em grande escala, gigantesco, uma transformação ubíqua em que o mundo inteiro alcança um nível mais elevado de consciência — todos juntos, todos ao mesmo tempo. Como já discutimos, esse tipo de pensamento é o idealismo levado ao ponto do absurdo, bem-intencionado talvez, mas completamente a serviço de uma compreensão equivocada de como a evolução funciona na consciência e no interior de uma cultura.

Assim, embora concorde com o sim de Clayton à natureza aberta da evolução, tenho também algumas perguntas. Afinal, como vimos repetidamente no curso deste livro, há padrões, tendências e princípios nítidos que informam o desenvolvimento evolucionário. A evolução da vida e da consciência não é puramente casual nem tem aquela espontaneidade de o-futuro-está-em-nossas-mãos. Há mapas claros que fornecem contexto para o passado e pistas para o futuro. Talvez haja mais liberdade no processo do que jamais imaginamos, mas também há restrição. Existe, em outras palavras, alguma forma de lógica no processo — uma forma aberta, contingente, criativa, mas não obstante lógica. Schelling pode dizer que a evolução é criativa, espontânea e imprevisível, mas como, então, explicamos os resultados obviamente não casuais na biologia e na cultura humana?

Quando fiz essa pergunta a Clayton, ele qualificou sua declaração prévia de um modo consistente — ela faria eco às ideias de Peirce, Wilber, Sheldrake e, sem dúvida, Whitehead, como discutido no Capítulo 11. "Pode haver sulcos nos processos abertos", explicou, admitindo que aberto não equivale a "tudo serve". Pode haver o que Pannenberg costumava chamar "uma 'isca' do futuro que não é determinante".

Como estava visitando um centro dedicado à filosofia de Whitehead, continuei refletindo sobre como ele tinha formulado a questão. Na visão de Whitehead, cada momento de experiência, ou "ocasião" como ele o denominava, está sendo criado pelos momentos ou ocasiões convergentes que vieram antes. Ele escreveu que "o universo inteiro é uma montagem progressiva desses processos [de experiência]". Todos os momentos precedentes de experiência desaguam no presente e são integrados. Whitehead descreve o processo com a enigmática frase: "Os muitos se tornam um e são aumentados por um". Isso significa que os *muitos* acontecimentos do passado desaguam no presente e convergem, criando um *novo* momento e desse modo aumentam seu número por um. Segundo essa perspectiva, o presente e o futuro estão continuamente sendo criados de novo, visto que "todo o mundo precedente conspira para produzir uma nova ocasião".

Então, sem dúvida, o presente e o futuro são fortemente influenciados pelo passado. Mas, para Whitehead, existe outro fator chave. Em cada momento, a criatividade é possível; o potencial para a novidade existe. Em cada desaguar da experiência, surge a oportunidade para alguma coisa nova exercer sua influência. "O ambiente precedente não é inteiramente eficaz para determinar a fase inicial da ocasião que dele brota", escreve Whitehead. Acreditemos nela ou não, essa é na realidade uma de suas frases mais simples. Basicamente, é um modo de dizer que o futuro não é inteiramente determinado pelo passado. Não vivemos num universo determinista. A cada momento, a novidade em potencial está presente na luta para formar o futuro a partir dos acontecimentos da história. Mas repare na tensão dinâmica entre liberdade e determinismo histórico na visão de Whitehead — o potencial informe para a novidade está numa relação constante, ativa, com a forte influência do que vem antes. É uma dinâmica que podemos ver facilmente em nossa própria vida, quando o poder de nosso livre-arbítrio interage com as tendências influentes de nossas predileções psicológicas, sociais e culturais estabelecidas — o resultado dessa interação molda o futuro de nossa vida.

Também podemos dizer que o potencial para a novidade parece aumentar quando a evolução se move para a frente. Uma planta tem mais potencial para a novidade que uma molécula. Um chimpanzé tem mais potencial para a novidade que uma planta. E um ser humano, mais do que um chimpanzé. Há mais novidade na biologia que na física, e mais na evolução cultural que na evolução biológica. O autor de livros de divulgação científica John Horgan esbarrou nessa verdade num artigo de 1995 sobre a teoria da complexidade, ao observar que os cientistas estavam tendo dificuldades em aplicar os padrões matemáticos da física ao mundo mais caótico da biologia. "Modelos numéricos funcionam particularmente bem em astronomia e física porque os objetos e forças se ajustam muito precisamente às suas definições matemáticas", ele escreveu. "Teorias matemáticas são menos convincentes quando aplicadas a fenômenos mais complexos, em especial a algo no reino biológico." Eu sugeriria que parte do problema não é apenas maior complexidade; é também a maior aptidão para a novidade e a iniciativa que existe no mundo biológico.* Modelos matemáticos poderiam nos dizer, com um alto grau de precisão, onde Júpiter estará daqui a 10 mil anos, mas podem ter dificuldade em apontar com exatidão onde minha gata estará daqui a dez minutos.

À medida que a evolução prossegue, a iniciativa evolui, a opção aumenta, a consciência e a liberdade se expandem, e o mesmo acontece com nossa capacidade de agir criativamente, de influenciar o fluxo do vir a ser. Isso significa que estou mais livre dos ditames do passado que minha gata. Sou menos previsível; minhas opções expressam maior liberdade. Minha gata, certamente, tem alguma liberdade, alguma iniciativa e alguma capacidade de reagir como um pequeno ser independente com necessidades subjetivas, carências, desejos e emoções. Está longe de ser um autômato — comparada com uma minhoca, é um bastião vivo de liberdade. Mas sua iniciativa é limitada. Embora eu não saiba onde estará daqui a dez minutos, sei que estará fazendo uma dentre seis ou sete coisas. Tem um repertório limitado em comparação com seus supervisores humanos. Os seres humanos têm potencial para uma tremenda iniciativa criativa (não que eles sempre a usem) e por isso nossa capacidade de afetar o fluxo do vir a ser é sem dúvida muito maior.

Uma mensagem que podemos extrair do complexo pensamento de Whitehead é a seguinte: sempre possuímos o potencial de dar um salto à frente, de libertar nossa vida da inércia do passado, de acrescentar alguma coisa nova e insólita à marcha da história, mas não de descartá-la completamente. Temos uma capacidade tremenda de formar, de moldar o futuro, mas não de apagar magicamente o que veio antes. Como discutimos no Capítulo 3, os evolucionários devem encontrar o caminho para um otimismo profundo, assentado no realismo. Devemos nos manter entre um conservadorismo cínico por um lado, que nos diz "não há nada de novo sob o Sol", e um idealismo romântico e ingênuo por outro, que nos diz que "absolutamente tudo é imediatamente possível". Nenhuma das

* Isso também poderia ajudar a explicar por que as leis da física são intrinsecamente mais determinantes que as leis na biologia, que é uma ciência que proporciona previsibilidade muito maior que os princípios gerais nas ciências sociais etc. Também vale a pena notar que Maslow mostrou em seu livro *Motivation and Personality* [Motivação e Personalidade] que indivíduos em estágios mais elevados de desenvolvimento têm mais livre-arbítrio que outros. Isso daria suporte à ideia apresentada aqui e à ideia de que o livre-arbítrio continua a evoluir mesmo dentro da evolução cultural humana.

declarações é verdadeira, ambas negam os verdadeiros processos de evolução e ambas acabam comprometendo nossa capacidade de responder eficazmente às demandas de nosso mundo.

EMERGÊNCIA E OUTROS ENIGMAS TEOLÓGICOS

Durante o período que passou na Alemanha, depois em Yale e várias outras escolas, o interesse de Philip Clayton pela relação entre ciência e espírito se aprofundou. E quanto mais ele entendia os movimentos da ciência e da filosofia, mais percebia que a teologia, como então construída, era inadequada. Excluindo o trabalho de alguns pensadores não convencionais, a teologia tendia a ficar atolada no passado, incapaz de se envolver com correntes contemporâneas de pensamento e fazer uma defesa coerente de Deus, compatível com o progresso da ciência e da filosofia. "A reflexão teológica sobre o espírito frequentemente se contenta com o que é, no essencial, uma noção pré-moderna de [Deus]", Clayton escreve, "então, quando tais [...] meios de conhecer a Deus se mostram inadequados ou levam a noções céticas, os teólogos são tentados a simplesmente erguer as mãos e declarar que o Espírito não pode ser apreendido pela mente humana."

Clayton percebe que essa lacuna teológica engendra o ceticismo ante a religião, já que ela parece incapaz de proporcionar um meio relevante de produzir sentido em nosso mundo contemporâneo. Tais preocupações o inspiraram a buscar uma noção de Deus suficientemente flexível para abarcar o extraordinário desenvolvimento do conhecimento nos últimos dois séculos — em outras palavras, uma visão de mundo teológica que pudesse investigar profundamente o mundo natural como revelado pela ciência, não recusá-lo.

William Grassie, diretor da fundação científica e espiritual Metanexus, gosta de dizer que os ateus não têm exatamente a mente aberta com relação a Deus. De fato, eles tendem a ter uma ideia muito clara sobre exatamente em que tipo de Deus não acreditam. Vemos isso demonstrado em comentários feitos pelo filósofo Daniel Dennett, novo ateu, após assistir a uma palestra de Clayton: "Clayton me espantou ao listar os atributos de Deus: segundo sua teologia elegantemente naturalista, Deus não é onipotente, nem mesmo sobrenatural e [...] em suma, Clayton é um ateu que não admite sê-lo". Desconfio que isso revela mais sobre a estreita concepção de Deus de Dennett que sobre o suposto ateísmo de Clayton. A espiritualidade evolucionária, sob todas as suas muitas formas, afasta-se bem claramente da tradição do homem barbado no céu, sobrenatural e onipotente. E Clayton não é exceção. Está expondo uma compreensão de Deus ou do Espírito que é completamente distinta da divindade onipotente de seus antepassados cristãos.

Um aspecto básico dessa nova teologia nos chega da ciência: a teoria da emergência. Para Clayton e muitos outros, a ideia de emergência — um conceito que recebemos das ciências da complexidade, assim como da filosofia evolucionária — tem o potencial de alterar o modo como pensamos sobre o espírito num universo cientificamente revelado. Ela sugere que, no processo da evolução, passam a existir níveis fundamentalmente novos e mais elevados de complexidade, com novas e cruciais propriedades emergentes, *que não podem ser reduzidos aos níveis que estão abaixo.* O exemplo favorito da química é a água. Quem poderia prever a água a partir do hidrogênio e oxigênio? Não há nada contido nesses dois elementos em si que pudesse nos levar a prever um fruto tão notável de sua união. É como duas pessoas sem ouvido musical se casando e produzindo um Mozart: uma dramática, imprevisível, empolgante emergência.

"Vemos, no mundo, natural um processo aberto de crescente complexidade, que leva a formas qualitativamente novas de existência", Clayton escreve. "Qualitativamente" é a palavra chave aqui. Ela sugere que, no processo de evolução, passam a existir modos inusitados de ser tão fundamentalmente diferentes do que veio antes, que suas propriedades não podem ser reduzidas às qualidades presentes num nível inferior de existência.

Vamos novamente pensar em minha gata, que tem sido uma companhia diária no processo de elaboração deste livro. Quando olho para minha gata, vejo que a matéria em seu corpo é bastante singular em comparação, digamos, com uma rocha, uma molécula, uma galáxia ou mesmo uma árvore. Mas ainda é matéria — coisa física. E, no entanto, podemos ver que as qualidades de minha gata — as incríveis possibilidades de movimento, sua condição alerta, alguma forma de senciência e consciência, a capacidade de reconhecer seus companheiros humanos, o caráter brincalhão, a capacidade de manter uma forma rudimentar de relacionamento — são todas propriedades emergentes da vida. Simplesmente não há como olharmos para os trilhões e trilhões de diferentes átomos na constituição primitiva deste planeta e concluir: "Finalmente, vamos chegar ao gato!". Em cada grande estágio da evolução, passam a existir novas, imprevisíveis propriedades emergentes.

A ideia de emergência é ainda mais atraente porque passa no teste do "senso comum". Leva em conta a noção de que as coisas que consideramos bastante importantes em nossa vida diária — por exemplo, o livre-arbítrio —, não são simplesmente ilusões fantasiosas que nos estimulam a imaginar erroneamente que a vida tenha uma qualidade vital, mental ou espiritual, quando, de fato, tudo é redutível às interações de partículas físicas. Não, esses estágios emergentes constituem novidade autêntica, categorias da existência que operam com novas propriedades e novos poderes causais. E a emergência também sugere um universo que tem uma "tendência ascendente aberta", como alguns têm mencionado, significando que não há razão para pensar que modos emergentes de ser vão parar na evolução da mentalidade humana. Que novas qualidades e características a evolução tem reservadas para o próximo nível de emergência? Que tipo de categorias supramentais ou transmentais nos espera, à medida que esse processo imprevisível se desenvolve?

Ao mesmo tempo, a emergência é uma daquelas ideias que podem ser num instante emocionantes e logo depois sombrias. Pode ser às vezes utilizada em excesso como resposta aos muitos enigmas com que nos defrontamos ao contemplar a trajetória da evolução. Tenho visto a ideia se tornar uma espécie de pseudoexplicação de um fenômeno, versão nova e melhorada de "foi Deus que fez". Como a consciência humana evoluiu? Humm [...] *emergência!* Ótimo, mas explicamos realmente alguma coisa?

Então, embora a ideia de emergência não deva ser confundida com uma explicação da originalidade da natureza, ela de fato ajuda a identificar verdades atuais sobre o processo evolucionário que é indispensável examinar. Ela designa a maravilhosa criatividade de nossa história cósmica — capacidades radicalmente novas e níveis mais elevados de ser *de fato* surgem neste universo maravilhoso. E isso traz à superfície realidades que sempre foram importantes, tanto na teologia quanto na ciência — tipo como e por que os seres humanos parecem únicos entre os habitantes da natureza.

A emergência, então, é um modo de podermos começar a dar legitimidade às verdadeiras qualidades presentes nesse impressionante circuito de desenvolvimento evolucionário — da matéria à vida, da vida à mente e [...] o que mais? Para alguns teólogos, Deus é o próximo nível na sequência, a próxima qualidade emergente na progressão teleológica natural da evolução cósmica, em que consciência, mente, perspectiva, liberdade, iniciativa e criatividade estão todas se aprofundando em qualidade e quantidade. Mas, sem dúvida, isso não é a antiga concepção de divindade. E levanta mais do que umas poucas questões. Se Deus existe no fim do processo, o que, seja o que for, existe antes? Se Deus está sendo criado no processo da evolução, como pode ele ou ela ser o criador? Se Deus é perfeito, como santo Tomás de Aquino um dia afirmou, como pode ele ou ela estar de alguma forma envolvido num processo que está sempre longe da perfeição?

O PARADOXO DA PERFEIÇÃO NUM UNIVERSO INACABADO

Um dos grandes enigmas teológicos e místicos girou sempre em torno da perfeição de Deus. De fato, parte do verdadeiro poder espiritual e da beleza de uma perspectiva teísta é a experiência que tem o devoto de uma presença divina espiritualmente integral e completa. Poderíamos dizer que grande parte do poder intrínseco de uma abordagem teísta do espírito gira em torno dessa relação profunda entre a natureza finita da pessoa e a perfeição infinita, completa, de Deus, "de quem fluem todas as bênçãos" (como eu cantava no coro da igreja na minha infância). A essência mesma do impulso teísta e místico está expresso nessa ânsia primordial do eu individual pela libertação da limitação, finitude e parcialidade da vida encarnada. É uma ânsia insatisfeita pela completude e perfeição, pela liberação das vicissitudes dos opostos num mundo criado, que é sempre *isto* ou *aquilo*, onde sofremos e nos empenhamos sem jamais chegar. Na verdade, através das eras, grandes vultos religiosos, incluindo santo Agostinho, citaram essa mesma ânsia como a melhor prova da existência de Deus. Como o teólogo John Haught expressa de forma tão bela, "temos um buraco no formato de Deus no centro do nosso ser". A ânsia encontra seu ponto natural de repouso no encontro com seu oposto — a "profundeza inesgotável e infinita" do ser de Deus.

Lembro de uma conversa que tive uma vez com um sacerdote ortodoxo grego numa igreja em Boston. A certa altura, durante as várias horas que passamos discutindo a vida sagrada, ele me olhou com grande intensidade e disse: "Você tem de compreender que Deus é *incriado*". Estava expressando uma interpretação tradicional da divindade, na qual a perfeição divina do incriado não é empanada pela natureza relativa da criação. Contudo, um cosmos que está evoluindo é, por sua própria natureza, o oposto dessa divindade incriada. O mundo de criação, de tempo, espaço e causação, não é perfeito nem completo, mas perpetuamente inacabado. Assim, o desafio para os teólogos e todos os que se preocupam com o destino da divindade numa era científica é explicar o que a perfeição intrínseca e transcendente do ser de Deus tem a ver com o mundo extremamente imperfeito, incompleto, do vir a ser que todos nós compartilhamos. Em certo sentido, isso tem sido sempre o fardo posto sobre uma visão do mundo centrada em Deus. Só que, agora, o desafio não é apenas explicar um mundo de transitoriedade, impermanência e mudança, mas também um cosmos que está evoluindo, que está se movendo, que está indo para algum lugar. E o desafio desse enigma teológico só tem se tornado mais agudo num mundo em que nosso conhecimento da riqueza e incrível beleza da natureza parece aumentar a cada dia, enquanto nossa ligação com uma presença teísta transcendente parece, simultaneamente, se tornar mais efêmera e teórica.

Contribuindo com esse desafio para a teologia está o modelo teísta ortodoxo, que sugere que o mundo é um reino caído, mera sombra do divino — um lugar onde devemos sofrer até o fim e resistir, um lugar que testa nossa índole moral, mas está longe do seio de Deus. Grande parte da teologia cristã foi originalmente influenciada por Platão e o pensamento neoplatônico, que sustentava que o mundo material era imperfeito porque existe num estado de fluxo e mudança imprevisíveis, antagônicos à ordem e perfeição imutáveis de Deus. Não deveríamos olhar para a inconstância indigna de confiança do mundo como nosso modelo para a contemplação divina, mas para cima, para a "estabilidade dos céus".

Nos dias de hoje, em vez de inspirar as pessoas a contemplar a estabilidade dos céus, essa perspectiva tende a estimulá-las a deixar inteiramente o teísmo — abandonando a igreja como uma relíquia, uma instituição histórica que perdeu o pulsar do espírito na era moderna. E, assim, a questão teológica permanece. O que noções como infinito, perfeição e completude significam numa época evolucionária?

Uma alternativa à cisão tradicional entre Deus e o mundo é o ponto de vista do panenteísmo, um termo que Clayton sugere ter sido usado pela primeira vez por Schelling. É a concepção de que Deus, ou a divindade, é intrínseca ao mundo natural, mas não está *limitada* ao mundo natural. Deus é ao mesmo tempo imanente e transcendente. O panenteísmo não deve ser confundido com o *panteísmo*, a ideia de que a natureza é Deus. Muitos cientistas flertam com uma visão panteísta da natureza, encontrando um profundo senso de reverência e sustento espiritual na contemplação dos prodígios do mundo natural. Foi Spinoza quem disse "*Deus sive Natura*" — Deus não está separado da natureza. Ouvimos ecos desta visão nas meditações dos românticos, mas também em cientistas como Einstein, que disse que acreditava no Deus de Spinoza. Também ouvimos isso em muitos dos evolucionários que foram mencionados nestas páginas — Sagan, Swimme, Kauffman e outros.

O panenteísmo, por outro lado, retém a qualidade transcendente de Deus, mas abre espaço para que o profundo mistério de Deus seja também revelado na beleza e majestade da natureza. Contudo, isso ainda nos deixa diante de um enigma. Como poderia um mundo onde Deus é imanente ser imperfeito, incompleto e tão cheio de conflito e sofrimento? Os teólogos têm tratado dessas questões de muitas formas no decorrer dos séculos, mas, com o advento de uma perspectiva evolucionária, se revela uma compreensão muito mais satisfatória da relação entre um Deus incriado e a criação.

"Existe algo como fundamento de todas as coisas e a noção de fundamento é a mais elementar noção metafísica comum às tradições do mundo", sugere Clayton. "Algo emerge daí, influenciado por esse fundamento, algo que também provoca uma plenitude de experiência que não pode ser realizada à parte do processo evolucionário." Essa noção de "fundamento" tem sido defendida por muitos filósofos e teólogos no decorrer dos anos, incluindo Schelling, mas talvez, de forma ainda mais notável, pelo teólogo protestante do século XX, Paul Tillich, que disse que Deus não era um ser, mas o fundamento de todo ser.

Contudo, assim que deixamos para trás esse fundamento perfeito, entramos no reino criado, no cosmos de tempo e espaço, um mundo finito de limitação, luta, dor e sofrimento. Segundo a teologia evolucionária, não estamos nos retirando para um mundo inferior, sombrio, caído, longe do espírito de Deus, mas, ao contrário, avançando para uma nova dimensão da divindade. Estamos entrando num vasto processo de transformação e emergência, que também *não está separado do ser de Deus.* Deus está se tornando mais rico, mais completo, mais universal por meio da experiência do vir a ser do mundo. E, assim, as limitações deste mundo manifesto não são tanto uma indicação de sua separação de Deus, como a teologia um dia concebeu, mas uma expressão do próprio desejo íntimo de Deus, de se tornar maior, mais rico, mais pleno e completo. O mal, o conflito e o sofrimento não são sinais da ausência da divindade; indicam, sim, a natureza inacabada do universo criado. E, como indivíduos deste universo, temos cada um a capacidade de participar da luta para realizar o ser futuro de Deus, que transcende e inclui nosso próprio ser, no processo emergente, criativo, de evolução. A evolução emergente, poderíamos dizer, é o sinal esboçado da divindade, são os sucessivos toques do espírito nos processos da matéria, à medida que o próprio ser de Deus se desenvolve ao longo do arco do vir a ser cósmico.

"A personalidade plena de Deus não preexiste ao mundo, como as tradições costumavam ensinar", Clayton me falou. "Eu diria, ao contrário, que alguma coisa não está completa em Deus, a plenitude da experiência divina não está completa. E, assim, o processo evolucionário é desencadeado e Deus vem [mais] a ser através desse processo."

As palavras de Clayton me fizeram lembrar de outro defensor original do Deus teísta com quem, alguns meses antes, eu tivera o prazer de passar algum tempo: John Haught, um teólogo católico da Universidade de Georgetown. Haught fala facilmente a linguagem de fé, Deus e crença, mas é também um importante ator no projeto mais amplo de forjar uma espiritualidade evolucionária. Como tantas vozes neste livro, foi inspirado por Teilhard de Chardin. De fato, de todos os evolucionários que encontrei, talvez seja Haught quem esteja mais próximo de representar a grande visão teológica do jesuíta.

"Teilhard foi um dos primeiros cientistas do século XX a tomar consciência de que o universo é uma história", Haught me explicou. "Não é só um lugar de imperfeição, mas um lugar de criatividade e transformação. Isso significa que não podemos mais olhar espacialmente para outro lugar para encontrar a perfeição que estamos procurando. Temos de olhar para o futuro. O futuro tornou-se, para Teilhard, o lugar para onde erguemos nossos olhos e nosso coração, para ter alguma coisa a que aspirar."

Haught encara a parte *theos* de sua teologia com muita seriedade. Expressa seu desapontamento com filósofos evolucionários mais panteístas, que estão inclinados a falar sobre a divindade imanente na natureza, mas se esquivam a falar de Deus e da transcendência que tal palavra implica. Mas ele também deixou claro, inúmeras vezes, que não há nada de antiquado no que pretende dizer, ao usar esse termo antigo. Para Haught, como para Clayton, Deus está intimamente envolvido nos processos de evolução. "A teologia evolucionária sugere que o corpo de Cristo, que, num sentido real, inclui todo o cosmos, está ainda no processo de ser formado", ele escreve. E refletindo a mudança que vimos nas tradições de inspiração oriental de Aurobindo e Cohen, que redefiniram de modo similar o objetivo da libertação espiritual, ele reconfigura a noção cristã de salvação: "Com demasiada frequência, temos pensado que o papel salvífico de Cristo é o de libertar nossas almas *do* universo, em vez de nos fazer participar do grande trabalho de renovar e expandir a criação de Deus".

"O mundo deve ter um Deus; mas nosso conceito de Deus deve ser ampliado à medida que as dimensões de nosso mundo são ampliadas", escreveu Teilhard, quase um século atrás. Ele previu que as religiões que sobreviveriam seriam as que estivessem dispostas a desenvolver formas de suas tradições que adotassem organicamente a realidade de uma visão de mundo evolucionária. Depois de conversar com Haught e Clayton, acho que comecei a compreender melhor a clareza da previsão de Teilhard. Na verdade, assim como um Deus que vive na natureza e através dela poderia ter sido, há milhares de anos, a forma mais relevante de divindade para uma tribo caçadora-coletora inserida nos ciclos do mundo natural; e como um Deus transcendente que oferecesse paz, repouso e redenção infinitos, além do tempo e do mundo, poderia ter perfeito sentido para as vidas "ruins, selvagens e curtas" de nossos antepassados, uma concepção evolucionária de Deus se ajusta como luva ao mundo globalizante, de rápida mudança, de complexidade em rápido aumento de nosso tempo. A consciência de nossa época apela para uma divindade que viva não apenas na incrível beleza da natureza ou na eterna quietude do momento presente, mas também no potencial criativo desconhecido que existe no misterioso espaço do futuro. "O futuro é o lugar primário de habitação de Deus", escreve Haught. Alongando-se sobre esse tema em nossas conversas, ele expressou o que é, talvez, a ideia central de uma teologia evolucionária: "Deus não está *lá em cima*, mas, antes, *lá na frente*. Em outras palavras, tudo o que acontece no universo é antecipatório. O mundo repousa sobre o futuro. E se poderia dizer que Deus é aquele que tem o futuro em Sua própria essência".

Alguns evolucionários podem sempre achar que a noção de um Deus não é mais necessária — descartando a divindade como relíquia obsoleta da velha visão de mundo estática. Mas para aqueles que sentem o antiquíssimo puxão para o infinito ainda arrastando seus corações, que são instigados pelo inquieto anseio pela infinitude, esses teólogos evolucionários proporcionam uma nova e profundamente satisfatória visão do divino. Estão traçando novas e convincentes conexões entre Deus, o fundamento do ser, a emergência evolucionária, a consciência, o *telos* e o futuro. Deles é um Deus que não sucumbe ao encanto da solidez, uma divindade que é evolutivamente inspirada, orientada para o futuro, e de caráter universal. E manter esse Deus vivo em nosso coração pode ser importante para livrar a espiritualidade evolucionária de sua tendência a cair no panteísmo ou, em certos casos, no naturalismo. Podemos tocar essa forma de divindade não só na intuição mística de um reino transcendente do ser, mas em nossos próprios esforços de *vir a ser*, de dar origem a algo melhor, mais verdadeiro e mais belo nos processos mesmos do vir a ser do universo — e, em última análise, de nós mesmos.

Capítulo 16

PEREGRINOS DO FUTURO

Em cada grande época, há alguma ideia única em ação, que é mais poderosa que qualquer outra e que molda os acontecimentos do tempo e determina seus resultados finais.

— *Henry Thomas Buckle,* introdução à
História da Civilização na Inglaterra

Recentemente, tive a oportunidade de passar algum tempo com uma pessoa que conheceu Teilhard de Chardin. Jean Houston é uma mestra global, ensaísta, ficcionista e evolucionária, tudo contido numa só pessoa, e a história que ela conta de sua iniciação numa visão de mundo evolucionária é verdadeiramente mítica. Aos 14 anos de idade, estava vivendo em Manhattan, filha angustiada de pais recentemente divorciados. Certo dia, quando corria para a escola, chocou-se acidentalmente, de cabeça, com um senhor idoso, que lhe perguntou num carregado sotaque francês: "Está planejando passar o resto da vida correndo desse jeito?" "Sim!", ela conseguiu responder, disparando pela Park Avenue. "*Bon voyage!*", gritou o novo conhecido.

A colisão acidental acabaria se revelando um momento decisivo na vida da jovem, abrindo caminho para uma improvável amizade. A segunda vez que encontrou o homem foi na semana seguinte, quando passeava com o cachorro. Ele a reconheceu de imediato e começaram a conversar. Não demorou muito para ela perceber que aquele homem não era um adulto comum. Não tinha "acanhamento", ela lembra, e parecia estar "sempre num estado de assombro e admiração". Incapaz de decorar o complicado nome francês, chamava-o simplesmente de "Mr. Tayer". Mas, de alguma forma, sua mente de 14 anos era suficientemente perceptiva para compreender que estava na presença de uma estrela de primeira e que as conversas com "Mr. Tayer" seriam dignas de ser lembradas e anotadas.

Ele ensinou-lhe muita coisa em caminhadas no Central Park durante os dois anos seguintes. Ela se recorda de como encheu sua mente jovem com visões de "espirais, natureza e arte, conchas de caracol e galáxias, o labirinto no chão da catedral de Chartres, a rosácea e as convoluções do cérebro, o remoinho de flores e a circulação do sangue do coração. Tudo foi englobado num grande hino à evolução em espiral do espírito e matéria".

A última vez que o viu foi na primavera de 1955, no domingo antes da Páscoa. A certa altura, durante a conversa, reuniu coragem para fazer uma pergunta sobre ele próprio. A resposta ficaria para sempre gravada em sua mente: "Acredito que sou um peregrino do futuro", o homem lhe disse. "Jean, as pessoas de sua época, lá para o fim deste século, estarão assumindo o leme do mundo. Continue sempre fiel a si mesma, mas se mova sempre para cima, para maior consciência e maior amor."

"Essas foram as últimas palavras que me disse", ela recorda. "Depois ele falou: '*Au revoir*'."

Durante semanas, Jean retornou ao Central Park e esperou em vão por ele. Só anos mais tarde, quando alguém lhe deu um livro chamado *O Fenômeno Humano*, as peças se encaixaram. Ali, na contracapa, estava o rosto inconfundível de Mr. Tayer. Teilhard de Chardin fora seu mentor e tinha morrido no domingo de Páscoa de 1955. Ela construiria uma vida notável, fazendo jus às lições que aprendera naquelas caminhadas mágicas no Central Park.

Peregrinos do futuro. É um modo perfeito de descrever os evolucionários deste livro. O peregrino é uma pessoa que vem de longe, viajando em busca de um lugar sagrado. Nesse caso, esse destino de peregrinação não é um lugar físico, mas uma possibilidade psíquica, cultural e cósmica — o ainda-não-realizado potencial do futuro. Ser evolucionário significa ultrapassar os limites do que já ocorreu, ver-se viajando para um território incriado. E acho que todos os evolucionários deste livro, independentemente de suas convicções espirituais ou religiosas, se sentiriam à vontade com essa caracterização de sua vida e trabalho.

Do mesmo modo como os sacerdotes foram, um dia, incumbidos de interpretar o mundo mítico, metafísico, e os cientistas estão culturalmente destinados a nos ajudar a compreender o mundo natural, propus nestas páginas que "evolucionários" ainda é o melhor termo para descrever aqueles indivíduos que se sentem chamados a iluminar e interpretar as muitas dimensões do universo evolucionário em que nos encontramos vivendo.

Espero que tenha ficado claro como essa atividade, essa apreensão multidimensional de um contexto evolucionário, sempre nos aponta para o futuro. Não esqueça que identifiquei a frase "*estamos em movimento*" como a proposição elementar de uma visão de mundo evolucionária. E o que fazemos quando nos vemos montados numa coisa que está em movimento? Nós imediatamente e instintivamente olhamos para a frente. Concentramo-nos na direção do movimento, para ver aonde estamos indo, que possíveis desafios se encontram em nosso caminho. Quando se trata da evolução, no entanto, não estamos olhando à frente no espaço, estamos olhando à frente *no tempo*. Evolucionários podem cavar fundo no passado e explorar a dinâmica de nosso mundo de múltiplos ângulos, mas a natureza mesma de uma visão de mundo evolucionária indica que a bússola interior acaba sempre descansando com a agulha apontando para o futuro.

Houve uma época, há 200 anos, em que a palavra "cientista" ainda não era um conceito formado na mente coletiva. A moderna atividade da ciência era ainda recente demais para requerer uma tal designação. "Filósofo natural" era o termo em uso para descrever os cientistas daquele tempo, uma expressão que estava mais enraizada no mundo pré-moderno e não chegava, realmente, a captar as buscas objetivas, experimentais, da ciência. Hoje, é claro, a distinção parece evidente; no início do século XIX era uma intuição mal formada.

Se "evolucionários" chega de fato a captar o espaço mental da cultura e vai sobreviver como designação, só o tempo dirá. Mas espero que o leitor tenha sido capaz de apreciar, no decorrer deste livro, como é significativa esta nova lente por meio da qual podemos examinar a natureza da consciência, da cultura e do cosmos. E espero que tenha ficado claro até que ponto a evolução, como ideia, se expandiu para além da moldura de Darwin. A ideia se tornou viral e escapou dos muros da biologia, iluminando inúmeros campos, transformando muito mais do que nosso modo de pensar em mosca-das-frutas e fósseis. Podemos, certamente, ainda levar em conta a noção testada pelo tempo e cientificamente verificada de que a evolução está acontecendo no nível do gene. Mas, como estas páginas mostraram, em ciência, cultura e espiritualidade, a evolução passou a significar muito mais. À medida que progredimos pelo livro, capítulo após capítulo, examinamos a evolução da cooperação, da iniciativa, da tecnologia, da informação, das visões de mundo, da consciência, da perspectiva, da criatividade, de Deus e da própria evolução. A inegável difusão de uma visão de mundo evolucionária está refletida nessa lista. A evolução é um metaconceito promíscuo, que rompe compartimentos intelectuais e integra-se a várias disciplinas. É verdadeiramente "uma curva que todas as linhas têm de seguir".

Hoje, podemos ver como o encanto da solidez está sendo despedaçado numa disciplina atrás da outra. O resultado tem sido uma longa, lenta revelação de que o solo sob nossos pés está se movendo para a frente na história. Estamos no meio da mudança memorável de um mundo de inércia para um mundo de movimento constante, de um universo de ser estático para um de criativo vir a ser, de um cosmos composto de matéria inerte para um feito de eventos em movimento. E quando adicionarmos esse novo senso de temporalidade ao universo, e ele ficar mais integrado aos padrões de nossa percepção, informando nossa visão de mundo cultural e reestruturando nossa psicologia e neurologia, uma nova vivência do mundo se revelará.

Sei que, para os que julgaram as ideias destas páginas gratificantes, mais cedo ou mais tarde surgirão dúvidas sobre como se faz para aplicá-las a um mundo que está desesperadamente necessitado de muitos dos princípios evolucionários e qualidades individuais descritos aqui. Admiro essa motivação. Quando começamos a internalizar as ideias de uma visão de mundo evolucionária e a questionar, legitimamente, o encanto da solidez que séculos de condicionamento cultural têm lançado sobre nossa consciência, o resultado é vigorosamente libertador. E o senso de possibilidade que surge do outro lado de tal experiência é inebriante. Eu só lembraria que absorver realmente essas ideias é mudar as estruturas mais profundas de si mesmo, talvez irrevogavelmente. Isso não acontece num dia, num momento de revelação, ou em cinco passos simples. Exige tempo, consideração, contemplação, deliberação e introspecção. Temos de estar dispostos a pôr em risco nossos modos estabelecidos de conhecer e ver o mundo ao nosso redor. Temos de encontrar a coragem e a autenticidade para não nos contentarmos com explosões superficiais de inspiração ou surtos temporários de percepção, mas ir ao encalço dessas ideias até os interiores mais profundos do eu, onde novas perspectivas criam raízes e novas visões de mundo se formam. Se você quer aplicar essas ideias, é por aí que tem de começar.

Hoje, muita gente perdeu a fé na força do pensamento profundo, na capacidade de novas percepções e verdades emergentes para mudar nossos corações e mentes, para tornar a inspirar e reorganizar de forma radical nossas categorias de consciência. E essas pessoas estão cada vez mais convencidas de que, quando se trata dos problemas de nossa sociedade global, já temos, fundamentalmente, as respostas. Só o que falta, acreditam elas, são os recursos práticos, as instituições ou a vontade coletiva e o poder político para aplicá-las. Compreendo a frustração, mas sugeriria que se trata da frustração de uma visão de mundo estática — que não abre a possibilidade de evolução genuína, seja no mundo que estão vendo, ou, pior ainda, na lente através da qual o estão vendo. Espero que este livro tenha começado a desafiar essas convicções.

Estou convencido de que a emergência de uma visão de mundo evolucionária tem o potencial de provocar um efeito benéfico sobre todos os níveis da sociedade nas próximas décadas e séculos. Mas, assim como levou tempo para as ideias essenciais do iluminismo europeu abrirem caminho para as liberdades políticas e sociais que hoje desfrutamos com tanta naturalidade, levará tempo para as percepções centrais da visão de mundo evolucionária desdobrarem-se nas aplicações políticas e sociais que darão conta, mais diretamente, dos desafios globais que presentemente enfrentamos.

De fato, eu sugeriria que muitas das ideias destacadas neste livro estão mais próximas do centro dessa visão de mundo emergente. Não inteiramente práticas, elas ajudam a definir o espaço em que expressões mais pragmáticas podem ser forjadas no correr do tempo. Há, sem dúvida, muitos livros a serem escritos sobre o modo como as ideias evolucionárias influenciarão a psicologia, a política, a mudança social, a história, a economia, o direito e muitos outros campos. Aguardo ansiosamente para ler esses livros. Talvez eu mesmo escreva um deles. O poder dessas obras, no entanto, ainda residirá na disposição dos autores de investir o tempo e o compromisso pessoal necessários para tratar da verdade dessas ideias, para quebrar, neles próprios, o encanto da solidez, e tão profundamente que suas próprias perspectivas jamais poderiam permanecer as mesmas. Então, e só então, estarão ajudando a criar os padrões e práticas que ajudarão a definir e a construir essa nova visão de mundo.

Como Teilhard, eu aspiro a ser um peregrino do futuro. Tenho grande confiança no poder e no potencial desta nova visão de mundo. Acredito, genuinamente, que ela pode energizar de forma espetacular nossa sociedade e fornecer uma trilha para o futuro, em harmonia com o que há de melhor na cultura humana. Não estou sozinho nessa convicção. Na verdade, a parte mais empolgante de escrever um livro como este tem sido a oportunidade de passar algum tempo na companhia de muitos outros que compartilham uma paixão pelo mesmo projeto cultural. Como mencionei já no primeiro capítulo, não há absolutamente nada "solo" nesse esforço. Construir uma visão de mundo evolucionária que tenha autêntica ressonância cultural no século XXI é um gigantesco empreendimento, requerendo a ajuda de todos que, inspirados pela beleza dessa visão evolucionária, transformaram-na em parte significativa da missão de suas vidas. Ao contrário de Teilhard, Huxley, Aurobindo, Whitehead, Gebser, Bergson, Baldwin e outros, os evolucionários de hoje não são tochas solitárias brilhando intensamente numa noite escura como breu. São parte de um movimento maior — um movimento jovem, não estruturado, variado, mas com grande horizonte e significado cultural. Espero que este livro ajude a galvanizar e unificar os que já estão dando forma a esse campo e inspire uma nova geração de evolucionários a ver como são convincentes, satisfatórias e culturalmente relevantes as ideias que estão no centro dessa visão de mundo emergente. No século passado, como Teilhard previu, assumimos o leme do mundo. Possa a exuberante criatividade da natureza guiar nossas mãos. Correndo atrás de nossa paixão pelo possível, encontraremos o futuro da evolução.

AGRADECIMENTOS

Primeiro, quero agradecer a minha criativa parceira e consultora editorial, Ellen Daly (que por acaso é também minha esposa), pelo extraordinário envolvimento neste projeto, da proposta inicial à publicação, que realmente tornou tudo possível. Quero estender a gratidão a minha agente, Natasha Kern, cujo lúcido conselho e encorajamento tiveram uma importância inestimável por entre os altos e baixos do processo editorial, e a meu editor, extremamente competente, da Harper Perennial, Peter Hubbard, por acreditar no projeto e reconhecer que, em algum lugar entre a ciência rigorosa e a espiritualidade popular, há mensagens sérias que merecem atenção.

Este livro jamais teria existido sem a voragem estimulante, desafiadora, criativa, que compartilhei com meus grandes amigos e colegas da *EnlightenNext*, ajudando a alimentar as ideias que estão no centro de uma visão de mundo evolucionária. Também estou grato pelo tempo e espaço que generosamente me concederam — e o trabalho extra com que arcaram — para permitir que eu me concentrasse no projeto. Quero expressar meu reconhecimento por todos os evolucionários que tão amavelmente compartilharam comigo seus pensamentos, histórias e visões inspiradores na pesquisa para este livro. É também importante reconhecer que o título do livro foi produto da notável previsão e célebre magia de Kevin Clark, que (como fez com uma série de outros títulos) cunhou independentemente o termo "evolucionários" e apresentou-me a ele. Outra nota de gratidão vai para Patrick Bryson, cuja contribuição criativa e conselho foram essenciais para que se chegasse a um satisfatório projeto de capa. Houve também muitos indivíduos que doaram generosamente tempo e energia para rever o manuscrito e dar retorno — incluindo Elizabeth Debold, Steve McIntosh, Connie Barlow, Tom Huston, Ross Robertson e Michael Dowd. A generosidade de Melissa Hoffman foi importante para este livro e estou grato pelo espaço isolado para escrever que ela providenciou em momentos cruciais ao longo do caminho.

Finalmente, quero agradecer a duas influências decisivas em minha vida e trabalho. Primeiro a minha mãe, Mona Phipps, e a meu falecido pai, Kent Phipps, que sempre me encorajaram a pensar seriamente sobre as questões mais importantes da vida e generosamente me deram espaço para correr atrás dessas questões, mesmo seguindo caminhos não convencionais. E em segundo lugar, a meu mestre e mentor espiritual, Andrew Cohen, pelo contínuo apoio e entusiasmo, e por inflamar, neste coração, um fogo evolucionário que só ficou mais brilhante no decorrer dos muitos anos de nosso trabalho e amizade.

NOTAS

INTRODUÇÃO

12 **Se os especialistas em pesquisa devem ser levados a sério:** pesquisa da *Newsweek* conduzida por Princeton Survey Research Associates International, *Newsweek*, 28/29 de março de 2007.

13 **"um palpite lento":** Johnson, Steven. *Where Good Ideas Come From* (Nova York: Riverhead, 2010), 78.

PRÓLOGO

20 **"O homem evolucionário não pode mais se refugiar":** Huxley, Julian. "The Evolutionary Vision" em Tax, Sol e Callender, Charles orgs. *Evolution After Darwin* (Chicago: University of Chicago Press, 1960), 252-53, 260.

CAPÍTULO 1

24 **Quando perguntaram ao historiador Will Durant:** Durant, Will. *The Greatest Minds and Ideas of All Time*, org. John Little (Nova York: Simon & Schuster, 2002), 1.

26 **"Nada faz sentido em biologia":** Dobzhansky, Theodore. *American Biology Teacher* vol. 35, nº 3 (março de 1973), 125-29.

27 **"A evolução é uma teoria":** Teilhard de Chardin, Pierre. *The Phenomenon of Man* (Nova York: Harper Perennial, 2008), 219.

27 **"Uma filosofia desse tipo":** Bergson, Henri. *Creative Evolution* (Mineola, N.Y.: Dover Publications, 1998), xiv.

28 **"Há uma certa dúvida":** Kauffman, Stuart. *Reinventing the Sacred* (Nova York: Basic Books, 2008), 76.

31 **"Embora nós, pós-modernos, afirmemos detestar":** Brooks, David. "The Age of Darwin", *New York Times*, 16 de abril de 2007.

35 **"Você tem uma explosão":** em Huston, Tom. "Looking Back to the Beginning", *What is Enlightenment?* nº 26, agosto-outubro de 2004, 27.

CAPÍTULO 2

37 **"O que nossa consciência nos entrega":** Wilber, Ken. "God's Playing a New Game", *What Is Enlightenment?* nº 33, junho-agosto de 2006, 69.

37 **"Uma visão de mundo é um sistema":** Aerts, D. *et al.*. *World Views: From Fragmentation to Integration* (Bruxelas: VUB Press, 1994), acessado em outubro de 2011, www.vub.ac.be/CLEA/pub/books/worldviews.

37 **"como as fundações de uma casa":** Wright. N. T. *The New Testament and the People of God* (Mineápolis: Fortress Press, 1992), 125.

39 **"No centro de cada visão de mundo":** Halverson, William H. *A Concise Introduction to Philosophy* (Nova York: Random House, 1976), 384.

39 **"O conflito inicia-se no dia":** Teilhard de Chardin, Pierre. *The Future of Man* (Nova York: Image Books, 2004), 1.

43 **"A vida em geral é mobilidade":** Bergson, Henri. *Creative Evolution* (Mineola, N.Y.: Dover Publications, 1998), 128.

43 **"Falácia da falsa concretude":** Whitehead, Alfred North. *Science and the Modern World* (Nova York: Free Press, 1997), 51.

44 **"A permanência se foi":** Eisendrath, Craig. *At War With Time* (Nova York: Allworth Press, 2003), 243.

CAPÍTULO 3

47 **"As pessoas mais preparadas":** Eisendrath, Craig. *At War With Time* (Nova York: Allworth Press, 2003), 106.

48 **"biobalbucio":** Krugman, Paul. "The Power of Biobabble", revista *Slate*, 24 de outubro de 1997.

48 **"para falar da cultura como um todo":** Eisendrath, Craig. *At War With Time*, 107.

49 **"Grande erradicação":** Taylor, Charles. *A Secular Age* (Cambridge, MA: Harvard University Press, 2007), 146-58.

50 **"Nada em particular":** em Solomon, Robert C. *In the Spirit of Hegel* (Nova York: Oxford University Press, 1983), 338.

51 **"[Há] aqui também uma necessidade crescente":** em Christian, David. *Big History* (Berkeley: University of California Press, 2005), 3-4.

51 **"O reducionismo sozinho não é adequado":** Kauffman, Stuart. *Reinventing the Sacred* (Nova York: Basic Books, 2008), 3.

52 **"Os domínios que se sobrepõem":** Gardner, James N. *Biocosm* (Makawao, Havaí: Inner Ocean Publishing, 2003), 226.

53 **"Nossa preocupação é com a integralidade":** Gebser, Jean. *The Ever-Present Origin* (Athens, Ohio: Ohio University Press, 1986), 3.

53 **"Síntese súbita e simples":** Joyce, James. *Stephen Hero* (Nova York: New Directions, 1963), 212.

55 **"Assim como separamos no espaço":** Bergson, Henri. *Creative Evolution* (Mineola, N.Y.: Dover Publications, 1998), 163.

CAPÍTULO 4

64 **O trabalho de Margulis sobre essa nova teoria:** Sagan, Lynn. "On the Origin of Mitosing Cells", *Journal of Theoretical Biology* 14 (1967), 3:255-74.

64 **"Os animais são muito tardios":** Margulis, Lynn. "Gaia Is a Tough Bitch", em Brockman, John, org., *The Third Culture: Beyond the Scientific Revolution* (Nova York: Simon & Schuster, 1995), 130.

65 **"Meu maior interesse":** *Ibid.*, 136.

65 **"Três bilhões de anos de não acontecimentos":** Wright, Karen. "When Life was Odd", *Discover*, março de 1997, 53.

65 **"uma seita religiosa sem grande importância do século XX":** em Mann, C. "Lynn Margulis: Science's Unruly Earth Mother", *Science* 252, 380.

66 **"As minúsculas arqueobactérias":** Sahthouris, Elisabet. "The Wisdom of Living Systems", *What Is Enlightenment?* nº 23, primavera/verão 2003, 20.

67 **"Antes da nossa nova onda de conhecimento":** Sahtouris, Elisabet. "The Evolving Story of our Evolving Earth", relatório apresentado no workshop da Foundation for the Future, "How Evolution Works" (Seattle, Wash., 4 e 5 de novembro de 1999), acessado em outubro de 2011, http://www.ratical.org/LifeWeb/Articles/H3Kevolv.

68 **"A beleza estética destas":** Ben-Jacob, Eshel. "Bacteria Harnessing Complexity", *Biofilms* vol. 1, nº 4, outubro de 2004 (Cambridge, UK: Cambridge University Press), 241.

70 **"holocausto tóxico-poluente":** Bloom, Howard. *The Global Brain* (Nova York: Wiley, 2000), 22.

70 **"Como apareceu a célula eucariótica":** Margulis, Lynn. "Gaia Is a Tough Bitch", 137.

74 **"Desde a origem da biologia evolucionária"**: Roughgarden, Joan. *The Genial Gene: Deconstructing Darwinian Selfishness* (Berkeley, Calif.: University of California Press, 2009), 235.

75 **"Somos mecanismos de sobrevivência":** em Broom, Donald M. *The Evolution of Morality and Religion* (Cambridge, UK: Cambridge University Press, 2003), 197.

75 **"Seleção social":** Roughgarden, Joan. *The Genial Gene*, 61.

77 **"E então, humanos, quando vão aprender":** *Men in Black*, direção de Barry Sonnenfeld, Amblin Entertainment, 1997.

77 **"Fiquei tão sensibilizado pelo":** Thompson, William Irwin. *Coming Into Being* (Nova York: Palgrave MacMillan, 1998), 18.

79 **"A evolução não é uma árvore familiar linear":** Margulis, Lynn e Sagan, Dorion. *What Is Life?* (Berkeley, Calif.: University of California Press, 2000), 93.

CAPÍTULO 5

86 **"Que a biologia pode ser cooptada":** Morris, Simon Conway. *Life's Solution* (Cambridge, UK: Cambridge University Press, 2004), 323.

86 **"O prestígio da pesquisa evolucionária":** Mayr, Ernst, em carta a G. G. Ferris, 28 de março de 1948, em Ruse, Michael e Travis, Joseph. *Evolution: The First Four Billion Years* (Cambridge, Mass.: Belknap Press, 2009), 35.

87 **"O século XX foi um grande campo de sepultamento":** Salvadori, Massimo. *Progress: Can We Do Without It?* (Londres: Zed Books, 2008), 99.

88 **"[Ele] rapidamente aprendeu":** Wilson, David Sloan. *Evolution for Everyone* (Nova York: Delacorte Press, 2007), 191.

88 **"nociva, culturalmente implantada":** Gould, Stephen J., em Nitecki, M. H., org., *Evolutionary Progress* (Chicago: University of Chicago Press, 1988), 319.

89 **"Repita a fita da vida":** Morris, Simon Conway. *Life's Solution*, 282.

93 **"A cooperação só emerge quando a evolução":** Stewart, John. "The Evolutionary Manifesto: Our Role in the Future Evolution of Life" (6 de junho de 2008): 8, acessado em setembro de 2010, http://www.evolutionarymanifesto.com/man.pdf.

96 **"evolucionários intencionais":** *Ibid.*

96 **"a quase erradicação":** *Ibid.*

97 **600 mil entidades políticas autônomas:** Wright, Robert. *Nonzero: The Logic of Human Destiny* (Nova York, N.Y.: Vintage, 2001), 209.

99 **É raro dois países com os arcos dourados:** Friedman, Thomas. *The Lexus and the Olive Tree* (Nova York: Farrar, Straus e Giroux, 1999), 249.

99 **"infraestrutura para uma prioridade planetária":** Wright, Robert. *Nonzero: The Logic of Human Destiny* (Nova York: Vintage, 2001), 332.

99 **"Historicamente, a amizade ou boa vontade":** Wright, Robert. "The Globalization of Moralily". *What Is Enlightenment?* nº 26, agosto-outubro de 2004, 36.

100 **"pelo menos sugere um propósito":** Wright, Robert. "Sugestions of a Larger Purpose", *What Is Enlightenment?* nº 21, primavera/verão de 2002, 167.

100 **"Se a direcionalidade está inserida na vida":** Wright, Robert. *Nonzero,* 4.

100 **"Meus pais eram criacionistas":** "Evolutionary Theology", entrevista de Robert Wright a Deborah Solomon, no *The New York Times Magazine,* 29 de maio de 2009, MM22 (edição de Nova York).

101 **"Criacionismo para liberais":** Coyne, Jerry A., resenha de *The Evolution of God,* por Robert Wright, *The New Republic,* 12 de agosto de 2009.

102 **"A evolução antes serpenteia que avança":** Murphy, Michael e Leonard, George. *The Life We Are Given* (Nova York: Tarcher, 2005), 170.

106 **"A guerra pré-histórica era comum e implacável":** LeBlanc, Steven. *Constant Battles: Why We Fight* (Nova York: St. Martin's Griffin, 2004), 8.

107 **"O mundo é demais conosco":** Wordsworth, William. *The Major Works Including The Prelude,* org. Stephen Gill (Oxford, UK: Oxford University Press, 2008), 270.

107 **Evidência teórica... matriarcado:** Eisler, Riane. *The Chalice and the Blade* (São Francisco: Harper One, 1988), 59-77.

108 **"desacreditar a noção de que a guerra é natural":** Eisler, Riane. "The Chalice or the Blade: Choices for Our Future", *New Renaissance Magazine 7,* nº 1 (1997).

108 **"Como podemos olhar para trás e ver o padrão":** "A Song that Goes On Singing", entrevista de Beatrice Bruteau a Amy Edelstein e Ellen Daly, *What Is Enlightenment?* nº 21, primavera/verão de 2002, 55.

CAPÍTULO 6

110 **"Por que, afinal, existem seres?":** Heidegger, Martin. *Introduction to Metaphysics* (New Haven: Yale University Press, 2000), 1.

111 **"como Deuses":** Brand, Stewart. *Whole Earth Discipline: An Ecopragmatist Manifesto* (Nova York: Viking, 2009), 1.

117 **"Quantos tipos de átomos":** Bloom, Howard. *The God Problem: How a Godless Cosmos Creates* (Amherst, N.Y.: Prometheus Books, 2012).

121 **"A arte da evolução":** Kelly, Kevin. *Out of Control* (Nova York: Basic Books, 1995), 401.

123 **"definir precisamente complexidade":** Wright, Robert. *Nonzero: The Logic of Human Destiny* (Nova York: Vintage, 2001), 344-45.

123 **"Como foi composto... o magnificamente intricado":** Gardner, James N., *Biocosm* (Makawao, Havaí: Inner Ocean Publishing, 2003), 50.

123 **"vigorosa ideia de que a ordem na biologia":** Kauffman, Stuart. *Reinventing the Sacred* (Nova York: Basic Books, 2008), 101.

124 **"criatividade incessante":** *Ibid.*, 2.

124 **"Minha afirmação não é simplesmente que nos falta":** *Ibid.*, 5.

125 **"uma das mais importantes":** Wolfram, Stephen. *A New Kind of Science* (Champaign, Ill.: Wolfram Media, 2002), 2.

125 **"encerradas na própria lógica":** Gardner, James N. *Biocosm*, 202.

126 **"Se acharem que sua teoria está indo contra":** Eddington, Sir Arthur. *The Nature of the Physical World* (Whitefish, Mont.: Kessinger Publishing, 2005), 74.

128 **"Você tem de passar isso aos criacionistas":** em Wallis, Claudia. "Evolution Wars", *Time*, Sunday, 7 de agosto de 2005.

128 **"Um sistema desempenhando uma determinada função básica":** Dembski, William. *No Free Lunch: Why Specified Complexity Cannot Be Purchased Without Intelligence* (Nova York: Rowman & Littlefield, 2001), 285.

129 **"O que contesto é a estreiteza":** Haught, John. "God After Darwin: Haught Response to Behe" em Metanexus.net, 10 de dezembro de 1999.

130 **"Quando um embrião começa a se desenvolver":** "A New Dawn for Cosmology", entrevista de James Gardner a Carter Phipps, *What Is Enlightenment?* nº 33, junho-agosto de 2006, 48.

CAPÍTULO 7

133 **O termo "transumanismo" foi cunhado:** Huxley, Julian. "Transhumanism", em *New Bottles for New Wine* (Londres: Chatto & Windus, 1957), 13-17.

133 **"Lesaram seu sistema nervoso":** Gibson, William. *Neuromancer* (Nova York: Ace, 1984), 6.

134 **"casamento do nascido e do fabricado":** Kelly, Kevin. *Out of Control* (Nova York: Basic Books, 1995), 2.

137 **"uma pista de decolagem exponencial":** Vinge, Vernor. "The Coming Technological Singularity" (1993), acessado em setembro de 2011, http://www.rohan.sdsu.edu/faculty/vinge/misc/singularity.html.

137 **"A perspectiva de construir criaturas parecidas com Deus":** de Garis, Hugo. *The Artilect War* (Palm Springs, Calif.: Etc Publications, 2005), 1.

138 **Alguns fizeram-no remontar a... John von Neumann:** Em 1958, Stanislaw Ulam menciona o termo com referência a uma conversa com John von Neumann: Ulam, S. "Tribute to John von Neumann", *Bulletin of the American Mathematical Society*, 64, nº 3 (maio de 1958), 1-49.

138 **"à beira de mudança comparável":** Vinge, Vernor. "The Coming Technological Singularity".

138 **"transformará cada instituição e aspecto":** Kurzweil, Ray. *The Singularity Is Near* (Nova York: Penguim, 2006), 7.

138 **"A singularidade representará a culminância":** *Ibid.*, 9.

139 **"O fator a-verdade-é-mais-estranha-que-a-ficção":** *No Maps for These Territories*, direção de Mark Neale, Mark Neale Productions, 2000.

142 **"A maioria dos prognósticos sobre tecnologia e daqueles que os fazem":** Kurzweil, Ray. *The Singularity Is Near*, 14.

146 **"Há somente um momento na história":** Kelly, Kevin. "We Are the Web", *Wired*, agosto de 2005.

146 **"Ninguém pode negar que uma rede":** Teilhard de Chardin, Pierre. *The Future of Man* (Nova York: Image Books, 2004), 165.

147 **"alucinação consensual... vazio opaco":** Gibson, William. *Neuromancer*, 5.

148 **"A consequência da Lei dos Retornos Acelerados":** Kurzweil, Ray, *The Age of Spiritual Machines* (Nova York: Penguin, 2000), 260.

149 **"Pelo menos conceitualmente, a biologia":** Arthur, W. Brian. *The Nature of Technology: What It Is and How It Evolves* (Nova York: Free Press, 2009), 208.

151 **"duplos aspectos... concepção do mundo":** Chalmers, David J. "Facing Up to the Problem of Consciousness", *Journal of Consciousness Studies* 2 (1995), 3:200-219.

152 **"O modo tranquilo, discreto":** Haught, John. *Is Nature Enough?* (Cambridge, UK: Cambridge University Press, 2006), 68.

160 **"Embora eu ache que a seleção natural":** "Suggestions of a Larger Purpose", entrevista de Robert Wright a Elizabeth Debold, em *What Is Enlightenment?* nº 21, primavera/verão 2002, 106.

161 **"princípio motivador da evolução":** Bergson, Henri. *Creative Evolution* (Mineola, N.Y.: Dover Publications, 1998), 182.

164 **"tecido vivo da experiência compartilhada":** Houston, Jean. De um diálogo com Andrew Cohen (setembro de 2011) no site da *EnlightenNext*, acessado em outubro de 2011, http://www.evolutionaryenlightenment.com/webcast.

168 **Essa distinção cabe ao cientista russo Vladimir Vernadsky:** Vernadsky, Vladimir, "The Biosphere and the Noosphere", *American Scientist*, janeiro de 1945, 1-12.

168 **"O Físico e o Psíquico":** Teilhard de Chardin, Pierre. *The Future of Man* (Nova York: Image Books, 2004), 209.

168 **Lei da complexidade e consciência:** Teilhard de Chardin, Pierre. *The Phenomenon of Man* (Nova York: Harper Perennial, 2008), 61.

169 **"A existência, misteriosamente, se torna experiência":** Godwin, Robert. *One Cosmos Under God* (St. Paul, Minn.: Paragon House, 2004), 19.

169 **"Por que, da noite para o dia":** *Ibid.*, 101.

169 **"Por toda parte, as linhas filéticas ativas":** Teilhard de Chardin, Pierre. *The Phenomenon of Man*, 160.

170 **"um hominídeo pioneiro":** Swimme, Brian. *The Hidden Heart of the Cosmos* (Maryknoll, N.Y.: Orbis Books, 1999), 56.

170 **"uma luminosa fenda":** Godwin, Robert. *One Cosmos Under God*, 56.

170 **"Abstração, lógica, escolha pensada":** Teilhard de Chardin, Pierre. *The Phenomenon of Man*, 160.

171 **"sistema psíquico de natureza coletiva":** Jung, Carl G. *The Archetypes and the Collective Unconscious* (Princeton, N.J.: Princeton University Press, 1968), 43.

171 **"Como você pode entrar na minha mente":** Wilber, Ken. *Integral Spirituality* (Boston, Mass.: Shambhala, 2007), 151.

172 **"Existem relações no espaço interno":** McIntosh, Steve. *Integral Consciousness and the Future of Evolution* (St. Paul, Minn.: Paragon House , 2007), 19.

172 **"os significados e regras":** "Wanted: Chief Culture Officer", uma entrevista de Grant McCracken à revista *Entrepreneur*, junho de 2010.

CAPÍTULO 9

183 **"A consciência é geralmente vista":** Sleutels, Jan. "Recent Changes in the Structure of Consciousness?", palestra em "Towards a Science of Consciousness", Tucson, Ariz., abril de 2008, posteriormente publicada em Hameroff, Stuart, org., *Toward a Science of Consciousness 2008: Consciousness Research Abstracts* (2008), 172-73.

184 **"Os personagens da *Ilíada*":** Jaynes, Julian. *The Origin of Consciousness in the Breakdown of the Bicameral Mind* (Nova York: Mariner Books, 2000), 72.

185 **"Um estágio lógico de desenvolvimento":** Owen, David S. *Between Reason and History* (Albany, N.Y.: SUNY Press, 2002), 102.

188 **"equilíbrio dinâmico":** ver Kegan, Robert, em "Epistemology, Fourth Order Consciousness, and the Subject-Object Relationship", *What Is Enlightenment?* nº 22, outono/inverno de 2002, 149.

188 **"Quero escrever uma história não de guerras":** em Durant, Will. *The Story of Philosophy* (Nova York: Simon & Schuster, 2005), 169.

189 **"a verdade não é apenas o resultado":** em Solomon, Robert C. *In the Spirit of Hegel* (Nova York: Oxford University Press 1983), 245.

189 **"Hegel foi o primeiro a reconhecer":** McIntosh, Steve. *Integral Consciousness and the Future of Evolution* (St. Paul, Minn.: Paragon House, 2007), 161.

190 **"tanto uma verdade válida em si mesma":** em Solomon, Robert C. *In the Spirit of Hegel*, 245.

190 **"O botão desaparece no desabrochar da flor":** em *Ibid.*, 241-42.

191 **Popper chegou a ponto de acusar:** Popper, Karl. *The Open Society and Its Enemies* (Filadélfia, Pa.: Psychology Press, 2003), 66. Escrito durante a Segunda Guerra Mundial, o influente livro de Popper critica teorias em que a história se desenvolve segundo leis universais, e denuncia Platão, Hegel e Marx como totalitários.

191 **"Com o declínio de Hegel, deixa":** Tarnas, Richard. *The Passion of the Western Mind* (Nova York: Ballantine Books, 1993), 383.

192 **"o ramo da ciência social":** McIntosh, Steve. *Evolution's Purpose: An Integral Interpretation of the Scientific Story of Our Origins* (Nova York, N.Y.: Select Books, 2012).

193 **"a evolução era uma perfeita âncora conceitual":** Plotkin, Henry. *Evolutionary Thought in Psychology: A Brief History* (Hoboken, N.J.: Blackwell Publishing, 2004), 70.

193 **"As leis do pensamento":** em *Ibid.*, 72.

194 **“biologia geral é hoje, principalmente”:** Baldwin, James Mark. *Development and Evolution* (Nova York: Macmillan, 1902), vii.

195 **“A grande glória dentro de minha área”:** “Epistemology, Fourth Order Consciousness, and the Subject-Object Relationship”, entrevista de Robert Kegan a Elizabeth Debold em *What Is Enlightenment?* nº 22, outono/inverno 2002, 149.

195 **“Embora o desenvolvimento individual”:** McIntosh, Steve. *Evolution's Purpose: An Integral Interpretation of the Scientific Story of Our Origins* (Nova York, N.Y.: Select Books, 2012).

197 **“Ao contrário da paleontologia, em que os perfis”:** Lachman, Gary. *A Secret History of Consciousness* (Great Barrington, Mass.: Lindisfarne Books, 2003), 97.

197 **“A marca da imaginação humana”:** *Ibid.*, 103.

197 **“sentiu a batida da consciência”:** Richards, Robert J. *Darwin and the Emergence of Evolutionary Theories of Mind and Behavior* (Chicago: University of Chicago Press, 1989), 480.

197 **“místico intelectual brilhantemente intuitivo”:** Thompson, William Irwin. *Coming Into Being* (Nova York: Palgrave MacMillan, 1998), 12.

198 **Chamou essa consciência de “integral”... “autêntico lançamento de feitiço”:** Gebser, Jean. *The Ever-Present Origin* (Athens: Ohio University Press, 1986), 36-102.

202 **“Cante, oh deusa, a cólera de Aquiles, filho de Peleu”:** Homero. *A Ilíada*, trad. Anthony Verity (Nova York: Oxford University Press, 2011), 3.

206 **“transfiguração e irradiação”:** em Lachman, Gary. *A Secret History of Consciousness* (Great Barrington, Mass.: Lindisfarne Books, 2003), 229-230.

CAPÍTULO 10

211 **“As pessoas estão presas na história”:** Baldwin, James Mark. *Notes of a Native Son* (Boston, Mass.: Beacon Press, 1984), 163.

212 **“O erro que a maioria das pessoas comete”:** Graves, Clare. “Human Nature Prepares for Momentous Leap”, publicado com notas adicionais de Edward Cornish, World Future Society, em *The Futurist*, abril de 1974, 72-87.

213 **“Em suma, o que estou propondo”:** *Ibid.*

214 **sistemas de valores... da Dinâmica da Espiral:** Beck, Don. “The Never-Ending Upward Quest”, *What Is Enlightenment?* nº 22, outono/inverno 2002, 105-126.

215 **“a primeira noção do metafísico”:** Beck, Don. “The Never-Ending Upward Quest”, 113.

215 **“ritualisticamente, de forma supersticiosa”:** Graves, Clare. “Dr. Graves’s 1982 Seminar Handout: What the Research of Clare W. Graves Says a Model of Healthy Mature Psychosocial Behavior Should Represent”, preparado por Chris Cowan, acessado em setembro de 2011, http://www.clarewgraves.com/articles_content/1982_handout/1982_1.html.

215 **“eu egocêntrico em estado bruto”:** Beck, Don. “The Never-Ending Upward Quest”, 114.

216 **“A Dinâmica da Espiral está baseada na suposição”:** Beck, Don. “The Never--Ending Upward Quest”, 110.

217 **Não são “níveis rígidos, mas ondas fluindo”:** Wilber, Ken. *A Theory of Everything* (Boston, Mass.: Shambhala Publications, 2001), 7.

218 **“O que estou dizendo é que, quando uma forma”:** em Beck, Don e Cowan, Christopher. *Spiral Dynamics* (Hoboken, N.J.: Wiley-Blackwell, 1996), 294.

218 **“Não precisamos de uma máquina do tempo”:** Godwin, Robert. *One Cosmos Under God* (St. Paul, Minn.: Paragon House, 2004), 166.

CAPÍTULO 11

231 **“Uma coisa estava muito clara para mim”:** Wilber, Ken. *Sex, Ecology, Spirituality*, introdução à edição revista (Boston, Mass.: Shambhala, 2001), xii-xiii.

233 **“Havia hierarquias linguísticas”:** *Ibid.*, xiii.

233 **“A certa altura, eu tinha mais de duzentas”:** *Ibid.*

238 **“A verdadeira intenção do que escrevo”:** Wibler, Ken. Introdução ao volume 8 das *Obras Completas* (Boston, Mass.: Shambhala Publications, 2000), 49.

240 **“Isso não quer dizer que o desenvolvimento”:** Wilber, Ken. *A Theory of Everything* (Boston, Mass.: Shambhala Publications, 2001), 22

240 **“Em cada obra de gênio”:** Emerson, Ralph Waldo. “Self Reliance”, *Emerson’s Essays* (Nova York: Harper Perennial, 1981), 32.

241 **“substitui *percepções* por *perspectivas*”:** Wilber, Ken. *Integral Spiritualitiy* (Boston, Mass.: Shambhala, 2007), 42.

243 **“uma falácia endêmica às tradições introspectivas”:** Wilber, Ken. *Integral Spirituality*, 272-83.

246 **“Será que as leis do universo”:** Davies, Ellery W. “Charles Peirce at Johns Hopkins”, *The Mid-West Quarterly*, setembro de 1914, 53.

246 **“Embora a cosmologia seja agora evolucionária”:** Sheldrake, Rupert. *Morphic Resonance* (Rochester, Vt.: Inner Traditions/Bear & Co., 2009), xiii.

247 **"Segundo essa hipótese":** *Ibid.*, 3-4.

248 **"melhor candidato à fogueira":** Maddox, Sir John. "A Book for Burning?" *Nature* 293 (5830), 245-46.

248 **"hábitos Kósmicos":** Wilber, Ken. "Excerpt A: An Integral Age at the Leading Edge, Part II: Kosmic Habits as Probability Waves", em *Excerpts from Volume 2 of the Kosmos Trilogy*, acessado em outubro de 2011, http://wilber.shambhala.com.

248 **"No desenvolvimento histórico":** Wilber, Ken. "Excerpt A: An Integral Age at the Leading Edge, Part I. Kosmic Karma: Why is the Present a Little Bit Like the Past?", em *Ibid.*

249 **"A maioria dos primeiros estágios":** Wilber, Ken. "Higher Integration", diálogo com Andrew Cohen em *What Is Enlightenment?* nº 29, junho-agosto de 2005, 58-9.

249 **"Isso não significa":** Wilber, Ken, "Excerpt D: The Look of a Feeling, Part IV: Conclusions of Adequate Structuralism", em *Excerpts from Volume 2 of the Kosmos Trilogy,* acessado em outubro de 2011, http://wilber.shambhala.com.

250 **"criativa volúvel, caótica, selvagem":** Wilber, Ken. "Excerpt A: An Integral Age at the Leading Edge, Part II".

251 **"Paul Tillich disse que":** Wilber, "Higher Integration", 59.

CAPÍTULO 12

256 **"Todo mundo parecia muito animado":** Darwin, Charles. *The Voyage of the Beagle* (Nova York: Penguin Classics, 1989), 331-332.

256 **"dramas emocionalmente envolventes":** Wade, Nicholas. *The Faith Instinct* (Nova York: Penguin, 2010), 78.

257 **"A religião não é inserida":** Kardong, Kenneth V. *Beyond God* (Amherst, N.Y.: Humanity Books, 2010), 173.

259 **Estágios de fé de Fowler:** Fowler, James. *Stages of Faith: The Psychology of Human Development and the Quest for Meaning* (São Francisco: Harper One, 1995).

264 **"Quando vejo esta cena":** Teilhard de Chardin, Pierre. Carta a Marguerite Teilhard, 23 de agosto de 1916, em *The Making of a Mind: Letters from a Soldier-Priest* (Nova York, N.Y.: Harper & Row, 1965), 119-120.

265 **"Você parece sentir...":** Teilhard de Chardin, Pierre. "Nostalgia for the Front", em *The Heart of Matter* (Nova York: Mariner Books, 2002), 155.

265 **"Abençoada sejas, matéria áspera":** Teilhard de Chardin, Pierre. "Hino à Matéria", em *Ibid.*, 75-77.

267 **"duas negações"... "uma das mais vigorosas e convincentes experiências":** Aurobindo, Sri. *The Life Divine* (Pondicherry, Índia: Sri Aurobindo Ashram Trust, 1970), 6-32.

272 **"o traço mais impressionante":** Delbanco, Andrew. *The Real American Dream* (Cambridge, Mass.: Harvard University Press, 1999), 92.

CAPÍTULO 13

274 **"A última coisa que vi com absoluta clareza":** Torey, Zoltan. *Out of Darkness* (Nova York: Picador, 2003), 11.

278 **"uma visão e uma direção":** Hubbard, Barbara Marx. "What Is Conscious Evolution?", acessado em outubro de 2011, http://www.barbaramarxhubbard.com/site/node/8.

283 **"Compreender que os impulsos indesejados":** Dowd, Michael. *Thank God for Evolution* (Nova York: Penguin, 2009), 162.

283 **"As novas verdades não brotam mais":** *Ibid.*, 65.

289 **"Caí num estado de devaneio":** Hubbard, Barbara Marx. *The Hunger of Eve* (Greenbank, Wash.: Great Path Publishing, 1989), 66-70.

290 **"um novo senso de identidade":** Hubbard, Barbara Marx. *Conscious Evolution* (Novato, Calif.: New World Library, 1998), 58.

290 **"estágio natural, mas perigoso":** *Ibid.*, 67.

290 **"resposta reativa à opção proativa":** *Ibid.*, 68.

290 **"guiar suas capacidades":** *Ibid.*, 69.

292 **"Vórtice da perspectiva total":** Adams, Douglas. *The Hitchhiker's Guide to the Galaxy* (Nova York: Del Rei, 2002), 194-198.

292 **"É realmente simples":** Swimme, Brian. "Comprehensive Compassion", *What Is Enlightenment?* nº 19, primavera/verão de 2001, 40.

294 **"Não só estamos no universo":** Tyson, Neil deGrasse. "Beyond Belief: Science, Reason, Religion and Survival", de uma palestra feita no Salk Institute for Biological Studies, 7 de novembro de 2006, acessado em setembro de 2011, http://thesciencenetwork.org/programs/beyond-belief-science-religion-reason-and-survival/session-10-2.

294 **"Ele me ouviu atentamente quando tentei":** Swimme, Brian. Prefácio a Teilhard de Chardin, Pierre, *The Human Phenomenon* (Eastbourne, UK: Sussex Academic Press, 1999), xiii-xiv.

295 **"Vemo-nos eticamente desamparados":** Berry, Thomas. *The Great Work: Our Way Into the Future* (Nova York: Broadway, 2000), 104.

296 **"As categorias fundamentais de minha mente":** Swimme, Brian. Prefácio a *The Human Phenomenon*, xv.

297 **"Pegue a descoberta da evolução cósmica":** Swimme, Brian, numa entrevista em site da EnlightenNext, maio de 2010.

298 **"A Terra quer se apossar":** Swimme, Brian. "The New Story", acessado em outubro de 2011, http://www.youtube.com/watch?v=TRykk_0ovI0.

299 **"Por acaso estamos naquele momento":** Swimme,Vrian. "Comprehensive Compassion", 38.

299 **"É incrível perceber":** *Ibid.*, 39.

300 **"Alguma fonte de criação":** Kauffman, Stuart. *Investigations* (Nova York: Oxford University Press, 2000), 49.

CAPÍTULO 14

307 **"Existência, ou consciência":** Maharshi, Ramana, org. David Goodman, *Be as You are: The Teachings of Sri Ramana Maharshi* (Nova York: Penguin, 1989), 15-16.

309 **"Eu arrisco profetizar":** Whitehead, Alfred North. *Adventures of Ideas* (Nova York: Simon & Schuster, 1967), 33.

310 **"tornou-se silenciosa como a atmosfera sem vento":** Aurobindo, Sri. *Letters on Yoga, Volume 3* (Silver Lake, Wis.: Lotus Press, 1988), 172.

310 **"precisamente a experiência":** Heehs, Peter. *The Lives of Sri Aurobindo* (Nova York: Columbia University Press, 2008), 144.

311 **"Isso me atirou, de repente":** Aurobindo, Sri. *On Himself* (Twin Lakes,Wis.: Lotus Light Publications, 1972), 101.

312 **"sondar o pensamento do futuro":** em Heehs, Peter. *The Lives of Sri Aurobindo*, 262.

312 **"O animal é um laboratório vivo":** Aurobindo, Sri. *The Life Divine* (Pondicherry, Índia: Sri Aurobindo Ashram Trust, 1970), 3-4.

312 **"quanto mais organizada a forma":** em Bruteau, Beatrice. *Evolution Toward Divinitiy: Teilhard de Chardin and the Hindu Traditions* (Wheaton, Ill.: The Theosophical Publishing House, 1974), 157.

313 **"necessidade divina primária":** Aurobindo, Sri. *The Life Divine*, 47.

313 **"Alcançando o não nascido":** *Ibid.*, 48.

313 **"vivenciaria as forças cósmicas... como parte de si mesmo":** *Ibid.*, 1012.

314 **"Isso exige o aparecimento":** *Ibid.*, 1069.

316 **"Realmente, eu nunca me deparara":** Cohen, Andrew. "The Evolution of Enlightenment", um diálogo com Ken Wilber, em *What Is Enlightenment?* nº 21, primavera/verão de 2002, 42.

317 **"Acredito que aqueles":** Cohen, Andrew. *Evolutionary Enlightenment* (Nova York: Select Books, 2011), 4.

318 **"Livre, nesse sentido, significa disponível":** *Ibid.*, 128.

CAPÍTULO 15

323 **"névoa da metafísica":** Russell, Bertrand. *History of Western Philosophy* (Filadélfia, Pa.: Psychology Press, 2004), 744.

324 **"Bertie acha que sou um palerma":** em Weiss, Paul. "Recollections of Alfred North Whitehead", *Process Studies* 10, nºs 1 e 2 (primavera/verão de 1980), 44-56.

324 **"Não pode entrar no mesmo rio":** Heráclito. *Fragments*, trad. Brooks Haxton (Nova York: Penguin, 2003), 96.

324 **"Avanço criativo para a novidade":** Sherburne, Donald W. *A Key to Whitehead's Process and Reality* (Chicago: University of Chicago Press, 1981), 33.

325 **"Falácia da falsa concretude":** Whitehead, Alfred North. *Science and the Modern World* (Nova York: Free Press, 1967), 51.

332 **"O universo inteiro é uma montagem progressiva":** Whitehead, Alfred North. *Adventures of Ideas* (Nova York: Free Press, 1967), 197.

332 **"Os muitos se tornam um":** Whitehead, Alfred North. *Process and Reality* (Nova York: Simon & Schuster, 1979), 21.

333 **"todo o mundo precedente conspira":** Whitehead, Alfred North. *Adventures of Ideas*, 198.

333 **"O ambiente precedente":** Whitehead, Alfred North. *Modes of Thought* (Nova York: Simon & Schuster, 1968), 164.

333 **"Modelos numéricos funcionam particularmente bem":** Horgan, John. "From Complexity to Perplexity", *Scientific American*, junho de 1995, 107.

335 **"reflexão teológica sobre o espírito":** Clayton, Philip. *Adventures in the Spirit* (Mineápolis, Minn.: Fortress Press, 2008), 142.

335 **"Clayton me espantou":** Dennett, Daniel. Num relato sobre a homenagem a Darwin, de 2009, na Universidade de Cambridge, publicado por Jerry Coyne em seu blog "Why Evolution Is True", acessado em outubro de 2011, www.whyevolutio-

nistrue.wordpress.com/2009/07/09/almost-live-report-daniel-dennett-at-the-cambridge-science-and-faith-bash/.

336 **"Vemos, no mundo, natural":** Clayton, Phillip. *Adventures in the Spirit*, 87.

338 **"Temos um buraco no formato de Deus":** Haught, John. "A God-Shaped Hole at the Heart of our Being", *What Is Enlightenment?* nº 35, janeiro-março de 2007, 104.

342 **"A teologia evolucionária sugere":** Haught, John F., *Making Sense of Evolution* (Louisville, Ky.: Westminster John Knox Press, 2010), 146.

342 **"Com demasiada frequência, temos pensado":** *Ibid.*, 147.

342 **"O mundo deve ter um Deus":** Teilhard de Chardin, Pierre. *Letters from a Traveller* (Nova York: Harper & Row, 1968), 168.

343 **"O futuro é o lugar primário de habitação":** Haught, *Making Sense of Evolution*, 138.

CAPÍTULO 16

344 **Aos 14 anos de idade... Ela construiria uma vida:** Houston, Jean. "Orchestrating Our Many Selves", *What Is Enlightenment?* nº 15, primavera/verão 1999, 108-09.